北京理工大学“双一流”建设精品出版工程

Penetration Mechanics

侵彻力学

高世桥　金 磊　肖李军　徐 萧◎著

北京理工大学出版社
BEIJING INSTITUTE OF TECHNOLOGY PRESS

图书在版编目(CIP)数据

侵彻力学 / 高世桥等著. -- 北京 : 北京理工大学出版社, 2024.1

ISBN 978-7-5763-3462-3

Ⅰ. ①侵… Ⅱ. ①高… Ⅲ. ①连续介质力学 Ⅳ. ①O33

中国国家版本馆 CIP 数据核字(2024)第 035054 号

责任编辑：钟 博　　文案编辑：钟 博
责任校对：刘亚男　　责任印制：李志强

出版发行 / 北京理工大学出版社有限责任公司
社　　址 / 北京市丰台区四合庄路 6 号
邮　　编 / 100070
电　　话 / (010) 68944439 (学术售后服务热线)
网　　址 / http://www.bitpress.com.cn

版 印 次 / 2024 年 1 月第 1 版第 1 次印刷
印　　刷 / 保定市中画美凯印刷有限公司
开　　本 / 787 mm × 1092 mm　1/16
印　　张 / 13
字　　数 / 302 千字
定　　价 / 58.00 元

PREFACE

前言

本书针对的目标介质材料主要是人工混凝土、天然岩石等非金属材料。混凝土材料是常用的建筑材料，无论在民用领域还是在军事领域，无论是普通的建筑还是高安全性的结构都广泛使用混凝土材料。可以说没有混凝土材料就没有当今形形色色的建筑与结构。天然山体等岩石结构更是战争中常见的掩体结构。

混凝土、岩石等非金属材料与韧性较好的金属材料不同，属于性能极为复杂的材料介质。它们从骨料结构、细观结构构成上看，都存在许多随机的因素；从拉压性能上看，都表现出很强的不对称性，抗压能力很强，抗拉能力却很弱。

侵彻问题是一个极其复杂的问题。从材料变形的角度，侵彻经历了弹性、挤压流动、裂纹形成及扩展、密度压实等一系列过程，涉及拉压曲线的全过程。因此，它远比纯粹的弹性变形力学问题或纯粹的流体力学问题复杂。

侵彻又是一个高速的过程，因此侵彻问题也远比静态问题或一般的低速动态问题复杂。从材料的性态上讲，既表现出固体的特征，又表现出流体的特征，甚至流固兼有的特征；从作用的瞬时性上讲，波传播的过程是必须考虑的过程；从对材料力学性能的影响上讲，应变率相关性也必须予以考虑。

由于侵彻问题极为复杂，所以研究者们的研究手段也五花八门，但其共同的特点是针对特定的问题，设定一系列专门的假设，进而使问题得以简化。由于这些假设都是针对特定的情况（如特定的冲击速度、特定的弹体、特定的靶材等），所以缺乏普适性。为了系统地了解这类问题的实质，并求解相关问题，本书从连续介质的背景出发，认为混凝土、岩石等目标介质是连续的介质。在连续介质力学理论的基础上，可以对很多问题有清晰的认识。

连续介质力学的物理基础是经典力学原理，包括质量守恒原理、动量守恒原理和能量守恒原理。其数学基础是张量理论。物理原理容易理解，数学描述却比较困难。鉴于张量理论十分抽象，学习时不易理解，所以本书开始部分以一定的篇幅，试图从科普的角度由浅入深地介绍张量理论，以备后文使用。

本书除绪论外共分为12章，第1章为“连续介质力学张量场”，第2章为“连续介质力学的基本理论”，第3章为“混凝土材料的本构特性及破坏准则”，第4章为“侵彻力学的传统经验公式”，第5章为“应力波及传播理论”，第6章为“空穴膨胀理论”，第7章为“可压缩混凝土介质法向膨胀侵彻模型”，第8章为“基于法曲面坐标系的法向空穴膨胀理论”，第9章为“模糊侵彻模型”，第10章为“弹体侵彻混凝土靶的靶面成坑机理”，第11章为“弹体贯穿混凝土靶的靶背崩落”，第12章为“弹体侵彻靶体的数值分析方法”。第4章的4.2节、第7章~第11章具有相对的独立性。整体章节的顺序按着由理论到实践、由基础到工程、由经典到现代的思路进行编排，目的是使读者对侵彻问题既有普适性的认识，也有特例性的了解，将基础理论与具体实践结合起来。

虽然我们从事了许多相关科研工作，取得了一定的成果，但把这一问题完全介绍清楚确实不太容易，特别是我们的水平也很有限，观点和认识难免偏颇，因此书中有许多不当之处，恳请读者予以批评并提出建议。

参加本书编写工作的除作者外，李云彪博士、杜学达博士、徐哲博士、孙要强博士、熊雷博士等都为本书的编写提供了很多帮助，特别是徐哲博士为书稿的整理、编排付出了很多努力，在此一并表示感谢。

作者在编写本书的过程中参阅了大量参考文献，编者对参考文献的作者也表示深深的谢意。

感谢北京理工大学规划教材基金的支持，感谢北京理工大学出版社钟博和李思雨编辑的辛苦工作。

高世桥

目　录

CONTENTS

绪　论

0.1　工程背景

侵彻力学研究的是弹体冲击目标靶体的力学特性。弹体多指具有较高强度和较高速度的弹体，如航空炸弹、钻地弹、穿甲弹、破甲弹等。目标靶体多指具有很高强度和很强防护能力的金属类的钢甲目标、非金属类混凝土目标和岩石目标等。

非金属类目标相较金属类目标，其一致性和均匀性更差，侵彻破坏过程更为复杂，分析起来难度更高，因此，本书涉及的目标对象主要是非金属类混凝土目标和岩石目标。

混凝土作为一种常见的建筑材料，具有良好的易成型性、抗水性、耐火性、耐久性。其原材料供应充沛、价格低，应用范围十分广泛。无论是普通的住宅还是大型的公共设施、无论是民用工程领域还是国防军用领域，都广泛使用混凝土材料，如水利工程、高层建筑、长跨桥梁、大坝、水电站、核反应堆、地下隧道、矿区巷道、防御工事等。此外，在常规战争中，许多具有战略价值的目标（例如：地下指挥所、控制和通信掩体、桥墩、潜艇修藏坞、飞机库、机场跑道和停车坪等）大都使用混凝土构筑坚固的结构。这些结构在战争时期很容易受到重点攻击。无论从打击的角度还是从防御的角度，都有必要从机理上弄清混凝土介质受到撞击时的破坏过程，从规律上掌握弹丸侵彻（贯穿）混凝土目标时的阻力和过载特性，以便确定攻击或防护的策略，为研发先进混凝土侵彻弹药或构筑更坚固的结构提供理论依据。

0.2　国内外发展概况

弹体侵彻问题研究的历史十分久远，可以追溯到 18 世纪以前，早在 1742 年 Robbins 和 Euler 就开展了弹体对靶体侵彻的试验研究，并提出了有关的侵彻经验公式。20 世纪 40 年代初期，著名的英国力学家 Taylor 的有关动力屈服强度的测定和弹塑性扩孔理论的建立，把侵彻力学的研究活动推向了一个理论高潮。在这个时期，人们着重分析靶板的破坏模式，并根据不同的破坏模式建立不同的有效分析理论。自 20 世纪 60 年代开始，高速碰撞和高速侵彻问题受到世界各国的广泛关注。如美国的桑地亚国家实验室（SNL）、劳伦斯·利费莫尔国家实验室（LLNL）、洛斯·阿拉莫斯国家实验室（LANL）和陆军工兵水道实验站（WES）等军事科研机构都对侵彻问题进行了大量的研究，完成了数千次试验，获得了极为丰富的、有价值的数据。20 世纪 60—80 年代，世界各国的研究主要集中在认识弹体侵彻靶体中的基本物理现象，并在获得试验数据的基础上，提出了预测侵彻深度和剩余速度的一系列经验公式。在理论研究方面，借助球形空穴膨胀理论和柱形空穴膨胀理论，人们对侵彻过程进行了解析的工程近似分析。1977—1979 年，在对阻力做一定假设并对试验数据曲线进行分析的基础上，R. S. Bernard 等提出了一系列侵彻岩石和混凝土的经验公式。期间，R. S. Bernard（1975，1979）、B. Rohani（1975）、J. A. Zukas（1981）等分别针对岩石和混凝土目标材料发表了一系列基于空穴膨胀模型的文章，对侵彻过程进行了分析。20 世纪 80 年代中后期至现在，世界范围内除开展了许多武器样弹试验，提出了众多侵彻模型外，还开发了多种大型通用的计算机程序。M. J. Forrestal 等（1981，1986，1987，1988，1989，1992，1994）发表了一系列文章，分别考虑靶体材料性质（如剪切强度、加强筋等）、弹头形状因素对侵彻过程的影响。A. Halder 等（1982，1983）、R. L. Woodfin 等（1981，1983）、P. Jamet 等（1983）分别在 SMIRT（Structural Mechanics in Reactor Tecnology）会议上发表了一些这方面的论文；G. R. Sliter（1980）综述了美国和欧洲的试验数据，把 145 组试验数据与 NDRC 公式和 CEA - EDF 公式进行了比较，指出了公式的使用范围。美国的 EPRI 研究所（Electric Power Research Institute）采用全尺寸的大弹低速撞击 1. 37 m 厚的全尺寸靶板进行了试验，同时也进行了缩比试验。英国和德国也进行了类似的工作，试验表明相似律试验对定量和定性的观察都很有效。根据近几年国外有关侵彻混凝土方面的文献资料来看，美国、德国、法国、瑞士、瑞典、挪威、以色列、日本等国都非常关注弹体对混凝土的侵彻研究，在试验、工程分析和数值模拟方面都做了大量的研究工作，且在有些方面取得了重大的进展和突破。美国在这方面的研究尤为突出，由于研究起步早、时间长、试验数据丰富，其研究工作系统深入，取得的成果不仅促进了钻地武器的飞速发展，而且广泛应用于工程防护。

对于炮弹、航弹对岩石、混凝土等靶体材料的侵彻问题，我国从 20 世纪 60 年代开始也进行了广泛而深入的试验研究，取得了较多试验结果，提出了相应的弹体侵深计算公式，并写入《国防工程设计规范》。随着常规武器的发展和新型材料的研制，弹体侵彻问题的研究也不断发展。国内许多学者在弹靶碰撞、侵彻问题研究方面也做了很多试验的和理论的研究，如试验条件的建立、新型试验数据的积累、理论模型的建立、数值仿真的深入等。

0.3 研究的方法及手段

混凝土介质侵彻效应的研究迄今为止已有 200 多年的历史。人们从多个方面采用不同的方法对混凝土介质的侵彻效应进行研究，具体可归纳为 3 种方法：试验与经验公式法、解析理论分析法、数值模拟法。

1. 试验与经验公式法

对于高速侵彻问题，特别是对材料不均匀、各向异性、本构关系复杂的混凝土材料而言，最有效、最基本的方法是进行原型试验。因此，对侵彻问题的最早认识大都来自试验，不仅许多侵彻问题的经验公式是从大量的试验数据中总结出来的，而且解析理论分析法用到的许多参数也来自试验。几百年来，人们提出和发展了许多试验方法，开展了大量的试验研究工作。通过这些试验，人们把大量的试验数据与量纲分析和相似理论联系起来，寻找出合理的代数方程来表达其关系。经验法就是以试验为基础，对大量试验数据进行相关分析，建立冲击侵彻特性（如侵彻深度、贯穿厚度）的经验公式。从 19 世纪以来，人们在大量试验的基础上总结出了各类经验公式，这些经验公式在预测弹体侵彻威力和设计靶体的防护能力方面起到了重要的作用。虽然经验法都是在特定弹丸、特定介质以及特定的试验条件下总结出来的，不具有普适性，而且无法对侵彻过程中的各项物理量进行准确分析，具有很大的局限性，但是经验公式有其特有的优点，它们简便、实用，并有一定的可靠性。随着试验技术与测量技术的不断发展，经验公式也在不断地得到修正，准确程度不断提高。因为侵彻现象极为复杂，理论分析难度很高，所以在 20 世纪 60 年代以前的很长时期内，经验公式一直起主导作用。即使在数值模拟方法成为最有效手段的今天，试验与经验公式法在侵彻问题的研究中仍起着很重要的作用。

2. 解析理论分析法

解析理论分析法是以工程模型为基础建立起来的近似分析方法。由解析理论分析法得到的计算公式是比较简单的数学表达式，可迅速求解。解析公式中的参数用的是弹体和靶体的基本材料参数（如质量、强度、密度、模量等）、几何参数（如直径、头部形状等）和撞击条件参数（如速度、弹着角等），一般无须包含靶场试验参数。这种方法有许多好处，它可以揭示基本参数之间的函数关系，有助于认识机理，也有助于试验设计和安排。目前采用的解析分析理论和工程模型主要有空穴膨胀理论、微分面力方法、正交层状模型等。值得说明的是，针对实际复杂的工程问题，得到侵彻过程的解析表达并非易事。因此，解析理论分析法在实践中受到许多限制。

3. 数值模拟法

由于经验公式都有很大的局限性，且新材料、新结构不断出现，所以经验公式的应用范围相对越来越小。随着计算机技术的发展，采用数值模拟法来预测不同载荷环境下结构或材料的响应已成为一种重要的研究手段。为了研究侵彻弹体的侵彻能力及其内部部件的力学行为，必须考虑弹体和靶体材料之间复杂的相互作用，分析了解侵彻弹体内部的结构动力学响应。此时，解析理论分析法和试验与经验公式法往往显得无能为力。数值模拟法建立在连续介质力学守恒方程的基础上，能完整地给出侵彻过程中弹靶系统的应力、应变、速度、加速度以及破坏状况等全部物理量的精细结果。在侵彻过程中混凝土的力学行为可以用非线性的偏微分方程组来描述。偏微分方程组一般得不到解析解，只能离散后求近似解。计算机技术的发展与计算力学理论的成熟，促进了有限元法、有限差分法等数值计算方法的发展。在科学技术研究中，可以用这些方法进行数值模拟，代替大量的试验，从而产生巨大的经济效益与社会效益。在数值计算中，材料的本构方程与边界条件的正确与否是计算获得准确解的关键。材料特性所带来的误差通常是计算误差的主要组成部分。因此，在用数值模拟法求解时，要力求材料参数准确，必要时应进行弹靶材料的动态力学性能试验和测试。

用于侵彻问题研究的数值计算方法主要有 3 类，分别是有限差分法、有限元法和离散元法。对应地，人们已开发出一系列有代表性的程序。有限差分法的程序有 HEMP、JOY、CSQ、CSQ Ⅱ、CSQ Ⅲ、AUTODYN 等；有限元法的程序有 DEFEL、EPIC、LS - DYNA、DYTRAN 等；离散元法的程序有 DECICE、DIBS、PROBS 等。

第1章
连续介质力学张量场

1.1 矢量与张量的内涵

1.1.1 标量（scale）

在人们认识自然界的过程中，很早就有了数和量的概念，并广泛应用于实际的生产和生活中。为了描述一种事物的多少，人们总是将数和量合在一起用，如一斤苹果、二尺布等。这样的量通常叫作数量。它既有数的含义（即大小的含义），也有单位的含义（即量纲的含义）。但这种量没有方向性，也无须用空间坐标表示。这种只有数量大小而没有空间方向的量被称为标量。它是相对下文要介绍的矢量而言的。

1.1.2 矢量（vector）

随着人们认识的深化和物理学的发展，单纯用数和量来描述事物已经不够了。如对力、速度的描述，用数和量只能描述其大小，而无法描述其方向。为了充分认识并描述这些事物，并兼顾大小和方向两个方面，人们引入了矢量（也称为向量）的概念。矢量既有大小，也有方向。相对矢量来说，传统的无方向特征的数和量通常被称为标量。标量由于没有方向，没有空间的概念，因此一般无须用坐标系来描述。矢量则不同，准确描述矢量的方向，一定要有一个参考的坐标系，并将该矢量在不同坐标轴上的投影称为分量。分量带有一个下标。如矢量$\boldsymbol{f}$在平面直角坐标系$Oxyz$中其各分量分别表示为f_x，f_y，f_z。如果用$i=1$，2，3分别代表x，y，z轴，则力的3个分量又可以表示为$f_i(i=1,2,3)$。可以看出，用一个下标可以表示一个矢量的分量，而将这些分量集合在一起，就构成了矢量的完整描述。比较一下标量和矢量，从内涵上讲，标量只具有大小的特征；矢量不仅具有大小的特征，还具有方向的特征。而从表征形式上讲，标量一般无须参考坐标系，即使用参考坐标系，也没有分量的概念，表征形式也无须下标；矢量则需要参考坐标系，在参考坐标系的各轴上有分量的概念，分量表征形式需要一层下标（这里强调的一层下标是相对后文中的多层下标而言的）。分量的集合构成总矢量的描述。

1.1.3 矢量的坐标变换

进一步分析会发现，对应不同的参考坐标系，同一矢量的分量形式是不同的，但它们之间遵从某种变换规则。如一个平面内的矢量 $\boldsymbol{A}$ 在平面直角坐标系 Oxy 中的分量为 $\{\boldsymbol{A}_x, \boldsymbol{A}_y\}$，若将坐标系旋转一个角度 φ 变换成一个新坐标系 $Ox'y'$（图 1－1），则其对应的分量则为 $\{\boldsymbol{A}_{x'}, A_{y'}\}$。坐标系间单位矢量（也称为基矢量）的变换关系为

$$\begin{cases} \boldsymbol{i}_x = \boldsymbol{i}_{x'}\cos\varphi - \boldsymbol{i}_{y'}\sin\varphi \\ \boldsymbol{i}_y = \boldsymbol{i}_{x'}\sin\varphi + \boldsymbol{i}_{y'}\cos\varphi \end{cases} \tag{1.1.1}$$

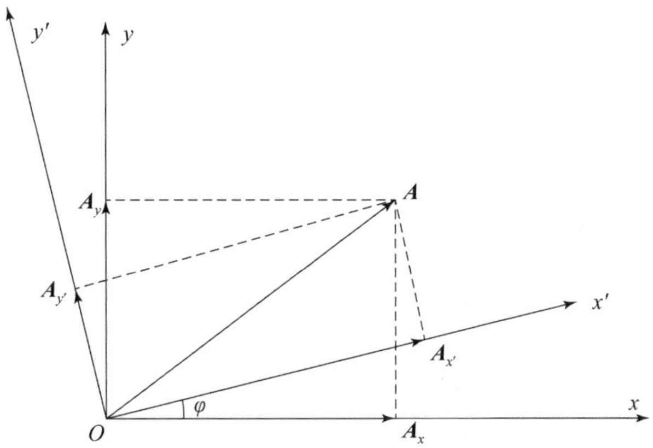

图 1－1　平面直角坐标系的变换

矢量 $\boldsymbol{A}$ 的分量也满足对应的变换关系，即

$$\begin{cases} \boldsymbol{A}_x = \boldsymbol{A}_{x'}\cos\varphi - \boldsymbol{A}_{y'}\sin\varphi \\ \boldsymbol{A}_y = \boldsymbol{A}_{x'}\sin\varphi + \boldsymbol{A}_{y'}\cos\varphi \end{cases} \tag{1.1.2}$$

事实上，一般来讲，平面内（或空间内）一点可用一矢径 $\boldsymbol{r}$ 表示。在坐标系 Oxy 中 $\boldsymbol{r}$ 可写成

$$\boldsymbol{r} = x\boldsymbol{i}_x + y\boldsymbol{i}_y \tag{1.1.3}$$

对坐标的偏微分为

$$\frac{\partial \boldsymbol{r}}{\partial x} = \boldsymbol{i}_x \text{和} \frac{\partial \boldsymbol{r}}{\partial y} = \boldsymbol{i}_y \tag{1.1.4}$$

同理有

$$\frac{\partial \boldsymbol{r}}{\partial x'} = \boldsymbol{i}_x{}' \text{ 和 } \frac{\partial \boldsymbol{r}}{\partial y'} = \boldsymbol{i}_{y'} \tag{1.1.5}$$

为了分析新、旧坐标系的变换关系，可把新坐标系 $Ox'y'$ 的坐标看作旧坐标系 Oxy 坐标的函数，即 $x' = f_1(x, y)$ 及 $y' = f_2(x, y)$，则式（1.1.4）和式（1.1.5）又可写成

$$\boldsymbol{i}_x = \frac{\partial \boldsymbol{r}}{\partial x} = \frac{\partial \boldsymbol{r}}{\partial x'} \cdot \frac{\partial x'}{\partial x} + \frac{\partial \boldsymbol{r}}{\partial y'} \cdot \frac{\partial y'}{\partial x} = \frac{\partial x'}{\partial x}\boldsymbol{i}_{x'} + \frac{\partial y'}{\partial x}\boldsymbol{i}_y{}' \tag{1.1.6a}$$

$$\boldsymbol{i}_y = \frac{\partial \boldsymbol{r}}{\partial y} = \frac{\partial \boldsymbol{r}}{\partial x'} \cdot \frac{\partial x'}{\partial y} + \frac{\partial \boldsymbol{r}}{\partial y'} \cdot \frac{\partial y'}{\partial y} = \frac{\partial x'}{\partial y}\boldsymbol{i}_{x'} + \frac{\partial y'}{\partial y}\boldsymbol{i}_{y'} \tag{1.1.6b}$$

上述方程组有唯一解的条件是下面的行列式不等于零：

$$\begin{vmatrix} \dfrac{\partial x'}{\partial x} & \dfrac{\partial y'}{\partial x} \\ \dfrac{\partial x'}{\partial y} & \dfrac{\partial y'}{\partial y} \end{vmatrix} \neq 0 \tag{1.1.7}$$

该行列式被称作雅可比（Jacobian）行列式。对应的矩阵被称作雅可比矩阵。进一步分析发现，雅可比矩阵的元素就是上述坐标变换的系数。对于上述相对旧坐标系逆时针旋转一个角度 φ 的新坐标系变换，其雅可比矩阵可写成

$$\boldsymbol{J}=\frac{\partial(x',y')}{\partial(x,y)}=\begin{bmatrix}\dfrac{\partial x'}{\partial x} & \dfrac{\partial y'}{\partial x}\\ \dfrac{\partial x'}{\partial y} & \dfrac{\partial y'}{\partial y}\end{bmatrix}=\begin{bmatrix}\cos\varphi & -\sin\varphi\\ \sin\varphi & \cos\varphi\end{bmatrix} \tag{1.1.8}$$

1.1.4 张量（tensor）概念的初步

有了矢量的概念之后，自然界中绝大多数事物都可以通过标量和矢量来描述。然而，随着人们对客观世界认识的不断深化，以及物理学的深入发展，有些事物仅用标量和矢量来描述又显得不够。如结构中某一点的应力状态，既涉及作用面的方向，又涉及某一面内作用力的方向，因此涉及双重方向。若用下标来描述分量，则需要双重（两层）下标，如 $\boldsymbol{\sigma}_{ij}(i,j=1,2,3)$。为此，人们引入了张量的概念。张量是标量和矢量概念的推广和扩展。它是一种更广义的“量”的概念。根据分量下标层数的多少，张量分为不同的阶。标量由于不用下标，因此被视为零阶张量。矢量的分量只有一层下标，因此被称为一阶张量，而应力类型的量，其分量需要两层下标来表示，被称作二阶张量，当然还有三阶张量和高阶张量。从严格的数学和物理意义上讲，张量是对事物的一种客观描述，其本身与坐标系的选取无关。它是一种不依赖特定坐标系的表达物理量的方法。采用张量记法表示的方程，若在某一坐标系中成立，则在经过变换的其他坐标系中也成立，即张量方程具有不变性。张量有两种描述方法，其一是不需要坐标系的实体描述方法，其二是借助坐标系的分量描述方法。在实际中进行数学物理分析时，人们常常需要借助坐标系，对应不同的坐标系，其张量的分量也会不同，但不同坐标系下的张量分量之间，就像上述矢量分量之间一样，存在依赖坐标系之间转换的一种变换。

1.2 张量的逆变与协变

一般的张量分为逆变张量和协变张量，而逆变张量与协变张量的概念是源于矢量的逆变分量和协变分量。矢量的逆变分量和协变分量又源于斜角（非直角）直线坐标系。图 1－2 所示为一平面内的斜角直线坐标系 Ox_1x_2，其中坐标轴 Ox_1 和 Ox_2 相互不垂直。坐标系内有一矢量 $\boldsymbol{P}$。按矢量的平行四边形法则可将其分解为坐标轴上的两个分量 $\boldsymbol{P}_1$ 和 $\boldsymbol{P}_2$。若取 $\boldsymbol{g}_1$ 和 $\boldsymbol{g}_2$ 分别为 Ox_1 轴和 Ox_2 轴上的基矢量，则可将 $\boldsymbol{P}_1$ 和 $\boldsymbol{P}_2$ 写成

$$\begin{cases}\boldsymbol{P}_1=a_1\boldsymbol{g}_1\\ \boldsymbol{P}_2=a_2\boldsymbol{g}_2\end{cases} \tag{1.2.1}$$

其中，a_1 和 a_2 为标量。原矢量 $\boldsymbol{P}$ 可写成

$$\boldsymbol{P}=\boldsymbol{P}_1+\boldsymbol{P}_2=a_1\boldsymbol{g}_1+a_2\boldsymbol{g}_2 \tag{1.2.2}$$

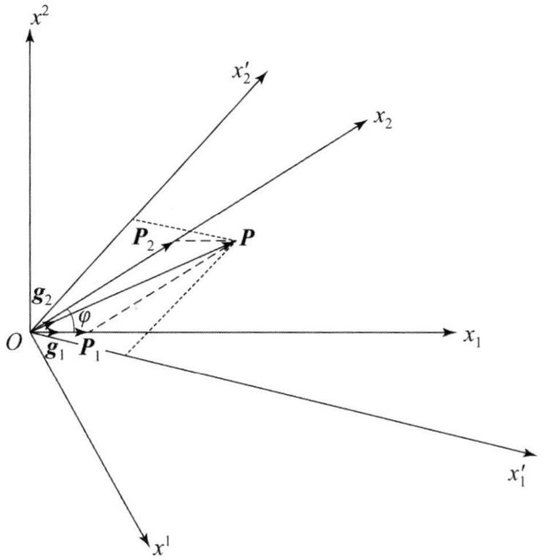

图 1-2　斜角直线坐标系及其坐标变换

标量 a_1 和 a_2 反映的是矢量 $\boldsymbol{P}$ 在 Ox_1 轴和 Ox_2 轴上的分量 $\boldsymbol{P}_1$ 和 $\boldsymbol{P}_2$ 对基矢量 $\boldsymbol{g}_1$ 和 $\boldsymbol{g}_2$ 的倍数，通常直接称其为矢量 $\boldsymbol{P}$ 在斜角直线坐标系 Ox_1x_2 中的分量。

将上式两端同时点乘 $\boldsymbol{g}_1$，则有

$$\boldsymbol{P}\cdot\boldsymbol{g}_1 = a_1\boldsymbol{g}_1\cdot\boldsymbol{g}_1 + a_2\boldsymbol{g}_2\cdot\boldsymbol{g}_1 = a_1|\boldsymbol{g}_1|^2 + a_2|\boldsymbol{g}_1|\cdot|\boldsymbol{g}_2|\cos\langle\boldsymbol{g}_1,\boldsymbol{g}_2\rangle \tag{1.2.3}$$

由于斜角直线坐标系 Ox_1x_2 中的坐标轴 Ox_1 和 Ox_2 相互不垂直，亦即基矢量 $\boldsymbol{g}_1$ 和 $\boldsymbol{g}_2$ 的夹角 $\varphi\neq\dfrac{\pi}{2}$，所以上式中的第二项并不为零。因此，通过点积投影的方法不能直接得到分量 a_1。为了解决这样的问题，可引入一组新的基矢量 $\boldsymbol{g}^1$ 和 $\boldsymbol{g}^2$（注意由原来的下标改成了上标），并称 $\boldsymbol{g}^1$ 和 $\boldsymbol{g}^2$ 为 $\boldsymbol{g}_1$ 和 $\boldsymbol{g}_2$ 的对偶基，使其与原基矢量 $\boldsymbol{g}_1$ 和 $\boldsymbol{g}_2$ 满足关系：$\boldsymbol{g}_1\cdot\boldsymbol{g}^2=\boldsymbol{g}_2\cdot\boldsymbol{g}^1=0$ 和 $\boldsymbol{g}_1\cdot\boldsymbol{g}^1=\boldsymbol{g}_2\cdot\boldsymbol{g}^2=1$，即正交。在图形上，相当于画了一个新坐标系 Ox^1x^2，其中 Ox^1 轴与 Ox_2 轴垂直，Ox^2 轴与 Ox_1 轴垂直。用 $\boldsymbol{g}^1$ 去点乘前式，有

$$\boldsymbol{P}\cdot\boldsymbol{g}^1 = a_1\boldsymbol{g}_1\cdot\boldsymbol{g}^1 + a_2\boldsymbol{g}_2\cdot\boldsymbol{g}^1 = a_1 \tag{1.2.4}$$

同理有

$$\boldsymbol{P}\cdot\boldsymbol{g}^2 = a_2 \tag{1.2.5}$$

可以看出，a_1 相当于 $\boldsymbol{P}$ 在 Ox^1 轴上的投影 P^1，a_2 相当于 $\boldsymbol{P}$ 在 Ox^2 轴上的投影 P^2，即

$$a_1 = P^1 \text{和}\ a_2 = P^2 \tag{1.2.6}$$

则前述的分解公式可重写为

$$\boldsymbol{P} = P^1\boldsymbol{g}_1 + P^2\boldsymbol{g}_2 \tag{1.2.7}$$

由于 $\boldsymbol{g}_1$ 和 $\boldsymbol{g}_2$ 是原斜角直线坐标系的基矢量，所以称为协变基矢量。而 $\boldsymbol{g}^1$ 和 $\boldsymbol{g}^2$ 和它们有正交关系，满足 $\boldsymbol{g}_1\cdot\boldsymbol{g}^1=1$，$\boldsymbol{g}_2\cdot\boldsymbol{g}^2=1$，$\boldsymbol{g}_1\cdot\boldsymbol{g}^2=\boldsymbol{g}_2\cdot\boldsymbol{g}^1=0$，即

$$\begin{bmatrix}\boldsymbol{g}_1\\ \boldsymbol{g}_2\end{bmatrix}\cdot\begin{bmatrix}\boldsymbol{g}^1 & \boldsymbol{g}^2\end{bmatrix} = \begin{bmatrix}1 & 0\\ 0 & 1\end{bmatrix} \tag{1.2.8}$$

或

$$\boldsymbol{g}_i \cdot \boldsymbol{g}^j = \delta_i^j \tag{1.2.9}$$

其中，δ_i^j 为 kronecker 函数：

$$\delta_i^j = \begin{cases} 1, & i = j \\ 0, & i \neq j \end{cases} \tag{1.2.10}$$

从矩阵的角度，如果两个方矩阵的积为单位矩阵，则称这两个矩阵互逆，即后面的矩阵为前面的矩阵的逆矩阵。因此，称 $\boldsymbol{g}^1$ 和 $\boldsymbol{g}^2$ 为逆变基矢量（严格来说，这两个矩阵不是方阵，不能算逆矩阵）。对应地，称 P^1 和 P^2 为矢量 $\boldsymbol{P}$ 的逆变分量。将该矢量按逆变基矢量分解有

$$\boldsymbol{P} = P_1\boldsymbol{g}^1 + P_2\boldsymbol{g}^2 \tag{1.2.11}$$

其中，P_1 和 P_2 为矢量 $\boldsymbol{P}$ 的协变分量。

这样的概念在空间三维坐标系中是同样存在的，思路也完全类似。对于矢量是这样，对于更广义的张量，情况也是如此。可以看出，矢量之所以有协变分量和逆变分量之说，完全是因为斜角直线坐标系的存在。若该斜角直线坐标的夹角 $\varphi = \dfrac{\pi}{2}$，即 Ox_1 和 Ox_2 垂直，则新坐标系的 Ox^1 轴和 Ox^2 轴是和 Ox_1 轴及 Ox_2 轴完全重合的。在这种情况下，逆变分量与协变分量也是一样的。

鉴于连续介质力学多用笛卡儿直角坐标系，因此本书只介绍并使用直角坐标系的张量。这种张量没有协变和逆变之分。

1.3 张量的基本概念

1.3.1 张量的定义

张量的定义一般比较抽象。可从以下两个方面来理解。一是从物理的角度看，张量就是一种描述物理客观的量，是标量和矢量的扩展。标量只描述物理量的大小，矢量不仅描述物理量的大小，还描述物理量的方向，张量比标量和矢量更广义，它不仅能描述物理量的大小和物理量的方向，还能描述更多重方向，甚至其他方面的因素。它是一种客观的量。二是从数学的角度看，张量可看作某种坐标系下遵从一定坐标转换关系的各分量的有序集合。

为了解释数学上的这些思想，再从图 1 - 2 中的斜角直线坐标系说起。若仍以矢量 $\boldsymbol{P}$ 为对象，但坐标系变成了 $Ox_1'x_2'$，对应的基矢量为 $\boldsymbol{g}_1'$ 和 $\boldsymbol{g}_2'$，则新坐标系的基矢量按旧坐标系的基矢量分解为

$$\boldsymbol{g}_1' = \beta_1^1\boldsymbol{g}_1 + \beta_1^2\boldsymbol{g}_2 \tag{1.3.1a}$$

$$\boldsymbol{g}_2' = \beta_2^1\boldsymbol{g}_1 + \beta_2^2\boldsymbol{g}_2 \tag{1.3.1b}$$

写成一般式子为

$$\boldsymbol{g}_i' = \sum_j \beta_i^j \boldsymbol{g}_j \quad (i = 1,2) \tag{1.3.2}$$

同理，新、旧坐标系的对偶基之间有如下关系：

$$\boldsymbol{g}'^i = \sum_j \gamma_j^i \boldsymbol{g}^j \quad (i = 1,2) \tag{1.3.3}$$

将旧坐标系的基矢量按新坐标系的基矢量分解，有

$$\boldsymbol{g}_i = \sum_j \alpha_j^i \boldsymbol{g}'_j \quad (i = 1,2) \tag{1.3.4}$$

将上式两端点乘 $\boldsymbol{g}'^k$，得

$$\boldsymbol{g}_i \cdot \boldsymbol{g}'^k = \sum_j \alpha_j^i \boldsymbol{g}'_j \cdot \boldsymbol{g}'^k = \alpha_k^i \quad (i = 1,2) \tag{1.3.5}$$

将式（1.3.3）代入上式还得

$$\boldsymbol{g}_i \cdot \sum_j \gamma_j^k \boldsymbol{g}^j = \gamma_i^k \quad (i = 1,2) \tag{1.3.6}$$

比较式（1.3.6）与式（1.3.5）可知：$\alpha_k^i = \gamma_i^k$，即

$$\boldsymbol{g}_i = \sum_j \gamma_i^j \boldsymbol{g}'_j \quad (i = 1,2) \tag{1.3.7}$$

同理有

$$\boldsymbol{g}^i = \sum_j \beta_i^j \boldsymbol{g}'^j \quad (i = 1,2) \tag{1.3.8}$$

将矢量 $\boldsymbol{P}$ 分别在两种坐标系下按协基矢量分解，有

$$\boldsymbol{P} = \sum_j P^j \boldsymbol{g}_j = \sum_j P^j \sum_k \gamma_j^k \boldsymbol{g}'_k \tag{1.3.9}$$

$$\boldsymbol{P} = \sum_k P'^k \boldsymbol{g}'_k \tag{1.3.10}$$

矢量是客观的，不因坐标系的变化而变化，因此以上两式应该相等，即

$$\sum_j P^j \sum_k \gamma_j^k \boldsymbol{g}'_k = \sum_k P'^k \boldsymbol{g}'_k \tag{1.3.11}$$

用 $\boldsymbol{g}'^i$ 点乘上式两端得

$$\sum_j P^j \sum_k \gamma_j^k g'_k \cdot \boldsymbol{g}'^i = \sum_k P'^k \boldsymbol{g}'_k \cdot \boldsymbol{g}'^i \tag{1.3.12}$$

得

$$\sum_j P^j \gamma_j^i = P'^i \quad (i = 1,2) \tag{1.3.13}$$

即

$$P'^i = \sum_j \gamma_j^i P^j \quad (i = 1,2) \tag{1.3.14}$$

比较式（1.3.14）与式（1.3.3），可以看出，矢量分量的新、旧坐标系变换关系与基矢量的变化关系形式完全相同。

以上是以平面坐标系为例来分析和讨论的。一般地，若坐标系（x_1，x_2，…，x_n）的基矢量为（$\boldsymbol{g}_1$，$\boldsymbol{g}_2$，…，$\boldsymbol{g}_n$），另一坐标系（$\bar{x}_2$，…，$\bar{x}_n$）的基矢量为（$\bar{\boldsymbol{g}}_1$，$\bar{\boldsymbol{g}}_2$，…，$\bar{\boldsymbol{g}}_n$），则基矢量间满足如下变换关系：

$$\begin{bmatrix} \boldsymbol{g}_1 \\ \boldsymbol{g}_2 \\ \vdots \\ \vdots \\ \boldsymbol{g}_n \end{bmatrix} = \boldsymbol{J} \cdot \begin{bmatrix} \bar{\boldsymbol{g}}_1 \\ \bar{\boldsymbol{g}}_2 \\ \vdots \\ \vdots \\ \bar{\boldsymbol{g}}_n \end{bmatrix} = \frac{\partial(\bar{x}_1, \bar{x}_2, \cdots, \bar{x}_n)}{\partial(x_1, x_2, \cdots, x_n)} \begin{bmatrix} \bar{\boldsymbol{g}}_1 \\ \bar{\boldsymbol{g}}_2 \\ \vdots \\ \vdots \\ \bar{\boldsymbol{g}}_n \end{bmatrix} \tag{1.3.15}$$

矢量 $\boldsymbol{A}$（一阶张量）在两不同坐标系下的分量也满足这种变换关系，即

$$\boldsymbol{A}=\begin{bmatrix}\boldsymbol{A}_1\\\boldsymbol{A}_2\\\vdots\\\boldsymbol{A}_n\end{bmatrix}=\boldsymbol{J}\cdot\bar{\boldsymbol{A}}=\frac{\partial(\bar{x}_1,\bar{x}_2,\cdots,\bar{x}_n)}{\partial(x_1,x_2,\cdots,x_n)}\begin{bmatrix}\bar{\boldsymbol{A}}_1\\\bar{\boldsymbol{A}}_2\\\vdots\\\bar{\boldsymbol{A}}_n\end{bmatrix}\tag{1.3.16}$$

或写成

$$\boldsymbol{A}_i=\sum_{j=1}^{n}\beta_{ij}\bar{\boldsymbol{A}}_j\quad(i=1,2,\cdots,n)\tag{1.3.17}$$

其中 $\beta_{ij}=\dfrac{\partial\bar{x}_j}{\partial x_i}$。矢量 $\boldsymbol{A}_i$ 作为一阶张量，由于只有一层下标，从一个坐标系经过一次变换就可以得到另一个坐标系下的分量。

二阶张量的情况类似，但由于有两层下标，一次变换只能针对一层下标进行，所以一个坐标系下的分量需经过两次变换才能得到另一个坐标系下的分量，即

$$\boldsymbol{A}_{kl}=\sum_{i=1}^{n}\sum_{j=1}^{n}\beta_{ki}\beta_{lj}\bar{\boldsymbol{A}}_{ij}\quad(k,l=1,2,\cdots,n)\tag{1.3.18}$$

依此类推，n 阶张量由于有 n 层下标，而一次变换只能针对一层下标进行，所以需经过 n 次变换才能得到另一坐标系下的全部分量。从上述分析可以看出，抛开物理的含义，从数学的角度理解，张量就是某种坐标系下遵从一定坐标转换关系的各分量的有序集合。

1.3.2 矢量和张量的表示方法

矢量和张量都有两种表示方法：一种是实体表示方法，另一种是分量表示法。实体表示方法无须坐标，通常用黑体表示，如 $\boldsymbol{V}$，$\boldsymbol{T}$，其中矢量还可以用上划箭头表示，如 $\vec{a}$。分量表示方法需有参考的坐标系。在参考的坐标系下，将矢量或张量按基矢量分解，对应基矢量的各系数就构成了分量的集合。矢量分量可用一层下标描述，二阶张量分量需用两层下标描述。

在空间直角坐标系 $Oxyz$ 中，设基矢量（对于直角坐标系实际上为单位矢量）为 $\boldsymbol{i}$，$\boldsymbol{j}$，$\boldsymbol{k}$，则矢量 $\boldsymbol{a}$ 可写成 $\boldsymbol{a}=a_i\boldsymbol{i}+a_j\boldsymbol{j}+a_k\boldsymbol{k}$，或 $\boldsymbol{a}=a_x\boldsymbol{i}+a_y\boldsymbol{j}+a_z\boldsymbol{k}$，或 $\boldsymbol{a}=\{a_i,a_j,a_k\}$，或 $\boldsymbol{a}=\{a_x,a_y,a_z\}$，也可写成列矩阵的形式：$\boldsymbol{a}=\begin{bmatrix}a_x\\a_y\\a_z\end{bmatrix}$。张量 $\boldsymbol{T}$ 可写成矩阵的形式：$\boldsymbol{T}=\begin{bmatrix}T_{xx}&T_{xy}&T_{xz}\\T_{yx}&T_{yy}&T_{yz}\\T_{zx}&T_{zy}&T_{zz}\end{bmatrix}$。可以看出一阶张量（矢量）的分量可以写成列矩阵或行矩阵的形式，而二阶张量的分量需写成一般矩阵的形式。三阶以上张量的分量描述起来就比较困难了。

1.3.3 矢量和张量分析中的两个符号法则

为了书写方便，在张量理论中人们规定了两个符号法则。法则一是代用符号法则。代用符号法则是用数字下标遍历所有应该的取值来代替原先的穷举表示。如对于坐标系 $Oxyz$，

通常用 $x_i(i=1,2,3)$ 来代替，而且通常省略括号中的内容，直接用 x_i 代替 xyz，隐含 $i=1$，2，3。矢量 $\boldsymbol{a}$ 的分量就写成 a_i，其中的下标 i 作为哑元可取 1，2，3，…，对于空间直角坐标系，i 取 1，2，3。二阶张量 $\boldsymbol{T}$ 的分量可写成 T_{ij}，其中的下标哑元 i，j 在空间三维坐标系中各自取 1，2，3。此外，为了简化书写，若自变量为一矢量，则函数 $f(\boldsymbol{x}_i)$ 对 $\boldsymbol{x}_i$ 的偏导数 $\dfrac{\partial f}{\partial \boldsymbol{x}_i}$ 通常简写为 $\dfrac{\partial f}{\partial \boldsymbol{x}_i}=f_{,i}$，这称为逗号代导数的符号代用法则。另一法则是约定求和法则，该法则规定在同一项中，如有一个自由指标重复出现，就表示要对这个指标遍历求和，对于空间直角坐标系表示从 1 到 3 求和，如 $a_k b_k = \sum_1^3 a_i b_i$ 和 $\dfrac{\partial u_k}{\partial x_k} = \sum_1^3 \dfrac{\partial u_i}{\partial x_i}$ 等。按这种法则，式（1.3.17）所示的矢量变换（一阶张量）就可以写成

$$\boldsymbol{A}_i=\beta_{ij}\bar{\boldsymbol{A}}_j \tag{1.3.19}$$

式（1.3.18）所示的二阶张量变换就可以写成

$$\boldsymbol{A}_{kl}=\beta_{ki}\beta_{lj}\bar{\boldsymbol{A}}_{ij} \tag{1.3.20}$$

依此类推，n 阶张量的变换就可以写成

$$\boldsymbol{T}_{i_1 i_2 \cdots i_n}=\beta_{i_1 j_1}\beta_{i_2 j_2}\cdots\beta_{i_n j_n}\bar{\boldsymbol{T}}_{j_1 j_2 \cdots j_n} \tag{1.3.21}$$

显然，这种表示很简洁，也很方便。

1.3.4　特殊的符号张量

张量分析中有两个常见的符号张量，一个是 Kronecker 符号张量，另一个是置换符号张量。

1. Kronecker 符号张量 δ_{ij}

在前面的式（1.2.10）中曾提到过 Kronecker 函数，它在正交量计算时很有用。在张量分析中，也常常涉及正交量的计算，为此，类似式（1.2.10），定义 Kronecker 符号张量为

$$\delta_{ij}=\begin{cases}0, & i\neq j\\ 1, & i=j\end{cases} \tag{1.3.22}$$

有了该符号张量，若记 $\boldsymbol{e}_i$ 为直角坐标系中沿 x_i 轴的单位矢量（基矢量）$(i=1,2,3)$，则有

$$\boldsymbol{e}_i\cdot\boldsymbol{e}_j=\delta_{ij} \tag{1.3.23}$$

单位矩阵也可由 Kronecker 符号张量表示为

$$\boldsymbol{I}=(\delta_{ij})=\delta_{ij}=\begin{pmatrix}1&0&0\\0&1&0\\0&0&1\end{pmatrix} \tag{1.3.24}$$

2. 置换符号张量 $\in_{ijk}$

在进行张量的运算时，经常涉及正、负号的选择，而且还有一定的规律，为此，定义置换符号张量 $\in_{ijk}$ 为

$$\in_{ijk}=\begin{cases}1, & (i,j,k)\text{是}(1,2,3)\text{的偶排列}\\ -1, & (i,j,k)\text{是}(1,2,3)\text{的奇排列}\\ 0, & i,j,k\text{ 中有相同者}\end{cases} \tag{1.3.25}$$

所谓偶排列，是指对排列（1，2，3）的相邻顺序进行偶数次交换，而奇排列是指对排列（1，2，3）的相邻顺序进行奇数次交换。如对（1，2，3）中的2和3进行一次交换得到（1，3，2）就是奇数次交换，称作奇排列。如再将其中的3和1进行一次交换得到（3，1，2）就进行了两次交换，即偶数次交换，就称作偶排列。因此，（1，3，2）就是（1，2，3）的奇排列，而（3，1，2）就是（1，2，3）的偶排列。

有了置换符号张量，行列式的计算表示起来就比较简洁了，如：

$$\Delta = \begin{vmatrix} a_{11} & a_{12} & a_{13} \\ a_{21} & a_{22} & a_{23} \\ a_{31} & a_{32} & a_{33} \end{vmatrix} = \in_{ijk} a_{1i} a_{2j} a_{3k} \tag{1.3.26}$$

1.4　矢量和张量的代数运算

矢量的代数运算在矢量分析的书籍中有详细的介绍。这里把矢量和张量放在一起介绍，主要出于两点考虑：其一，矢量作为一种特殊的张量，凡是张量满足的代数运算，矢量也同样满足；其二，用矢量的特例来解释问题，使人更容易从直观上进行理解。

1.4.1　张量的加减

只有阶数相同的张量才可以互相加减，其结果的阶数与原张量的阶数相同，即同阶。不同阶数的张量不能进行加减运算。若 $\boldsymbol{A}$ 和 $\boldsymbol{B}$ 都是 n 阶张量，则

$$\boldsymbol{A} \pm \boldsymbol{B} = \boldsymbol{C} \tag{1.4.1}$$

$\boldsymbol{C}$ 的分量满足关系：

$$C_{i_n} = A_{i_n} \pm B_{i_n} \tag{1.4.2}$$

由于 $\boldsymbol{A}$ 和 $\boldsymbol{B}$ 都是 n 阶张量，所以 $\boldsymbol{C} = (C_{i_n})$ 也是 n 阶张量。

由于零张量（各分量均为零）在任何坐标系下都是零张量，所以如果在一个坐标系下张量 $\boldsymbol{A}$ 和张量 $\boldsymbol{B}$ 相等，即 $\boldsymbol{A} = \boldsymbol{B}$，就有 $\boldsymbol{A} - \boldsymbol{B} = \boldsymbol{0}$（零张量），则在另一个坐标系下，也有 $\boldsymbol{A} - \boldsymbol{B} = \boldsymbol{0}$，进而有 $\boldsymbol{A} = \boldsymbol{B}$。该式表明，若把描述某物理规律的张量方程看作一个等式，则该等式不因坐标系的变化而变化。张量方程具有形式不变性。

1.4.2　张量与标量相乘

设 λ 是标量，$\boldsymbol{A}$ 是 n 阶张量，则二者的乘积定义为

$$\lambda \boldsymbol{A} = \boldsymbol{A} \lambda = \boldsymbol{B} \tag{1.4.3}$$

乘积的结果 $\boldsymbol{B}$ 仍是 n 阶张量，且其分量为 $B_{i_n} = \lambda A_{i_n}$。

1.4.3　张量乘积

标量与标量的乘积比较简单，标量与矢量或张量的乘积也比较简单。张量之间的乘积就比较复杂了。因为矢量作为最简单的张量有很多种乘积形式，包括点乘、叉乘和并乘等。为此，先介绍矢量的乘积。

1. 矢量的点乘

两个矢量 $\boldsymbol{a}$ 和 $\boldsymbol{b}$ 的点乘是一个标量，定义为模（大小）的相乘再乘夹角的余弦，即

$$c=\boldsymbol{a}\cdot\boldsymbol{b}=\|\boldsymbol{a}\|\cdot\|\boldsymbol{b}\|\cos\langle\boldsymbol{a},\boldsymbol{b}\rangle \tag{1.4.4}$$

由于矢量的模是标量，所以两个矢量的点乘结果也是标量，相当于将原来的一阶张量缩并成零阶张量。

2. 矢量的叉乘

两个矢量 $\boldsymbol{a}$ 和 $\boldsymbol{b}$ 的叉乘仍是一个矢量，其大小定义为模的相乘再乘夹角的正弦，而方向垂直于矢量 $\boldsymbol{a}$ 和 $\boldsymbol{b}$ 构成的平面，且满足右手法则，如图 1－3 所示。其表达式可写成

$$\boldsymbol{c}=\boldsymbol{a}\times\boldsymbol{b}=\begin{vmatrix}\boldsymbol{e}_1 & \boldsymbol{e}_2 & \boldsymbol{e}_3\\ a_1 & a_2 & a_3\\ b_1 & b_2 & b_3\end{vmatrix}=\in_{ijk}a_jb_k\boldsymbol{e}_i \tag{1.4.5}$$

与两个矢量点乘不同，两个矢量 $\boldsymbol{a}$ 和 $\boldsymbol{b}$ 的叉乘仍为矢量，从张量的角度讲，其张量的阶不变。

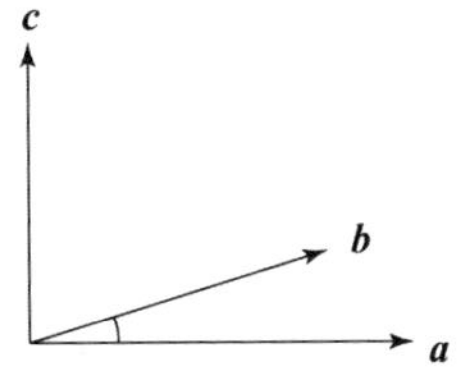

图 1－3　矢量叉乘示意

3. 矢量的并乘

两个矢量 $\boldsymbol{a}$ 和 $\boldsymbol{b}$ 的并乘得到一个二阶张量 $\boldsymbol{C}$，$\boldsymbol{C}$ 的分量是两个矢量中每一个分量间的乘积，即 $C_{ij}=a_i\cdot b_j$。可以看出，矢量并乘的结果与点乘的结果正好相反，点乘的结果是降阶，而并乘的结果是升阶。如果把矢量 $\boldsymbol{a}$ 和 $\boldsymbol{b}$ 看作两个行矩阵，则点乘为 $\boldsymbol{a}\cdot\boldsymbol{b}^{\mathrm{T}}$，而并乘为 $\boldsymbol{a}^{\mathrm{T}}\cdot\boldsymbol{b}$，其中上标 T 代表矩阵的转置。

4. 张量的并乘

类似矢量的并乘，两个张量 $\boldsymbol{A}$ 和 $\boldsymbol{B}$ 的并乘记为 $\boldsymbol{AB}$。$\boldsymbol{A}$ 的每一分量与 $\boldsymbol{B}$ 的每一分量相乘，就得到 $\boldsymbol{AB}$ 的一个分量，即 $(\boldsymbol{AB})_{i_mj_n}=A_{i_m}B_{i_n}$。若 $\boldsymbol{A}$ 是 m 阶张量，$\boldsymbol{B}$ 是 n 阶张量，则 $\boldsymbol{AB}$ 是 $m+n$ 阶张量。

5. 张量的收缩及内积

若一个 n 阶张量 $\boldsymbol{A}_{i_1\cdots i_n}$ 的下标 $i_1\cdots i_n$ 中有两个自由指标相同，则应用约定求和法则，就得到一个有 $n-2$ 个自由指标的张量 $\boldsymbol{B}$，称 $\boldsymbol{B}$ 是张量 $\boldsymbol{A}$ 的收缩。$\boldsymbol{B}$ 是 $n-2$ 阶张量。若两个张量 $\boldsymbol{A}$ 和 $\boldsymbol{B}$ 乘积时有一个自由指标相同，则称其为 $\boldsymbol{A}$ 和 $\boldsymbol{B}$ 的内积，记作 $\boldsymbol{A}\cdot\boldsymbol{B}$。内积一次相当于收缩一次，张量的阶降低 2 阶。如两个矢量 $\boldsymbol{u}$ 和 $\boldsymbol{v}$ 的点乘 $\boldsymbol{u}\cdot\boldsymbol{v}=u_iv_i$，收缩后得到的是一个标量（零阶张量）。一般地，若 $\boldsymbol{A}$ 是 m 阶张量，$\boldsymbol{B}$ 是 n 阶张量，则 $\boldsymbol{A}\cdot\boldsymbol{B}$ 是 $m+n-2$ 阶张量。

1.5　张量场的梯度、散度和高斯（Gauss）积分定理

在物理学中，把某个物理量在空间中一个区域内的分布称为场。标量构成的场叫作标量场，矢量构成的场叫作矢量场，一般张量构成的场叫作张量场。描述场特征的有一些特征量，包括梯度、旋度、散度等。不同的特征量有各自不同的内涵。

1.5.1　标量场的梯度

在标量场中的一点处存在一个矢量，该矢量的方向为标量场在该点处变化率最大的方向，其模等于这个最大变化率的数值，这个矢量被称为标量场的梯度。标量场的梯度是一个矢量场。设标量场 f 的空间分布规律为 $f=f(x,y,z)$，则其沿 l 方向的变化率（也是沿 l 方向的方向导数）为

$$\frac{\partial f}{\partial l}=\frac{\partial f}{\partial x}\cdot\frac{\partial x}{\partial l}+\frac{\partial f}{\partial y}\cdot\frac{\partial y}{\partial l}+\frac{\partial f}{\partial z}\cdot\frac{\partial z}{\partial l}=\frac{\partial f}{\partial x}\cos\varphi_x+\frac{\partial f}{\partial y}\cos\varphi_y+\frac{\partial f}{\partial z}\cos\varphi_z \tag{1.5.1}$$

若定义一个矢量 $\boldsymbol{g}=\left(\frac{\partial f}{\partial x},\frac{\partial f}{\partial y},\frac{\partial f}{\partial z}\right)$，另一矢量 $\boldsymbol{e}_l=(\cos\varphi_x,\cos\varphi_y,\cos\varphi_z)$，$\boldsymbol{e}_l$ 恰为 l 方向的单位矢量，则有

$$\frac{\partial f}{\partial l}=\boldsymbol{g}\cdot\boldsymbol{e}=\|\boldsymbol{g}\|\cdot\|\boldsymbol{e}\|\cos\langle g,e\rangle=\|\boldsymbol{g}\|\cos\langle \boldsymbol{g},e\rangle \tag{1.5.2}$$

可以看出，当 l 的方向与 $\boldsymbol{g}$ 的方向相同时，上式的值最大，其值为$\frac{\partial f}{\partial l}=\|\boldsymbol{g}\|$。矢量 $\boldsymbol{g}=\left(\frac{\partial f}{\partial x},\frac{\partial f}{\partial y},\frac{\partial f}{\partial z}\right)$正好符合梯度的定义。因此，标量场的梯度可写为

$$\mathrm{grad}f=\left(\frac{\partial f}{\partial x},\frac{\partial f}{\partial y},\frac{\partial f}{\partial z}\right) \tag{1.5.3}$$

结合前述符号代用法则，通常定义矢量算符$\nabla=\mathrm{grad}=\left\{\frac{\partial}{\partial x_1},\frac{\partial}{\partial x_2},\frac{\partial}{\partial x_3}\right\}$为梯度算符，从而有

$$\mathrm{grad}f=\nabla f=\left(\frac{\partial}{\partial x_1},\frac{\partial}{\partial x_2},\frac{\partial}{\partial x_3}\right)f \tag{1.5.4}$$

再参照前述逗号代偏导数的符号代用法则，将上述偏导数矢量写成下标逗点后加自由指标的形式为

$$\mathrm{grad}f=\nabla f=\left(\frac{\partial}{\partial x_1},\frac{\partial}{\partial x_2},\frac{\partial}{\partial x_3}\right)f=f_{,i} \tag{1.5.5}$$

f 是标量，算符∇是矢量算符，梯度∇f 是矢量。

1.5.2　矢量场与张量场的梯度

设 $\boldsymbol{A}$ 是 n 阶张量，其分量形式为 $A_{i_1i_2\cdots i_n}$，则张量 $\boldsymbol{A}$ 的梯度定义为

$$\mathrm{grad}\,\boldsymbol{A} = \nabla\boldsymbol{A} = \frac{\partial}{\partial x_k}A_{i_1 i_2 \cdots i_n} = A_{i_1 i_2 \cdots i_n, k} \tag{1.5.6}$$

$\nabla\boldsymbol{A}$ 是 $n+1$ 阶张量，即通过梯度符号运算后的张量比原张量增加一阶。

1.5.3　矢量场与张量场的散度

设某矢量场 $\boldsymbol{a}$ 由下式给出：

$$\boldsymbol{a} = a_x(x,y,z)\boldsymbol{i} + a_y(x,y,z)\boldsymbol{j} + a_z(x,y,z)\boldsymbol{k} \tag{1.5.7}$$

其中，a_x，a_y，a_z 具有一阶连续偏导数。在该矢量场中的任一点 M 处作一个包围该点的任意闭合曲面 S，则 $\oint\!\!\oint_S \boldsymbol{a}\cdot \mathrm{d}\boldsymbol{s}$ 为矢量场通过该闭合曲面的通量，其中 $\mathrm{d}\boldsymbol{s}$ 为有向微曲面。当 S 所限定的体积 ΔV 以任何方式趋近 0 时，则比值 $(\oint\!\!\oint_S \boldsymbol{a}\cdot \mathrm{d}\boldsymbol{s})/\Delta V$ 的极限称为矢量场 $\boldsymbol{a}$ 在点 M 处的散度，并记作 $\mathrm{div}\,\boldsymbol{a}$。

根据高斯积分定理有

$$\oint\!\!\oint_S \boldsymbol{a}\cdot \mathrm{d}\boldsymbol{s} = \iiint_{\Delta V}\left(\frac{\partial a_x}{\partial x} + \frac{\partial a_y}{\partial y} + \frac{\partial a_z}{\partial z}\right)\mathrm{d}V \tag{1.5.8}$$

则有

$$\mathrm{div}\,\boldsymbol{a} = \lim_{\Delta V\to 0}(\oint\!\!\oint_S \boldsymbol{a}\cdot \mathrm{d}\boldsymbol{s})/\Delta V = \lim_{\Delta V\to 0}\left(\iiint_{\Delta V}\left(\frac{\partial a_x}{\partial x} + \frac{\partial a_y}{\partial y} + \frac{\partial a_z}{\partial z}\right)\mathrm{d}V\right)\Big/\Delta V = \frac{\partial a_x}{\partial x} + \frac{\partial a_y}{\partial y} + \frac{\partial a_z}{\partial z} \tag{1.5.9}$$

利用前面的梯度矢量算符，又可将其写为

$$\mathrm{div}\,\boldsymbol{a} = \nabla\cdot\boldsymbol{a} \tag{1.5.10}$$

或写成

$$\mathrm{div}\,\boldsymbol{a} = \frac{\partial}{\partial x_k}a_k = a_{k,k} \tag{1.5.11}$$

设 $\boldsymbol{A}$ 是 n 阶张量，其散度定义为

$$\mathrm{div}\,\boldsymbol{A} = \nabla\cdot\boldsymbol{A} = \frac{\partial}{\partial x_k}A_{k i_2 \cdots i_n} \tag{1.5.12}$$

它是对 $\boldsymbol{A}$ 进行了一次收缩，因此是 $n-1$ 阶张量。

可以看出，梯度使张量的阶数增加一阶，散度却使张量的阶数降低一阶。如对于一阶张量的矢量 $\boldsymbol{a}$，其梯度 $\nabla\boldsymbol{a} = \frac{\partial a_i}{\partial x_k}$ 是二阶张量，而其散度 $\mathrm{div}\,\boldsymbol{a} = \nabla\cdot a = \frac{\partial a_i}{\partial x_i}$ 则是一个零阶张量，即标量。由于标量已经是零阶张量，只能升阶，无法再降阶，所以标量有梯度的概念，但不存在散度的概念。

1.5.4　张量的高斯积分定理——奥高公式

按照散度的表达式，矢量的高斯积分定理（也叫作奥高公式）可写为

$$\oint\!\!\oint_S \boldsymbol{a}\cdot \mathrm{d}\boldsymbol{s} = \iiint_V \mathrm{div}\,\boldsymbol{a}\,\mathrm{d}V \tag{1.5.13}$$

将有向微曲面表示成 $\mathrm{d}\boldsymbol{s}=\boldsymbol{n}\mathrm{d}\sigma$，其中 $\boldsymbol{n}$ 为曲面 $\mathrm{d}\boldsymbol{s}$ 的单位法向矢量，$\mathrm{d}\sigma$ 为微面积标量，则上式写成

$$\oiint_S \boldsymbol{a}\cdot\boldsymbol{n}\mathrm{d}\sigma=\iiint_V \mathrm{div}\,\boldsymbol{a}\mathrm{d}V \tag{1.5.14}$$

对于矢量来说，点乘是可以交换的，因此有

$$\oiint_S \boldsymbol{n}\cdot\boldsymbol{a}\mathrm{d}\sigma=\iiint_V \mathrm{div}\,\boldsymbol{a}\mathrm{d}V \tag{1.5.15}$$

将其推广到张量 $\boldsymbol{A}$ 中，有

$$\oiint_S \boldsymbol{n}\cdot\boldsymbol{A}\mathrm{d}\sigma=\iiint_V \mathrm{div}\,\boldsymbol{A}\mathrm{d}V \tag{1.5.16}$$

此式即张量情形的高斯积分定理，也叫作张量情形的奥高公式。

1.6　二阶张量

在连续介质力学理论中，除常见的标量（零阶张量）和矢量（一阶张量）外，最常用的还有二阶张量。鉴于标量和矢量的一些特性人们都已熟知，这里重点讨论二阶张量的特性。二阶张量的形式与矩阵的形式类似，有时也用矩阵的形式表示，因此其特性也与矩阵有许多相似之处。

1.6.1　二阶张量的转置、正交、对称和反对称

如果 $\boldsymbol{A}=A_{ij}$ 是一个二阶张量，则称 $\boldsymbol{A}^{\mathrm{T}}=A_{ji}$ 是 $\boldsymbol{A}$ 的转置张量，转置张量还是二阶张量。如果张量与其转置张量的内积是单位张量，即 $\boldsymbol{A}\cdot\boldsymbol{A}^{\mathrm{T}}=\boldsymbol{A}^{\mathrm{T}}\cdot\boldsymbol{A}=\boldsymbol{I}$（$\boldsymbol{I}=\delta_{ij}$ 为单位张量），则称 $\boldsymbol{A}$ 是正交张量。若张量 $\boldsymbol{A}$ 与其转置张量 $\boldsymbol{A}^{\mathrm{T}}$ 恒相等，即 $\boldsymbol{A}=\boldsymbol{A}^{\mathrm{T}}$，或 $A_{ij}=A_{ji}$ 恒成立，则称 $\boldsymbol{A}$ 是对称张量。若张量 $\boldsymbol{A}$ 与其转置张量 $\boldsymbol{A}^{\mathrm{T}}$ 的负值恒相等，即 $\boldsymbol{A}=-\boldsymbol{A}^{\mathrm{T}}$，或 $A_{ij}=-A_{ji}$ 恒成立，则称 $\boldsymbol{A}$ 是反对称张量。直角三维空间坐标系中的二阶对称张量可用 6 个分量表征，而二阶反对称张量可用 3 个分量表征。二阶张量的对称性和反对称性是与坐标系无关的。因为如果 $A_{ij}=\pm A_{ji}$ 恒成立，无论怎样进行坐标系变换，即怎样取 β_{ij}，都有 $A'_{ij}=\beta_{im}\beta_{jn}A_{mn}=\pm\beta_{im}\beta_{jn}A_{nm}=\pm A'_{ji}$，即其对称性和反对称性都不变。二阶张量可唯一地分解成一个对称张量和另一个反对称张量之和，其分解式为

$$A_{ij}=\frac{1}{2}(A_{ij}+A_{ji})+\frac{1}{2}(A_{ij}-A_{ji}) \tag{1.6.1}$$

上式右边第一项是对称张量，第二项是反对称张量。说这种分解是唯一的，是因为如将 $\boldsymbol{A}$ 分解成 $\boldsymbol{B}$ 加 $\boldsymbol{C}$，即 $\boldsymbol{A}=\boldsymbol{B}+\boldsymbol{C}$，$\boldsymbol{B}$ 是对称张量，$\boldsymbol{C}$ 是反对称张量，则有 $A_{ij}=B_{ij}+C_{ij}$ 和 $A_{ji}=B_{ji}+C_{ji}=B_{ij}-C_{ij}$。两式相加，得 $B_{ij}=\frac{1}{2}(A_{ij}+A_{ji})$；两式相减，得 $C_{ij}=\frac{1}{2}(A_{ij}-A_{ji})$。因此，这种分解是唯一的。

1.6.2　二阶张量的主值和主方向

如果把二阶张量 $\boldsymbol{A}$ 看成矢量 $\boldsymbol{x}$ 到矢量 $\boldsymbol{y}$ 的线性变换，即

$$\boldsymbol{A}\cdot\boldsymbol{x}=\boldsymbol{y} \tag{1.6.2}$$

取 $\boldsymbol{y}=\lambda\boldsymbol{x}$ 代入上式，得

$$\boldsymbol{A}\cdot\boldsymbol{x}=\lambda\boldsymbol{x} \tag{1.6.3}$$

$\boldsymbol{x}$ 有非零解的条件是下面的行列式等于零，即

$$\det(\boldsymbol{A}-\lambda\boldsymbol{I})=0 \tag{1.6.4}$$

其中，det( )代表求行列式，解出的 λ 称为二阶张量 $\boldsymbol{A}$ 的主值，对应主值的非零解 $\boldsymbol{x}$ 称为特征矢量。特征矢量的方向称为张量 $\boldsymbol{A}$ 的特征方向或主轴方向。可以看出，主值 λ 代表两个矢量 $\boldsymbol{A}\cdot\boldsymbol{x}$ 和 $\boldsymbol{x}$ 的比值，它是和坐标系的选取无关的标量。

将上式写成行列式形式为

$$\det(\boldsymbol{A}-\lambda\boldsymbol{I})=\begin{vmatrix} A_{11}-\lambda & A_{12} & A_{13} \\ A_{21} & A_{22}-\lambda & A_{23} \\ A_{31} & A_{32} & A_{33}-\lambda \end{vmatrix}=0 \tag{1.6.5}$$

将该行列式展开，得

$$\lambda^3-A_{kk}\lambda^2+\frac{1}{2}(A_{ii}A_{jj}-A_{ij}A_{ji})\lambda-\det\boldsymbol{A}=0 \tag{1.6.6}$$

该方程称为张量 $\boldsymbol{A}$ 的特征方程。设该方程的 3 个根（也即 $\boldsymbol{A}$ 的 3 个主值）为 λ_1，λ_2 和 λ_3，由根与系数的关系，可知

$$\lambda_1+\lambda_2+\lambda_3=A_{kk}=I_1 \tag{1.6.7}$$

$$\lambda_1\lambda_2+\lambda_1\lambda_3+\lambda_2\lambda_3=\frac{1}{2}(A_{ii}A_{jj}-A_{ij}A_{ji})=I_2 \tag{1.6.8}$$

$$\lambda_1\lambda_2\lambda_3=\det\boldsymbol{A}=I_3 \tag{1.6.9}$$

由于主值都是坐标变换下的不变量，所以 I_1，I_2 和 I_3 也都是坐标变换下的不变量。分别称为 $\boldsymbol{A}$ 的第一、第二和第三不变量。

如果二阶张量是对称的，则该张量的 3 个主值都是实数，对应于不同主值的两个特征矢量必正交，且恒有 3 个互相垂直的主轴方向。

1.7 连续介质力学中的张量

在连续介质力学分析中，分析的对象是介质的力学特性，从作用的角度，有外部作用和内部作用两个方面。从作用的方式，有力的作用、速度的作用、加速度的作用、位移的作用和温度的作用等多个方面。从作用的形态上，有静态的作用、低速动态的作用和冲击动态的作用等几个方面。外部作用多表现在边界条件上，内部作用多表现在介质质点的特性场上。

1.7.1 应力张量

连续介质系统的外部作用力用边界条件来描述，内部作用力则用应力来描述。为了有效地描述介质中某一点的应力，假想过该点做一曲面将介质分开成两部分，取一部分作为分析对象，该曲面就相当于该部分的外表面，在该表面的该点处取一个曲面微元 $\Delta\boldsymbol{s}$。由于是假想的分开，而事实上两部分是紧密联系和作用的，所以两部分的作用力就体现在该表面上。设作用

在曲面微元 $\Delta \boldsymbol{s}$ 上的作用力为 $\Delta \boldsymbol{f}$，对曲面微元 $\Delta \boldsymbol{s}$ 取极限，则得该点处单位面积的作用力为

$$\boldsymbol{\sigma} = \frac{\mathrm{d}\boldsymbol{f}}{\mathrm{d}\boldsymbol{s}} \tag{1.7.1}$$

该单位面积上的作用力被称作该点的应力。由于作用力微元是一个矢量，曲面微元也是一个矢量，所以应力是一个二阶张量。曲面微元矢量通常可写成 $\mathrm{d}\boldsymbol{s} = \boldsymbol{n}\mathrm{d}s$，其中 $\boldsymbol{n}$ 为曲面微元的法向单位矢量，$\mathrm{d}s$ 是微元面积标量，则上述公式可写成

$$\boldsymbol{\sigma} = \frac{\mathrm{d}\boldsymbol{f}}{\boldsymbol{n}\mathrm{d}s} \tag{1.7.2}$$

该应力的公式还可以写成分量的形式为

$$\sigma_{ij} = \frac{\mathrm{d}f_i}{\mathrm{d}s_j} = \frac{\mathrm{d}f_i}{n_j\mathrm{d}s} = f_{i,j} \tag{1.7.3}$$

通常称垂直于曲面微元（与曲面微元的法向单位矢量平行）的分量为正应力，称平行于曲面微元（与曲面微元的法向单位矢量垂直）的分量为剪应力。因此，上述应力分量中两个自由指标相同的分量 σ_{11}，σ_{22}，σ_{33} 为正应力分量，两个自由指标不同的分量 σ_{12}，σ_{13}，σ_{21}，σ_{23}，σ_{31}，σ_{32} 为剪应力分量。上述两个张量相除的形式分析起来比较困难。为了便于分析和理解，可将上述应力公式化成

$$\mathrm{d}\boldsymbol{f} = \boldsymbol{\sigma} \cdot \mathrm{d}\boldsymbol{s} = \boldsymbol{\sigma} \cdot \boldsymbol{n}\mathrm{d}s \tag{1.7.4}$$

微元作用力是一个一阶张量，曲面微元也是一个一阶张量，只有应力张量是二阶张量，与一个一阶张量内积收缩才能得到另一个一阶张量。从这个角度分析，应力张量也应该是一个二阶张量。将该式写成分量形式为

$$\mathrm{d}f_i = \sigma_{ij}\mathrm{d}s_j \tag{1.7.5}$$

为了进一步分析应力张量的特性，先建立一个三维空间直角坐标系，其 3 个轴分别为 i，j 和 k，围绕介质中所分析的点作一六面长方体，使六面长方体的各面法向与 3 个坐标轴平行，其中有 3 个面的法向与坐标轴正向相同，另外 3 个面的法向与坐标轴负向相同（图 1－4、图 1－5）。

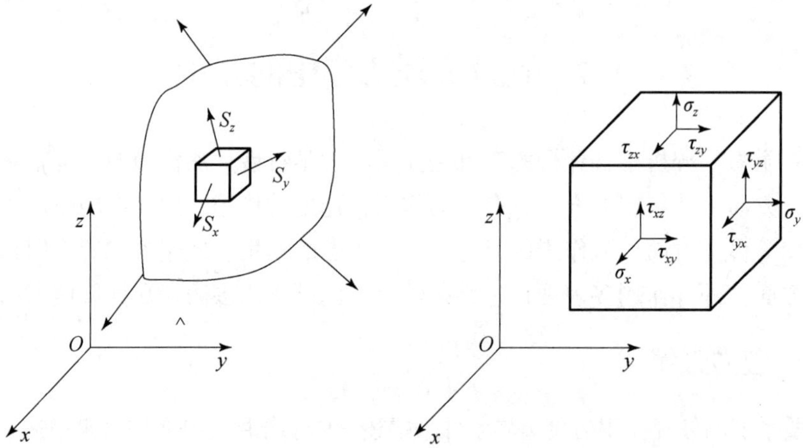

（a）　　　　　　　　　　（b）

图 1－4　单元体受力情况示意

（a）物体内的单元；（b）单元体上的受力情况

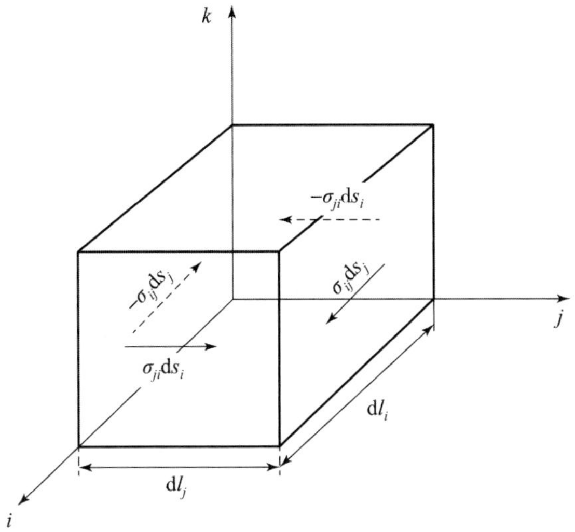

图 1－5　单元体剪应力分析示意

可以看出，在 $\mathrm{d}s_j$ 面沿 i 方向的剪应力为 σ_{ij}，总剪应力为 $\sigma_{ij}\mathrm{d}s_j$，其对面（$-\mathrm{d}s_j$ 面）沿 i 方向的总应剪力为 $-\sigma_{ij}\mathrm{d}s_j$，二者形成一个力偶矩 $m_k=-\sigma_{ij}\mathrm{d}s_j\mathrm{d}l_j$；在 $\mathrm{d}s_i$ 面沿 j 方向的剪应力为 σ_{ji}，总剪应力为 $\sigma_{ji}\mathrm{d}s_i$，其对面（$-\mathrm{d}s_i$ 面）沿 j 方向的总剪应力为 $-\sigma_{ji}\mathrm{d}s_i$，二者也形成一个力偶矩 $m'_k=\sigma_{ji}\mathrm{d}s_i\mathrm{d}l_i$。六面长方体在内力作用下不应发生转动，因此绕 k 轴的总力矩应该为零，即

$$m_k+m'_k=0 \tag{1.7.6}$$

亦即

$$-\sigma_{ij}\mathrm{d}s_j\mathrm{d}l_j+\sigma_{ji}\mathrm{d}s_i\mathrm{d}l_i=0 \tag{1.7.7}$$

由于 $\mathrm{d}s_j\mathrm{d}l_j=\mathrm{d}s_i\mathrm{d}l_i=\mathrm{d}V$ 为六面长方体的体积，代入上式得

$$\sigma_{ij}=\sigma_{ji} \tag{1.7.8}$$

该式说明，应力张量是一个对称的二阶张量。因此，9 个分量中只有 6 个分量是独立的，即知道了 6 个分量就可以确定整个张量。

同一般的二阶对称张量的性质一样，应力张量也有 3 个实的主值 σ_1，σ_2 和 σ_3，通常称其为主应力，在主应力方向的作用面上其剪应力为零，也有 3 个不变量，分别为

$$I_1=\sigma_1+\sigma_2+\sigma_3=\sigma_{kk} \tag{1.7.9}$$

$$I_2=\sigma_1\sigma_2+\sigma_1\sigma_3+\sigma_2\sigma_3=\frac{1}{2}(\sigma_{ii}\sigma_{jj}-\sigma_{ij}\sigma_{ji}) \tag{1.7.10}$$

$$I_3=\sigma_1\sigma_2\sigma_3=\det\boldsymbol{\sigma} \tag{1.7.11}$$

通常分别称其为应力张量的第一、第二和第三不变量。

作为对称的二阶张量，应力张量还可以进一步进行球形张量 $\boldsymbol{P}$ 和偏斜张量 $\boldsymbol{S}$（也称作应力偏量）的分解，即

$$\boldsymbol{\sigma}=\boldsymbol{P}+\boldsymbol{S} \tag{1.7.12}$$

其中，球形张量 $\boldsymbol{P}$ 的分量为

$$P_{ij}=\begin{cases}\dfrac{1}{3}\sigma_{kk}, & i=j\\ 0, & i\neq j\end{cases} \tag{1.7.13}$$

而偏斜张量 **S** 的分量为

$$S_{ij}=\begin{cases}\sigma_{ij}-\dfrac{1}{3}\sigma_{kk}, & i=j\\ \sigma_{ij}, & i\neq j\end{cases} \tag{1.7.14}$$

球形张量 **P** 和偏斜张量 **S** 也都是二阶对称张量，也都有对应的主值和不变量。球形张量有 3 个相同的主值：

$$P_1=P_2=P_3=\frac{1}{3}\sigma_{kk} \tag{1.7.15}$$

其 3 个不变量分别为

$$I_1^P=\sigma_{kk} \tag{1.7.16}$$

$$I_2^P=\frac{1}{3}(\sigma_{kk})^2 \tag{1.7.17}$$

$$I_3^P=\frac{1}{27}(\sigma_{kk})^3 \tag{1.7.18}$$

偏斜张量 **S** 的 9 个分量除满足对称条件外，还应满足其第一主不变量为零的条件，因此只有 5 个独立的分量，其 3 个不变量分别为

$$I_1^S=J_1=0 \tag{1.7.19}$$

$$I_2^S=\frac{1}{2}(S_{ii}S_{jj}-S_{ij}S_{ji})=\frac{1}{2}(\sigma_{ii}\sigma_{jj}-\sigma_{ij}\sigma_{ji})-\frac{1}{3}(\sigma_{kk})^2 \tag{1.7.20}$$

$$I_3^S=J_3=\det\boldsymbol{\sigma}-\frac{1}{6}\sigma_{kk}(\sigma_{ii}\sigma_{jj}-\sigma_{ij}\sigma_{ji})+\frac{2}{27}(\sigma_{kk})^3 \tag{1.7.20a}$$

为了分析方便，通常取

$$J_2=-I_2^S=\frac{1}{2}S_{ij}S_{ji}=-\frac{1}{2}(\sigma_{ii}\sigma_{jj}-\sigma_{ij}\sigma_{ji})+\frac{1}{3}(\sigma_{kk})^2=\frac{1}{3}I_1^2-I_2 \tag{1.7.21}$$

作为偏斜张量的第二不变量。

1.7.2 应变张量

在选定坐标系后，介质中任何质点的位置都可以通过坐标确定。如果是静态的或仅涉及小变形动态，质点的坐标可认为是不变的，即质点和坐标是没有区别的，介质的变形完全可以由坐标的变化来表示。但如果是运动的或涉及大变形动态，质点的坐标就会发生变化，质点的当前坐标和原始坐标就会发生分离，此时仅用坐标的变化来描述介质的变形就不足够了。为此，人们提出了两种分析方法。一种是拉格朗日（Lagrange）方法，另一种是欧拉（Euler）方法。拉格朗日方法又称为随体法，它把视线始终集中在质点上，进而分析质点在运动过程中物理量随时间的变化规律。通常用介质质点的初始位置坐标（a，b，c）作为识别质点的标志，在任意时刻某质点（a，b，c）的空间位置坐标（x，y，z）可看成（a，b，c）和时间 t 的函数。欧拉方法又称为流场法，它把视线始终集中在空间位置上，而不是集

中在质点上。通过观察在流动空间中的每一个空间点上运动要素随时间的变化来得到整个流体的运动情况，进而研究各时刻质点在流场中的变化规律。

取连续介质某质点在初始时刻（$t=0$）的空间位置坐标矢量为 $\boldsymbol{a}$，之后的空间位置坐标矢量为 $\boldsymbol{x}$，并且称 $\boldsymbol{a}$ 为物质坐标，称 $\boldsymbol{x}$ 为空间坐标。从拉格朗日方法的角度看，某质点在时刻 t 的空间位置既和视线所集中的质点有关，也和时间有关，因此有 $\boldsymbol{x}=\boldsymbol{x}(\boldsymbol{a},t)$，$\boldsymbol{a}$ 为固定值时代表特定的质点。从欧拉方法的角度看，某空间位置在时刻 t 到来的是哪个质点既和视线所集中的位置有关，也和时间有关，因此有 $\boldsymbol{a}=\boldsymbol{a}(\boldsymbol{x},t)$，$\boldsymbol{x}$ 为固定值时代表特定的位置。换句话说，$\boldsymbol{a}=\boldsymbol{a}(\boldsymbol{x},t)$ 表示的是 t 时刻处于空间位置 $\boldsymbol{x}$ 上的是哪一个连续介质质点，而 $\boldsymbol{x}=\boldsymbol{x}(\boldsymbol{a},t)$ 表示的是质点 $\boldsymbol{a}$ 在 t 时所处的空间位置。$\boldsymbol{x}=\boldsymbol{x}(\boldsymbol{a},t)$ 给出的是 t 时刻连续介质的一种位形。质点从 0 到 t 时刻所运动的位移为

$$\boldsymbol{u}=\boldsymbol{x}(\boldsymbol{a},t)-\boldsymbol{x}(\boldsymbol{a},0) \tag{1.7.22}$$

运动的速度为

$$\boldsymbol{v}=\frac{\partial \boldsymbol{u}}{\partial t}=\frac{\partial \boldsymbol{x}}{\partial t} \tag{1.7.23}$$

运动的加速度为

$$\boldsymbol{w}=\frac{\partial \boldsymbol{v}}{\partial t}=\frac{\partial^2 \boldsymbol{x}}{\partial t^2} \tag{1.7.24}$$

以上对 t 求偏导时，要保持 $\boldsymbol{a}$ 不变。保持 $\boldsymbol{a}$ 不变即保持质点不变（也即随该质点一起运动），这样的时间导数称为随体导数，用$\frac{\mathrm{D}}{\mathrm{D}t}$表示。

对于物质质点坐标来说，随体导数和偏导数是一样的，但连续介质力学中的许多物理变量都经常描述成空间坐标的函数，即 $f=f(\boldsymbol{x},t)$，此时的随体导数应为

$$\frac{\mathrm{D}f}{\mathrm{D}t}=\frac{\partial f}{\partial t}+\frac{\partial f}{\partial \boldsymbol{x}}\cdot\frac{\partial \boldsymbol{x}}{\partial t}=\frac{\partial f}{\partial t}+\boldsymbol{v}\,\frac{\partial f}{\partial \boldsymbol{x}}=\frac{\partial f}{\partial t}+\mathrm{grad}f\cdot\boldsymbol{v} \tag{1.7.25}$$

如当给定速度的函数为 $\boldsymbol{v}=\boldsymbol{v}(\boldsymbol{x},t)$，则加速度不应简单写成 $\boldsymbol{w}=\frac{\partial \boldsymbol{v}}{\partial t}$，而应该写成

$$\boldsymbol{w}=\frac{\mathrm{D}\boldsymbol{v}}{\mathrm{D}t}=\frac{\partial \boldsymbol{v}}{\partial t}+\frac{\partial \boldsymbol{v}}{\partial \boldsymbol{x}}\cdot\boldsymbol{v}=\frac{\partial \boldsymbol{v}}{\partial t}+\mathrm{grad}\,\boldsymbol{v}\cdot\boldsymbol{v} \tag{1.7.26}$$

即

$$w_i=\frac{\mathrm{D}v_i}{\mathrm{D}t}=\frac{\partial v_i}{\partial t}+v_k\,\frac{\partial v_i}{\partial x_k}\quad(i=1,2,3) \tag{1.7.27}$$

应变反映的是变形，而变形一定是介质发生了非刚体的移动或转动，即不同质点的位移发生了变化。在介质中取无限接近的两点 A 和 B，其坐标分别是 $\boldsymbol{x}_A$ 和 $\boldsymbol{x}_B$，两点的距离为

$$\Delta\boldsymbol{x}=\boldsymbol{x}_B-\boldsymbol{x}_A \tag{1.7.28}$$

变形后，原来的两点分别经过位移 $\boldsymbol{u}_A$ 和 $\boldsymbol{u}_B$ 移动到 A'和 B'，其坐标分别变为 $\boldsymbol{x}'_A$ 和 $\boldsymbol{x}'_B$，且有 $\boldsymbol{x}'_A=\boldsymbol{x}_A+\boldsymbol{u}_A$ 和 $\boldsymbol{x}'_B=\boldsymbol{x}_B+\boldsymbol{u}_B$，取 $\Delta\boldsymbol{u}=\boldsymbol{u}_B-\boldsymbol{u}_A$，此时两点的距离变为：$\Delta\boldsymbol{x}'=\boldsymbol{x}'_B-\boldsymbol{x}'_A=\boldsymbol{x}_B-\boldsymbol{x}_A+\boldsymbol{u}_B-\boldsymbol{u}_A=\Delta\boldsymbol{x}+\Delta\boldsymbol{u}$。

经过位移之后，两点距离的变化为

$$\Delta s = \Delta x' - \Delta x = \Delta u \tag{1.7.29}$$

这种距离变化与原距离的比值称为相对伸长（或缩短）量，可写为

$$\Delta e = \frac{\Delta u}{\Delta x} \tag{1.7.30}$$

使 A 和 B 两点无限接近，即取极限，其极限值称为该点的位移梯度，也可直接通俗地称为应变（注意与后文的应变有区别），即

$$\boldsymbol{\varepsilon}' = \mathrm{grad}\,\boldsymbol{u} = \lim_{\Delta x \to 0}\frac{\Delta \boldsymbol{u}}{\Delta \boldsymbol{x}} = \frac{\mathrm{d}\boldsymbol{u}}{\mathrm{d}\boldsymbol{x}} \tag{1.7.31}$$

位移是一阶张量（矢量），坐标也是一阶张量，因此，位移梯度是二阶张量，写成分量的形式为

$$\varepsilon'_{ij} = \frac{\partial u_i}{\partial x_j} = u_{i,j} \tag{1.7.32}$$

下标相同时，如 ε'_{11}，ε'_{22}，ε'_{33}，代表某方向的相对伸长（缩短）量，称为线应变；下标不同时，如 ε'_{12}，ε'_{13}，ε'_{21}，ε'_{23}，ε'_{31}，ε'_{32}，代表产生的转角，称为角应变。由图 1－6、图 1－7 可以看出，对于一个矩形微元，角应变 ε'_{ij} 使原直角减小角度为 $\alpha_{ij} \approx \tan\alpha_{ij} = \frac{\partial u_i}{\partial x_j} = \varepsilon'_{ij}$，同理，角应变 ε'_{ji} 又使角度减小 ε'_{ji}，总角度减小量为 $\gamma_{ij} = \varepsilon'_{ij} + \varepsilon'_{ji}$，通常称其为剪切应变，且 $\gamma_{ij} = \gamma_{ji}$。

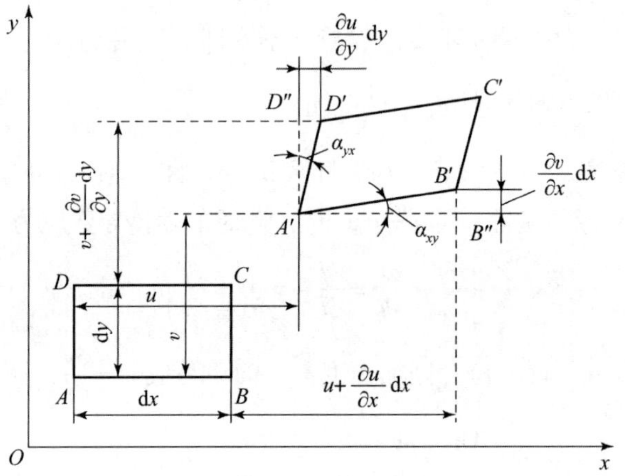

图 1－6　平面变形

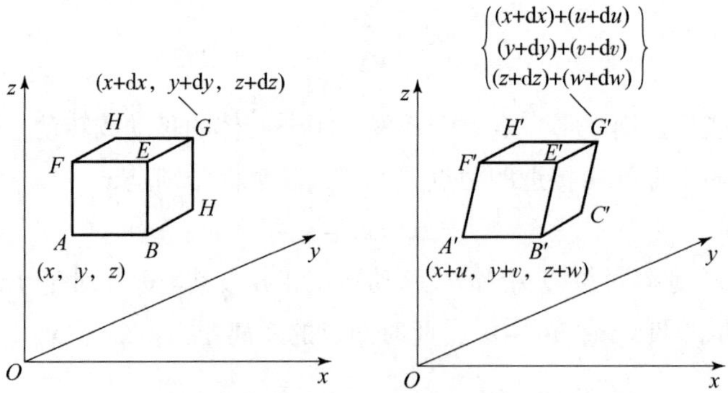

图 1－7　单元体变形

在一般情况下，角应变 $\varepsilon_{ij} \neq \varepsilon_{ji}$，因此上述位移梯度张量并不是对称张量。为了进一步分析上述位移梯度张量的性质，进行位移的分解。设位移场为

$$\boldsymbol{u} = \boldsymbol{u}(x_1, x_2, x_3) \tag{1.7.33}$$

假定位移梯度小（即 $\left|\dfrac{\partial u_i}{\partial x_j}\right| \ll 1$ 恒成立）。按照二阶张量的分解性质，可将上述位移梯度张量分解成对称项和反对称项两部分之和，则位移分量的微分可写为

$$\mathrm{d}u_i = \frac{\partial u_i}{\partial x_j}\mathrm{d}x_j = \frac{1}{2}\left(\frac{\partial u_i}{\partial x_j} - \frac{\partial u_j}{\partial x_i}\right)\mathrm{d}x_j + \frac{1}{2}\left(\frac{\partial u_i}{\partial x_j} + \frac{\partial u_j}{\partial x_i}\right)\mathrm{d}x \tag{1.7.34}$$

取 $\omega_{ij} = \dfrac{1}{2}\left(\dfrac{\partial u_i}{\partial x_j} - \dfrac{\partial u_j}{\partial x_i}\right)$，$\varepsilon_{ij} = \dfrac{1}{2}\left(\dfrac{\partial u_i}{\partial x_j} + \dfrac{\partial u_j}{\partial x_i}\right)$，则

$$\mathrm{d}u_i = \omega_{ij}\mathrm{d}x_j + \varepsilon_{ij}\mathrm{d}x_j \tag{1.7.35}$$

可以看出，ω_{ij}是反对称张量，ε_{ij}是对称张量。进一步分析发现，二阶反对称张量的分量满足 $\omega_{kj} = \dfrac{1}{2} \in_{ijk} \dfrac{\partial u_k}{\partial x_j}$，若定义其是一阶张量（矢量）$\boldsymbol{\omega}$ 的一个分量 ω_i，即 $\omega_i = \omega_{kj} = \dfrac{1}{2} \in_{ijk} \dfrac{\partial u_k}{\partial x_j}$，或 $\omega_{ij} = \in_{ikj}\omega_k = - \in_{ijk}\omega_k$，则按照矢量叉乘的性质，一方面有

$$\boldsymbol{\omega} = \frac{1}{2}\nabla \times \boldsymbol{u} = \frac{1}{2}\mathrm{rot}\,\boldsymbol{u} \tag{1.7.36}$$

另一方面有

$$\omega_{ij}\mathrm{d}x_j = \in_{ikj}\omega_k\mathrm{d}x_j = (\boldsymbol{\omega} \times \mathrm{d}\boldsymbol{x})_i \tag{1.7.37}$$

代入前式，得

$$\mathrm{d}u_i = (\boldsymbol{\omega} \times \mathrm{d}\boldsymbol{x})_i + \varepsilon_{ij}\mathrm{d}x_j \tag{1.7.38}$$

或

$$\mathrm{d}\boldsymbol{u} = \boldsymbol{\omega} \times \mathrm{d}x + \boldsymbol{E} \cdot \mathrm{d}x \tag{1.7.39}$$

其中，$\boldsymbol{E} = \{\varepsilon_{ij}\}$。对于点 $\boldsymbol{x}$ 邻域内的另一点 $\boldsymbol{x} + \mathrm{d}\boldsymbol{x}$ 有

$$\boldsymbol{u}(\boldsymbol{x} + \mathrm{d}\boldsymbol{x}) = \boldsymbol{u}(\boldsymbol{x}) + \boldsymbol{\omega} \times \mathrm{d}\boldsymbol{x} + \boldsymbol{E} \cdot \mathrm{d}\boldsymbol{x} \tag{1.7.40}$$

可以看出，点 $\boldsymbol{x}$ 邻域内的另一点 $\boldsymbol{x} + \mathrm{d}\boldsymbol{x}$ 的位移可分解成 3 个部分：第一部分 $\boldsymbol{u}(\boldsymbol{x})$是刚体平动，第二部分 $\boldsymbol{\omega} \times \mathrm{d}\boldsymbol{x}$ 是刚体转动，旋转角是 $\boldsymbol{\omega}$，第三部分 $\boldsymbol{E} \cdot \mathrm{d}\boldsymbol{x}$ 反映的才是变形引起的位移。

从上述分析可以发现，真正反映介质变形的是位移梯度张量中的对称部分。有鉴于此，通常取

$$\varepsilon_{ij} = \varepsilon_{ji} = \frac{1}{2}(\varepsilon'_{ij} + \varepsilon'_{ji}) = \frac{1}{2}\gamma_{ij} = \frac{1}{2}\gamma_{ji} = \frac{1}{2}\left(\frac{\partial u_i}{\partial x_j} + \frac{\partial u_j}{\partial x_i}\right) \tag{1.7.41}$$

并称这样的对称二阶张量为应变张量。这种应变张量的分量在形式上也是与应力张量一致的。这也体现了总角度变化等于两个角度相加的角应变特性。由于角应变主要是由于剪切产生的变形，因此也叫作剪应变。同一般的二阶对称张量性质一样，应变张量也有 3 个主值 ε_1，ε_2 和 ε_3，通常称其为主应变，它也有 3 个不变量，分别为

$$I_1 = \varepsilon_1 + \varepsilon_2 + \varepsilon_3 \tag{1.7.42}$$

$$I_2 = \varepsilon_1\varepsilon_2 + \varepsilon_1\varepsilon_3 + \varepsilon_2\varepsilon_3 \tag{1.7.43}$$

$$I_3 = \varepsilon_1 \varepsilon_2 \varepsilon_3 \tag{1.7.44}$$

通常分别称其为应变张量的第一、第二和第三不变量。

1.7.3 应变率张量（变形速度张量）

用速度代替位移，可由上述应变张量得到应变率张量，也称为变形速度张量，即 $\dot{\boldsymbol{E}} = \{\dot{\varepsilon}_{ij}\}$ 为

$$\dot{\varepsilon}_{ij} = \frac{1}{2}\left(\frac{\partial v_i}{\partial x_j} + \frac{\partial v_j}{\partial x_i}\right) \tag{1.7.45}$$

它也是一个二阶对称张量，是速度梯度张量 $\dfrac{\partial v_i}{\partial x_j}$ 的对称部分。变形速度张量各分量的物理意义分别是线元在单位时间内的相对伸缩率或角元在单位时间内的角度变化。例如：

$$\dot{\varepsilon}_{11} = \frac{\partial v_1}{\partial x_1} \tag{1.7.46}$$

表示平行于 x_1 轴的线元在单位时间内的相对伸缩率。而

$$2\dot{\varepsilon}_{12} = \frac{\partial v_1}{\partial x_2} + \frac{\partial v_2}{\partial x_1} \tag{1.7.47}$$

表示微元形状相对 x_1 轴和 x_2 轴间在单位时间内的角度变化（也称为剪切应变速度）。类似地，也可解释其他分量的意义。类似位移的分解，也可对速度场进行分解。设 $\boldsymbol{v} = \boldsymbol{v}(x_1, x_2, x_3, t)$ 是 t 时刻的速度场。考虑同一时刻（即固定 t，而有 $\mathrm{d}t = 0$）有

$$\mathrm{d}v_i = \dot{\omega}_{ij}\mathrm{d}x_j + \dot{\varepsilon}_{ij}\mathrm{d}x_j \tag{1.7.48}$$

其中，$\dot{\omega}_{ij} = \dfrac{1}{2}\left(\dfrac{\partial v_i}{\partial x_j} - \dfrac{\partial v_j}{\partial x_i}\right)$ 是二阶反对称张量。

取 $\dot{\boldsymbol{\omega}} = \dfrac{1}{2}\mathrm{rot}\,\boldsymbol{v}$，即

$$\dot{\omega}_i = \frac{1}{2} \in_{ijk} \frac{\partial v_k}{\partial x_j} \tag{1.7.49}$$

或

$$\dot{\omega}_1 = \frac{1}{2}\left(\frac{\partial v_3}{\partial x_2} - \frac{\partial v_2}{\partial x_3}\right) = \dot{\omega}_{32}, \dot{\omega}_2 = \dot{\omega}_{13}, \dot{\omega}_3 = \dot{\omega}_{21} \tag{1.7.50}$$

$$\dot{\omega}_{ij}\mathrm{d}x_j = \in_{ikj} \dot{\omega}_k \mathrm{d}x_j = (\dot{\boldsymbol{\omega}} \times \mathrm{d}\boldsymbol{x})_i \tag{1.7.51}$$

进而有

$$\mathrm{d}v_i = (\dot{\boldsymbol{\omega}} \times \mathrm{d}\boldsymbol{x})_i + \dot{\varepsilon}_{ij}\mathrm{d}x_j \tag{1.7.52}$$

$$\mathrm{d}\boldsymbol{v} = \dot{\boldsymbol{\omega}} \times \mathrm{d}\boldsymbol{x} + \dot{\boldsymbol{E}} \cdot \mathrm{d}\boldsymbol{x} \tag{1.7.53}$$

式（1.7.53）称为微团速度分解。右边第二项 $\dot{\boldsymbol{E}} \cdot \mathrm{d}\boldsymbol{x}$ 是变形引起的速度变化，第一项 $\dot{\boldsymbol{\omega}} \times \mathrm{d}\boldsymbol{x}$ 是微团做刚体旋转引起的速度变化，而旋转的角速度就是

$$\dot{\boldsymbol{\omega}} = \frac{1}{2}\mathrm{rot}\,\boldsymbol{v} \tag{1.7.54}$$

1.8 柱坐标及球坐标的算子坐标变换

前文给出的有关张量运算及张量方程都是以直角坐标系为背景的。在连续介质力学分析中，特别是在混凝土侵彻力学分析中，除直角坐标系外，常用的坐标系还有柱坐标系和球坐标系。不同坐标系的基矢量是不同的，对应的张量运算形式也是不同的。为了对柱坐标系和球坐标系下的张量进行运算，需要导出相关基本运算的表达式。这些运算主要都是关于微分算子的。最基本的算子有 6 个，分别是矢量的微分、随体导数、梯度、散度、旋度及拉普拉斯算子。运算中典型的和常用的量有 12 个。这 12 个量包括矢量的微分、标量的梯度、标量的随体导数、矢量的梯度、矢量的散度、矢量的旋度、矢量的随体导数、张量的梯度、张量的散度等。

1.8.1 直角坐标系

在直角坐标系中，作为自变量的坐标可用矢量 $\boldsymbol{r}=(x_1,x_2,x_3)$ 表示，其中（x_1，x_2，x_3）是直角坐标。$\boldsymbol{r}$ 作为自变量，其空间微分 d$\boldsymbol{r}$ 可写为 $\mathrm{d}\boldsymbol{r}=(\partial x_1,\partial x_2,\partial x_3)$。作为因变量的矢量 $\boldsymbol{v}$ 可表示为 $\boldsymbol{v}=(v_1,v_2,v_3)$，$\boldsymbol{v}$ 的空间微分可表示为

$$\mathrm{d}\boldsymbol{v}=(\mathrm{d}v_1,\mathrm{d}v_2,\mathrm{d}v_3) \tag{1.8.1}$$

梯度算子是一个矢量算子，其可表示为

$$\nabla=\mathrm{grad}=\frac{\mathrm{d}}{\mathrm{d}\boldsymbol{r}}=\left(\frac{\partial}{\partial x_1},\frac{\partial}{\partial x_2},\frac{\partial}{\partial x_3}\right) \tag{1.8.2}$$

随体导数又叫作全导数，其形式为

$$\frac{\mathrm{D}}{\mathrm{D}t}=\frac{\partial}{\partial t}+(\boldsymbol{v}\cdot\nabla) \tag{1.8.3}$$

其中，$\boldsymbol{v}$ 是速度。

散度算子可写为

$$\mathrm{div}\,\boldsymbol{v}=\nabla\cdot\boldsymbol{v} \tag{1.8.4}$$

由于 $\mathrm{div}\,\boldsymbol{v}=\nabla\cdot\boldsymbol{v}=\frac{\partial v_k}{\partial x_k}$，而 $\mathrm{grad}\,\boldsymbol{v}=\nabla\boldsymbol{v}=\frac{\partial v_i}{\partial x_j}$，当 $i=j$ 时，正是二阶张量$\nabla\boldsymbol{v}$ 的对角线上的分量，所以$\frac{\partial v_k}{\partial x_k}$相当于对角线上的分量求和，用 tr( ) 表示，这样散度算子也可写为

$$\mathrm{div}\,\boldsymbol{v}=\nabla\cdot\boldsymbol{v}=\mathrm{tr}(\nabla\boldsymbol{v}) \tag{1.8.5}$$

其中，tr$\boldsymbol{A}$ 代表二阶张量 $\boldsymbol{A}$ 的对角线分量之和。

旋度的算子可写为

$$\mathrm{rot}\,\boldsymbol{v}=\nabla\times\boldsymbol{v}=\begin{vmatrix}\boldsymbol{i} & \boldsymbol{j} & \boldsymbol{k}\\ \frac{\partial}{\partial x_1} & \frac{\partial}{\partial x_2} & \frac{\partial}{\partial x_3}\\ v_1 & v_2 & v_3\end{vmatrix} \tag{1.8.6}$$

拉普拉斯算子为

$$\nabla^2=\frac{\partial^2}{\partial x_i \partial x_i}=\frac{\partial}{\partial x_i}\left(\frac{\partial}{\partial x_i}\right)=\mathrm{div}(\nabla) \tag{1.8.7}$$

由于二阶张量的梯度或散度求解比较复杂，所以经常将其转化为一阶张量求解，为此做如下分析推导。当 $\boldsymbol{A}$ 为二阶张量，$\boldsymbol{v}$ 为矢量时，由于 $\mathrm{div}\,\boldsymbol{A}=\frac{\partial}{\partial x_j}A_{ij}$，而$\nabla \boldsymbol{v}=\frac{\partial v_i}{\partial x_j}$，所以有

$$(\mathrm{div}\,\boldsymbol{A})\cdot \boldsymbol{v}=\left(\frac{\partial}{\partial x_i}A_{ij}\right)v_j=\frac{\partial}{\partial x_i}(A_{ij}v_j)-A_{ij}\frac{\partial v_j}{\partial x_i}=\mathrm{div}(\boldsymbol{A}\cdot \boldsymbol{v})-\mathrm{tr}[\boldsymbol{A}\cdot(\nabla \boldsymbol{v})] \tag{1.8.8}$$

即

$$(\mathrm{div}\,\boldsymbol{A})\cdot \boldsymbol{a}=\mathrm{div}(\boldsymbol{A}\cdot \boldsymbol{a})-\mathrm{tr}[\boldsymbol{A}\cdot(\nabla \boldsymbol{a})] \tag{1.8.9}$$

1.8.2 柱坐标系

柱坐标（r，ϕ，z）与直角坐标（x_1，x_2，x_3）间的转换关系（图 1－8）为

$$\begin{cases} x_1=r\cos\phi \\ x_2=r\sin\phi \\ x_3=z \end{cases} \tag{1.8.10}$$

设 $\boldsymbol{e}_i(i=1,2,3)$ 为直角坐标系的基矢量，$\boldsymbol{e}_i^c(i=1,2,3)$ 为柱坐标系的基矢量。由于 $\boldsymbol{e}_i(i=1,2,3)$ 的单位都是长度单位，模为 1，它们也是 x_i 轴的单位长度矢量。而 $\boldsymbol{e}_i^c(i=1,2,3)$ 的单位不都是长度单位，因此它们并不都是所属方向的单位长度矢量。

按照前述坐标转换时基矢量和微分量的关系有

$$\boldsymbol{e}=\boldsymbol{J}\cdot \boldsymbol{e}^c=\frac{\partial(r,\phi,z)}{\partial(x_1,x_2,x_3)}\cdot \boldsymbol{e}^c \tag{1.8.11}$$

即

$$\begin{bmatrix}\boldsymbol{e}_1\\ \boldsymbol{e}_2\\ \boldsymbol{e}_3\end{bmatrix}=\begin{bmatrix}\cos\phi & -\frac{1}{r}\sin\phi & 0\\ \sin\phi & \frac{1}{r}\cos\phi & 0\\ 0 & 0 & 1\end{bmatrix}\begin{bmatrix}\boldsymbol{e}_1^c\\ \boldsymbol{e}_2^c\\ \boldsymbol{e}_3^c\end{bmatrix} \tag{1.8.12}$$

基矢量的量纲如果不同，从理论上讲，这样的分析并没有问题，因为在张量分析中并没有要求基矢量单位量纲必须一致，但在物理分析时，为了方便物理量的分析，经常需要将各坐标的基矢量统一成一种量纲。为此，取一组新的单位矢量 $\boldsymbol{e}_r$，$\boldsymbol{e}_\phi$，$\boldsymbol{e}_z$ 来代替原基矢量，且有 $\boldsymbol{e}_r=\boldsymbol{e}_1^c$，$\boldsymbol{e}_\phi=\frac{1}{r}\boldsymbol{e}_2^c$，$\boldsymbol{e}_z=\boldsymbol{e}_3^c$，则可将上式改为

$$\begin{bmatrix}\boldsymbol{e}_1\\ \boldsymbol{e}_2\\ \boldsymbol{e}_3\end{bmatrix}=\begin{bmatrix}\cos\phi & -\sin\phi & 0\\ \sin\phi & \cos\phi & 0\\ 0 & 0 & 1\end{bmatrix}\begin{bmatrix}\boldsymbol{e}_1^c\\ \frac{1}{r}\boldsymbol{e}_2^c\\ \boldsymbol{e}_3^c\end{bmatrix}=\begin{bmatrix}\cos\phi & -\sin\phi & 0\\ \sin\phi & \cos\phi & 0\\ 0 & 0 & 1\end{bmatrix}\begin{bmatrix}\boldsymbol{e}_r\\ \boldsymbol{e}_\phi\\ \boldsymbol{e}_z\end{bmatrix} \tag{1.8.13}$$

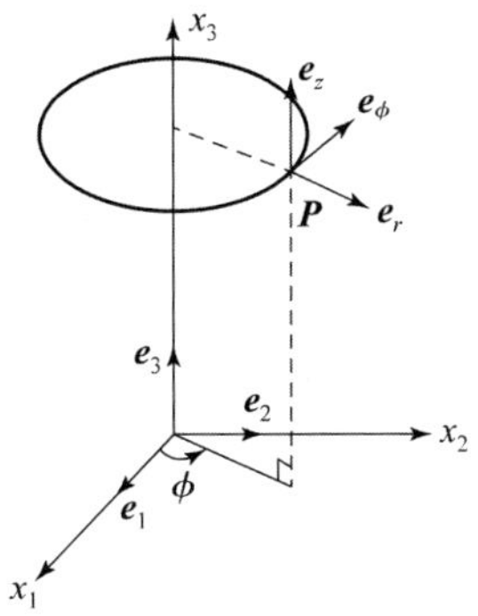

图 1-8　柱坐标示意

1. 空间矢量及基矢量的微分

空间坐标矢量 $\boldsymbol{r}$ 虽然在两种坐标系下的表示形式并不相同，但它们都是一个空间矢量，两种表示形式的结果应该是相同的，因此有

$$\boldsymbol{r} = x_i \boldsymbol{e}_i = r\boldsymbol{e}_1^c + \phi \boldsymbol{e}_2^c + z\boldsymbol{e}_3^c \tag{1.8.14}$$

对其进行微分得

$$\mathrm{d}\boldsymbol{r} = \mathrm{d}x_i \boldsymbol{e}_i = \mathrm{d}r\boldsymbol{e}_1^c + \mathrm{d}\phi \boldsymbol{e}_2^c + \mathrm{d}z\boldsymbol{e}_3^c = \mathrm{d}r\boldsymbol{e}_r + r\mathrm{d}\phi \boldsymbol{e}_\phi + \mathrm{d}z\boldsymbol{e}_z \tag{1.8.15}$$

即在新的坐标基矢量 $\boldsymbol{e}_r$，$\boldsymbol{e}_\phi$，$\boldsymbol{e}_z$ 下 $\mathrm{d}\boldsymbol{r}$ 的柱坐标分量为（$\mathrm{d}r$，$r\mathrm{d}\phi$，$\mathrm{d}z$）。

应当指出，在直角坐标系（属于直线坐标系）下，基矢量无论是方向还是大小都是不随坐标的变化而改变的，基矢量对坐标的导数为零，但在柱坐标系（属于曲线坐标系）下，虽然上述基矢量的大小都不变，但其方向是随坐标而改变的，基矢量对坐标的导数不再为零。这一点是在曲线坐标系下特别值得注意的。

由式（1.8.13）得

$$\begin{cases} \boldsymbol{e}_r = \cos\phi \boldsymbol{e}_1 + \sin\phi \boldsymbol{e}_2 \\ \boldsymbol{e}_\phi = -\sin\phi \boldsymbol{e}_1 + \cos\phi \boldsymbol{e}_2 \\ \boldsymbol{e}_z = \boldsymbol{e}_3 \end{cases} \tag{1.8.16}$$

将其对坐标 r，ϕ，z 分别求导，并注意直角坐标的基矢量 $\boldsymbol{e}_i(i=1,2,3)$ 对坐标的导数为零，则有

$$\begin{cases} \dfrac{\partial \boldsymbol{e}_r}{\partial r} = 0, \dfrac{\partial \boldsymbol{e}_r}{\partial \phi} = -\sin\phi \boldsymbol{e}_1 + \cos\phi \boldsymbol{e}_2 = \boldsymbol{e}_\phi, \dfrac{\partial \boldsymbol{e}_r}{\partial z} = 0 \\ \dfrac{\partial \boldsymbol{e}_\phi}{\partial r} = 0, \dfrac{\partial \boldsymbol{e}_\phi}{\partial \phi} = -\cos\phi \boldsymbol{e}_1 - \sin\phi \boldsymbol{e}_2 = -\boldsymbol{e}_r, \dfrac{\partial \boldsymbol{e}_\phi}{\partial z} = 0 \\ \dfrac{\partial \boldsymbol{e}_z}{\partial r} = 0, \dfrac{\partial \boldsymbol{e}_z}{\partial \phi} = 0, \dfrac{\partial \boldsymbol{e}_z}{\partial z} = 0 \end{cases} \tag{1.8.17}$$

由上式也可得到

$$\begin{cases} \mathrm{d}\boldsymbol{e}_r = \boldsymbol{e}_\phi \mathrm{d}\phi \\ \mathrm{d}\boldsymbol{e}_\phi = -\boldsymbol{e}_r \mathrm{d}\phi \end{cases} \tag{1.8.18}$$

2. 标量的梯度

先介绍标量的梯度。由于

$$df = \frac{\partial f}{\partial r}dr + \frac{\partial f}{\partial \phi}d\phi + \frac{\partial f}{\partial z}dz = \nabla f \cdot d\boldsymbol{r} \tag{1.8.19}$$

$d\boldsymbol{r}$ 取新的柱坐标分量（dr，$rd\phi$，dz），则有

$$df = \nabla f \cdot dr = (\nabla f)_r dr + (\nabla f)_\phi r d\phi + (\nabla f)_z dz \tag{1.8.20}$$

比较以上两式，得

$$(\nabla f)_r = \frac{\partial f}{\partial r}, (\nabla f)_\phi = \frac{1}{r}\frac{\partial f}{\partial \phi}, (\nabla f)_z = \frac{\partial f}{\partial z} \tag{1.8.21}$$

因此，柱坐标系下的梯度算子应为

$$\nabla = \text{grad} = \left(\frac{\partial}{\partial r}, \frac{1}{r} \cdot \frac{\partial}{\partial \phi}, \frac{\partial}{\partial z}\right) \tag{1.8.22}$$

3. 随体导数算子

随体导数算子为

$$\frac{D}{Dt} = \frac{\partial}{\partial t} + (\boldsymbol{v} \cdot \nabla) = \frac{\partial}{\partial t} + v_r \frac{\partial}{\partial r} + \frac{v_\phi}{r} \cdot \frac{\partial}{\partial \phi} + v_z \frac{\partial}{\partial z} \tag{1.8.23}$$

由于柱坐标下的基矢量对坐标的导数不为零，所以在有关量的推导中应特别注意。以加速度为例，在柱坐标系下，速度可表示为

$$\boldsymbol{v} = v_r \boldsymbol{e}_r + v_\phi \boldsymbol{e}_\phi + v_z \boldsymbol{e}_z \tag{1.8.24}$$

加速度则为

$$\frac{D\boldsymbol{v}}{Dt} = \boldsymbol{e}_r \frac{Dv_r}{Dt} + v_r \frac{D\boldsymbol{e}_r}{Dt} + \boldsymbol{e}_\phi \frac{Dv_\phi}{Dt} + v_\phi \frac{D\boldsymbol{e}_\phi}{Dt} + \boldsymbol{e}_z \frac{Dv_z}{Dt} + v_z \frac{D\boldsymbol{e}_z}{Dt} \tag{1.8.25}$$

利用式（1.8.3），并将式（1.8.17）的关系代入其中，有

$$\begin{cases} \dfrac{D\boldsymbol{e}_r}{Dt} = \dfrac{v_\phi}{r} \cdot \dfrac{\partial \boldsymbol{e}_r}{\partial \phi} = \dfrac{v_\phi}{r}\boldsymbol{e}_\phi \\ \dfrac{D\boldsymbol{e}_\phi}{Dt} = \dfrac{v_\phi}{r} \cdot \dfrac{\partial \boldsymbol{e}_\phi}{\partial \phi} = -\dfrac{v_\phi}{r}\boldsymbol{e}_r \\ \dfrac{D\boldsymbol{e}_z}{Dt} = 0 \end{cases} \tag{1.8.26}$$

将其代入式（1.8.25），得

$$\frac{D\boldsymbol{v}}{Dt} = \left(\frac{Dv_r}{Dt} - \frac{v_\phi^2}{r}\right)\boldsymbol{e}_r + \left(\frac{Dv_\phi}{Dt} + \frac{v_r v_\phi}{r}\right)\boldsymbol{e}_\phi + \frac{Dv_z}{Dt}\boldsymbol{e}_z \tag{1.8.27}$$

即

$$\begin{cases} \left(\dfrac{D\boldsymbol{v}}{Dt}\right)_r = \dfrac{Dv_r}{Dt} - \dfrac{v_\phi^2}{r} \\ \left(\dfrac{D\boldsymbol{v}}{Dt}\right)_\phi = \dfrac{Dv_\phi}{Dt} + \dfrac{v_r v_\phi}{r} \\ \left(\dfrac{D\boldsymbol{v}}{Dt}\right)_z = \dfrac{Dv_z}{Dt} \end{cases} \tag{1.8.28}$$

4. 矢量的梯度

下面介绍矢量的梯度$\nabla \boldsymbol{v}$。由于矢量是一阶张量，其梯度应为二阶张量，可表示为$\nabla \boldsymbol{v} = \frac{d\boldsymbol{v}}{d\boldsymbol{r}}$。

由于 $\boldsymbol{v}=v_r\boldsymbol{e}_r+v_\phi\boldsymbol{e}_\phi+v_z\boldsymbol{e}_z$，所以有

$$\begin{cases}\dfrac{\partial\boldsymbol{v}}{\partial r}=\left(\dfrac{\partial v_r}{\partial r}\right)\boldsymbol{e}_r+v_r\dfrac{\partial\boldsymbol{e}_r}{\partial r}+\left(\dfrac{\partial v}{\partial r}\right)\boldsymbol{e}_\phi+v_\phi\dfrac{\partial\boldsymbol{e}_\phi}{\partial r}+\left(\dfrac{\partial v_z}{\partial r}\right)\boldsymbol{e}_z+v_z\dfrac{\partial\boldsymbol{e}_z}{\partial r}\\ \dfrac{\partial\boldsymbol{v}}{r\partial\phi}=\left(\dfrac{\partial v_r}{r\partial\phi}\right)\boldsymbol{e}_r+v_r\dfrac{\partial\boldsymbol{e}_r}{r\partial\phi}+\left(\dfrac{\partial v_\phi}{r\partial\phi}\right)\boldsymbol{e}_\phi+v_\phi\dfrac{\partial\boldsymbol{e}_\phi}{r\partial\phi}+\left(\dfrac{\partial v_z}{r\partial\phi}\right)\boldsymbol{e}_z+v_z\dfrac{\partial\boldsymbol{e}_z}{r\partial\phi}\\ \dfrac{\partial\boldsymbol{v}}{\partial z}=\left(\dfrac{\partial v_r}{\partial z}\right)\boldsymbol{e}_r+v_r\dfrac{\partial\boldsymbol{e}_r}{\partial z}+\left(\dfrac{\partial v_\phi}{\partial z}\right)\boldsymbol{e}_\phi+v_\phi\dfrac{\partial\boldsymbol{e}_\phi}{\partial z}+\left(\dfrac{\partial v_z}{\partial z}\right)\boldsymbol{e}_z+v_z\dfrac{\partial\boldsymbol{e}_z}{\partial z}\end{cases}\tag{1.8.29}$$

即

$$\begin{cases}\dfrac{\partial\boldsymbol{v}}{\partial r}=\left(\dfrac{\partial v_r}{\partial r}\right)\boldsymbol{e}_r+\left(\dfrac{\partial v_\phi}{\partial r}\right)\boldsymbol{e}_\phi+\left(\dfrac{\partial v_z}{\partial r}\right)\boldsymbol{e}_z\\ \dfrac{\partial\boldsymbol{v}}{r\partial\phi}=\left(\dfrac{\partial v_r}{r\partial\phi}-\dfrac{v_\phi}{r}\right)\boldsymbol{e}_r+\left(\dfrac{\partial v_\phi}{r\partial\phi}+\dfrac{v_r}{r}\right)\boldsymbol{e}_\phi+\left(\dfrac{\partial v_z}{r\partial\phi}\right)\boldsymbol{e}_z\\ \dfrac{\partial\boldsymbol{v}}{\partial z}=\left(\dfrac{\partial v_r}{\partial z}\right)\boldsymbol{e}_r+\left(\dfrac{\partial v_\phi}{\partial z}\right)\boldsymbol{e}_\phi+\left(\dfrac{\partial v_z}{\partial z}\right)\boldsymbol{e}_z\end{cases}\tag{1.8.30}$$

上式的各分量构成了梯度张量的分量，即

$$\nabla\boldsymbol{v}=\begin{pmatrix}(\nabla\boldsymbol{v})_{rr} & (\nabla\boldsymbol{v})_{r\phi} & (\nabla\boldsymbol{v})_{rz}\\ (\nabla\boldsymbol{v})_{\phi r} & (\nabla\boldsymbol{v})_{\phi\phi} & (\nabla\boldsymbol{v})_{\phi z}\\ (\nabla\boldsymbol{v})_{zr} & (\nabla\boldsymbol{v})_{z\phi} & (\nabla\boldsymbol{v})_{zz}\end{pmatrix}=\begin{pmatrix}\dfrac{\partial v_r}{\partial r} & \dfrac{1}{r}\left(\dfrac{\partial v_r}{\partial\phi}-v_\phi\right) & \dfrac{\partial v_r}{\partial z}\\ \dfrac{\partial v_\phi}{\partial r} & \dfrac{1}{r}\left(\dfrac{\partial v_\phi}{\partial\phi}+v_r\right) & \dfrac{\partial v_\phi}{\partial z}\\ \dfrac{\partial v_z}{\partial r} & \dfrac{1}{r}\cdot\dfrac{\partial v_z}{\partial\phi} & \dfrac{\partial v_z}{\partial z}\end{pmatrix}\tag{1.8.31}$$

5. 矢量的散度

根据散度的公式 $\operatorname{div}\boldsymbol{v}=\operatorname{tr}(\nabla\boldsymbol{v})$，由上式可求出矢量的散度为：

$$\operatorname{div}\boldsymbol{v}=\frac{\partial v_r}{\partial r}+\frac{v_r}{r}+\frac{1}{r}\frac{\partial v_\phi}{\partial\phi}+\frac{\partial v_z}{\partial z}\tag{1.8.32}$$

6. 标量的拉普拉斯算式

根据拉普拉斯算子的公式 $\nabla^2 f=\operatorname{div}(\nabla f)$，考虑标量的梯度为一个矢量，参照上式可求出标量的拉普拉斯算式为

$$\nabla^2 f=\frac{\partial^2 f}{\partial r^2}+\frac{1}{r}\cdot\frac{\partial f}{\partial r}+\frac{1}{r^2}\cdot\frac{\partial^2 f}{\partial\phi^2}+\frac{\partial^2 f}{\partial z^2}\tag{1.8.33}$$

同理，考虑矢量的散度为一个标量，则由标量的梯度公式得

$$\nabla(\operatorname{div}\boldsymbol{v})=\left(\frac{\partial}{\partial r}(\operatorname{div}\boldsymbol{v}),\frac{1}{r}\cdot\frac{\partial}{\partial\phi}(\operatorname{div}\boldsymbol{v}),\frac{\partial}{\partial z}(\operatorname{div}\boldsymbol{v})\right)\tag{1.8.34}$$

7. 二阶张量的散度

二阶张量的散度 $\operatorname{div}\boldsymbol{A}$ 是一个矢量，可表示为

$$\operatorname{div}\boldsymbol{A}=(\operatorname{div}A)_r\boldsymbol{e}_r+(\operatorname{div}A)_\phi\boldsymbol{e}_\phi+(\operatorname{div}\boldsymbol{A})_z\boldsymbol{e}_z\tag{1.8.35}$$

将其分别点乘 $\boldsymbol{e}_r$，$\boldsymbol{e}_\phi$ 和 $\boldsymbol{e}_z$，并利用前面的公式，其分量可写为

$$\begin{cases}(\operatorname{div}\boldsymbol{A})_r=(\operatorname{div}\boldsymbol{A})\cdot\boldsymbol{e}_r=\operatorname{div}(\boldsymbol{A}\cdot e_r)-\operatorname{tr}[\boldsymbol{A}\cdot(\nabla\boldsymbol{e}_r)]\\ (\operatorname{div}\boldsymbol{A})_\phi=(\operatorname{div}\boldsymbol{A})\cdot\boldsymbol{e}_\phi=\operatorname{div}(\boldsymbol{A}\cdot\boldsymbol{e}_\phi)-\operatorname{tr}[\boldsymbol{A}\cdot(\nabla\boldsymbol{e}_\phi)]\\ (\operatorname{div}\boldsymbol{A})_z=(\operatorname{div}\boldsymbol{A})\cdot\boldsymbol{e}_z=\operatorname{div}(\boldsymbol{A}\cdot\boldsymbol{e}_z)-\operatorname{tr}[\boldsymbol{A}\cdot(\nabla\boldsymbol{e}_z)]\end{cases}\tag{1.8.36}$$

二阶张量按分量可表示为 $\boldsymbol{A}=\begin{pmatrix} A_{rr} & A_{\phi\phi} & A_{rz} \\ A_{\phi r} & A_{\phi\phi} & A_{\phi z} \\ A_{zr} & A_{z\phi} & A_{zz} \end{pmatrix}$，而根据上述矢量的梯度公式可得

$$\nabla \boldsymbol{e}_z=\begin{pmatrix} 0 & 0 & 0 \\ 0 & 0 & 0 \\ 0 & 0 & 0 \end{pmatrix} \tag{1.8.37}$$

$$\nabla \boldsymbol{e}_r=\begin{pmatrix} 0 & 0 & 0 \\ 0 & \frac{1}{r} & 0 \\ 0 & 0 & 0 \end{pmatrix} \tag{1.8.38}$$

$$\nabla \boldsymbol{e}_\phi=\begin{pmatrix} 0 & -\frac{1}{r} & 0 \\ 0 & 0 & 0 \\ 0 & 0 & 0 \end{pmatrix} \tag{1.8.39}$$

从而有

$$\mathrm{tr}[\boldsymbol{A}\cdot(\nabla \boldsymbol{e}_r)]=\frac{1}{r}\boldsymbol{A}_{\phi\phi} \tag{1.8.40}$$

$$\mathrm{tr}[\boldsymbol{A}\cdot(\nabla \boldsymbol{e}_\phi)]=-\frac{1}{r}\boldsymbol{A}_{\phi r} \tag{1.8.41}$$

$$\mathrm{tr}[\boldsymbol{A}\cdot(\nabla \boldsymbol{e}_z)]=0 \tag{1.8.42}$$

又由于 $(\boldsymbol{A}\cdot\boldsymbol{e}_k)_i=A_{ik}$，即有下列关系：

$$\begin{cases} \boldsymbol{A}\cdot\boldsymbol{e}_r=A_{rr}\boldsymbol{e}_r+A_{\phi r}\boldsymbol{e}_\phi+A_{zr}\boldsymbol{e}_z \\ \boldsymbol{A}\cdot\boldsymbol{e}_\phi=A_{r\phi}\boldsymbol{e}_r+A_{\phi\phi}e_\phi+A_{z\phi}\boldsymbol{e}_z \\ \boldsymbol{A}\cdot\boldsymbol{e}_z=A_{rz}\boldsymbol{e}_r+A_{\phi z}\boldsymbol{e}_\phi+A_{zz}\boldsymbol{e}_z \end{cases} \tag{1.8.43}$$

利用前面矢量的散度公式得

$$\begin{cases} (\mathrm{div}\boldsymbol{A})_r=\dfrac{\partial A_{rr}}{\partial r}+\dfrac{1}{r}\cdot\dfrac{\partial A_{\phi r}}{\partial\phi}+\dfrac{\partial A_{zr}}{\partial z}+\dfrac{A_{rr}-A_{\phi\phi}}{r} \\ (\mathrm{div}\boldsymbol{A})_\phi=\dfrac{\partial A_{r\phi}}{\partial r}+\dfrac{1}{r}\cdot\dfrac{\partial A_{\phi\phi}}{\partial\phi}+\dfrac{\partial A_{z\phi}}{\partial z}+\dfrac{A_{\phi r}+A_{r\phi}}{r} \\ (\mathrm{div}\boldsymbol{A})_z=\dfrac{\partial A_{rz}}{\partial r}+\dfrac{1}{r}\cdot\dfrac{\partial A_{\phi z}}{\partial\phi}+\dfrac{\partial A_{zz}}{\partial z}+\dfrac{A_{rz}}{r} \end{cases} \tag{1.8.44}$$

1.8.3 球坐标系

对于球坐标系，其坐标（r，θ，ϕ）与直角坐标（x_1，x_2，x_3）间的关系为

$$\begin{cases} x_1=r\sin\theta\cos\phi \\ x_2=r\sin\theta\sin\phi \\ x_3=r\cos\theta \end{cases} \tag{1.8.45}$$

由于球坐标（图 1-9）也是曲线坐标，所以对应原始坐标的基矢量的量纲不一致，不利于物理量的分析，为了方便物理量的分析，与柱坐标类似，需要取一组新的基矢量，这里取的是 3 个坐标方向的单位矢量，其中 $\boldsymbol{e}_r$ 是 r 方向单位矢量，$\boldsymbol{e}_\theta$ 是 θ 方向单位矢量，$\boldsymbol{e}_\phi$ 是 ϕ 方向单位矢量。同柱坐标类似，虽然上述基矢量的大小都不变，但其方向是随坐标而改变的，基矢量对坐标的导数不再为零。这一点在球坐标系下也是需要特别注意的。

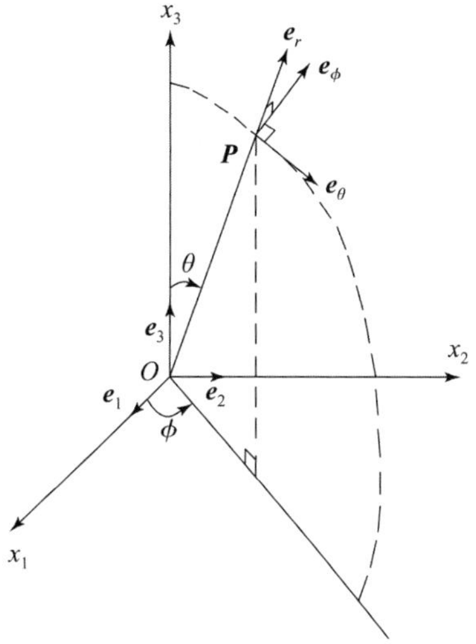

图 1-9　球坐标示意

1. 空间矢量及基矢量的微分

球坐标系下所取的基矢量与直角坐标 $\boldsymbol{e}_i(i=1,2,3)$ 的关系可表示为

$$\begin{cases}\boldsymbol{e}_r=\boldsymbol{e}_1\sin\theta\cos\phi+\boldsymbol{e}_2\sin\theta\sin\phi+\boldsymbol{e}_3\cos\theta\\ \boldsymbol{e}_\theta=\boldsymbol{e}_1\cos\theta\cos\phi+\boldsymbol{e}_2\cos\theta\sin\phi-\boldsymbol{e}_3\sin\theta\\ \boldsymbol{e}_\phi=-\boldsymbol{e}_1\sin\phi+\boldsymbol{e}_2\cos\phi\end{cases}\tag{1.8.46}$$

它们对坐标的微分可写为

$$\begin{cases}\mathrm{d}\boldsymbol{e}_r=\boldsymbol{e}_\theta\mathrm{d}\theta+\boldsymbol{e}_\phi\sin\theta\mathrm{d}\phi\\ \mathrm{d}\boldsymbol{e}_\theta=-\boldsymbol{e}_r\mathrm{d}\theta+\boldsymbol{e}_\phi\cos\theta\mathrm{d}\phi\\ \mathrm{d}\boldsymbol{e}_\phi=-\boldsymbol{e}_r\sin\theta\mathrm{d}\phi-\boldsymbol{e}_\theta\cos\theta\mathrm{d}\phi\end{cases}\tag{1.8.47}$$

即有

$$\begin{cases}\dfrac{\partial\boldsymbol{e}_r}{\partial r}=0,\dfrac{\partial\boldsymbol{e}_r}{\partial\theta}=\boldsymbol{e}_\theta,\dfrac{\partial\boldsymbol{e}_r}{\partial\phi}=\boldsymbol{e}_\phi\sin\theta\\ \dfrac{\partial\boldsymbol{e}_\theta}{\partial r}=0,\dfrac{\partial\boldsymbol{e}_\theta}{\partial\theta}=-\boldsymbol{e}_r,\dfrac{\partial\boldsymbol{e}_\theta}{\partial\phi}=\boldsymbol{e}_\phi\cos\theta\\ \dfrac{\partial\boldsymbol{e}_\phi}{\partial r}=0,\dfrac{\partial\boldsymbol{e}_\phi}{\partial\theta}=0,\dfrac{\partial\boldsymbol{e}_\phi}{\partial\phi}=-\boldsymbol{e}_r\sin\theta-\boldsymbol{e}_\theta\cos\theta\end{cases}\tag{1.8.48}$$

由于矢径可写为 $\boldsymbol{r}=r\boldsymbol{e}_r$，则有 $\mathrm{d}\boldsymbol{r}=\boldsymbol{e}_r\mathrm{d}r+r\mathrm{d}\boldsymbol{e}_r$，利用上述公式得

$$\mathrm{d}\boldsymbol{r}=\boldsymbol{e}_r\mathrm{d}r+\boldsymbol{e}_\theta r\mathrm{d}\theta+\boldsymbol{e}_\phi r\sin\theta\mathrm{d}\phi\tag{1.8.49}$$

即 d$\boldsymbol{r}$ 的球坐标分量为（dr，rdθ，$r\sin\theta$dϕ）。

2. 标量的梯度

对于标量f，其微分可表示为 $\mathrm{d}f=\dfrac{\partial f}{\partial r}\mathrm{d}r+\dfrac{\partial f}{\partial\theta}\mathrm{d}\theta+\dfrac{\partial f}{\partial\varphi}\mathrm{d}\phi$，而用梯度$\nabla f$和球坐标矢径又可表示为 $\mathrm{d}f=\nabla f\cdot\mathrm{d}r$。若用$(\nabla f)_r$，$(\nabla f)_\theta$，$(\nabla f)_\phi$ 代表∇f的球坐标分量，则有

$$\frac{\partial f}{\partial r}\mathrm{d}r+\frac{\partial f}{\partial\theta}\mathrm{d}\theta+\frac{\partial f}{\partial\phi}\mathrm{d}\phi=(\nabla f)_r\mathrm{d}r+(\nabla f)_\theta r\mathrm{d}\theta+(\nabla f)_\phi r\sin\theta\mathrm{d}\phi \tag{1.8.50}$$

即

$$(\nabla f)_r=\frac{\partial f}{\partial r},(\nabla f)_\theta=\frac{1}{r}\cdot\frac{\partial f}{\partial r},(\nabla f)_\phi=\frac{1}{r\sin\theta}\cdot\frac{\partial f}{\partial\phi} \tag{1.8.51}$$

亦即

$$\nabla=\mathrm{grad}=\left(\frac{\partial}{\partial r},\frac{1}{r}\cdot\frac{\partial}{\partial\theta},\frac{1}{r\sin\theta}\cdot\frac{\partial}{\partial\phi}\right) \tag{1.8.52}$$

3. 标量的随体导数

标量的随体导数为$\dfrac{\mathrm{D}f}{\mathrm{D}t}=\dfrac{\partial f}{\partial t}+(\boldsymbol{v}\cdot\nabla)f$，由于速度矢量可表示为 $\boldsymbol{v}=v_r\boldsymbol{e}_r+v_\theta\boldsymbol{e}_\theta+v_\phi\boldsymbol{e}_\phi$，所以有

$$(\boldsymbol{v}\cdot\nabla)=v_r\frac{\partial}{\partial r}+\frac{v_\theta}{r}\cdot\frac{\partial}{\partial\theta}+\frac{v_\phi}{r\sin\theta}\cdot\frac{\partial}{\partial\phi} \tag{1.8.53}$$

进而有

$$\frac{\mathrm{D}f}{\mathrm{D}t}=\frac{\partial f}{\partial t}+v_r\frac{\partial f}{\partial r}+\frac{v_\theta}{r}\cdot\frac{\partial f}{\partial\theta}+\frac{v_\phi}{r\sin\theta}\cdot\frac{\partial f}{\partial\phi} \tag{1.8.54}$$

4. 矢量的随体导数

矢量的随体导数可写为

$$\frac{\mathrm{D}\boldsymbol{v}}{\mathrm{D}t}=\boldsymbol{e}_r\frac{\mathrm{D}v_r}{\mathrm{D}t}+v_r\frac{\mathrm{D}\boldsymbol{e}_r}{\mathrm{D}t}+\boldsymbol{e}_\theta\frac{\mathrm{D}v_\theta}{\mathrm{D}t}+v_\theta\frac{\mathrm{D}\boldsymbol{e}_\theta}{\mathrm{D}t}+\boldsymbol{e}_\phi\frac{\mathrm{D}v_\phi}{\mathrm{D}t}+v_\phi\frac{\mathrm{D}\boldsymbol{e}_\phi}{\mathrm{D}t} \tag{1.8.55}$$

由于基矢量对时间及径向坐标的偏导为零，所以由前述的关系得

$$\begin{cases}\dfrac{\mathrm{D}\boldsymbol{e}_r}{\mathrm{D}t}=\dfrac{v_\theta}{r}\cdot\dfrac{\partial\boldsymbol{e}_r}{\partial\theta}+\dfrac{v_\phi}{r\sin\theta}\cdot\dfrac{\partial\boldsymbol{e}_r}{\partial\phi}=\dfrac{1}{r}(v_\theta\boldsymbol{e}_\theta+v_\phi\boldsymbol{e}_\phi)\\ \dfrac{\mathrm{D}\boldsymbol{e}_\theta}{Dt}=\dfrac{v_\theta}{r}\cdot\dfrac{\partial\boldsymbol{e}_\theta}{\partial\theta}+\dfrac{v_\phi}{r\sin\theta}\cdot\dfrac{\partial\boldsymbol{e}_\theta}{\partial\phi}=-\dfrac{1}{r}(v_\theta\boldsymbol{e}_r-v_\phi\arctan\theta\boldsymbol{e}_\phi)\\ \dfrac{\mathrm{D}\boldsymbol{e}_\phi}{\mathrm{D}t}=\dfrac{v_\theta}{r}\cdot\dfrac{\partial\boldsymbol{e}_\phi}{\partial\theta}+\dfrac{v_\phi}{r\sin\theta}\cdot\dfrac{\partial\boldsymbol{e}_\phi}{\partial\phi}=-\dfrac{1}{r}(v_\phi\boldsymbol{e}_r+v_\phi\arctan\theta\boldsymbol{e}_\theta)\end{cases} \tag{1.8.56}$$

将其代入上式并整理得

$$\begin{cases}\left(\dfrac{\mathrm{D}\boldsymbol{v}}{\mathrm{D}t}\right)_r=\dfrac{\mathrm{D}v_r}{\mathrm{D}t}-\dfrac{1}{r}(v_\theta^2+v_\phi^2)\\ \left(\dfrac{\mathrm{D}\boldsymbol{v}}{\mathrm{D}t}\right)_\theta=\dfrac{\mathrm{D}v_\theta}{\mathrm{D}t}+\dfrac{1}{r}(v_rv_\theta-v_\phi^2\arctan\theta)\\ \left(\dfrac{\mathrm{D}\boldsymbol{v}}{\mathrm{D}t}\right)_\phi=\dfrac{\mathrm{D}v_\phi}{\mathrm{D}t}+\dfrac{1}{r}(v_rv_\phi+v_\theta v_\phi\arctan\theta)\end{cases} \tag{1.8.57}$$

其中，$\frac{D}{\mathrm{D}t}=\frac{\partial}{\partial t}+v_r\frac{\partial}{\partial r}+\frac{v_\theta}{r}\cdot\frac{\partial}{\partial\theta}+\frac{v_\phi}{r\sin\theta}\cdot\frac{\partial}{\partial\phi}$

5. 矢量的梯度

由于

$$\mathrm{d}\boldsymbol{v}=(\mathrm{d}v_r)\boldsymbol{e}_r+v_r\mathrm{d}\boldsymbol{e}_r+(\mathrm{d}v_\theta)\boldsymbol{e}_\theta+v_\theta\mathrm{d}\boldsymbol{e}_\theta+(\mathrm{d}v_\phi)\boldsymbol{e}_\phi+v_\phi\mathrm{d}\boldsymbol{e}_\phi$$

所以由前述标量梯度及基矢量微分的关系，推导可得

$$\begin{cases}(\mathrm{d}\boldsymbol{v})_r=\dfrac{\partial v_r}{\partial r}\mathrm{d}r+\left(\dfrac{\partial v_r}{\partial\theta}-v_\theta\right)\mathrm{d}\theta+\left(\dfrac{\partial v_r}{\partial\phi}-v_\phi\sin\theta\right)\mathrm{d}\phi\\(\mathrm{d}\boldsymbol{v})_\theta=\dfrac{\partial v_\theta}{\partial r}\mathrm{d}r+\left(\dfrac{\partial v_\theta}{\partial\theta}+v_r\right)\mathrm{d}\theta+\left(\dfrac{\partial v_\theta}{\partial\phi}-v_\phi\cos\theta\right)\mathrm{d}\phi\\(\mathrm{d}\boldsymbol{v})_\phi=\dfrac{\partial v_\phi}{\partial r}\mathrm{d}r+\dfrac{\partial v_\phi}{\partial\theta}\mathrm{d}\theta+\left(\dfrac{\partial v_\phi}{\partial\phi}+v_r\sin\theta+v_\theta\cos\theta\right)\mathrm{d}\phi\end{cases}\tag{1.8.58}$$

由于$(\mathrm{d}\boldsymbol{v})_i=(\nabla\boldsymbol{v}\cdot\mathrm{d}\boldsymbol{r})_i=(\nabla\boldsymbol{v})_{ij}(\mathrm{d}\boldsymbol{r})_j$，而

$$\begin{cases}(\nabla\boldsymbol{v}\cdot\mathrm{d}r)_r=(\nabla\boldsymbol{v})_{rr}\mathrm{d}r+(\nabla\boldsymbol{v})_{r\theta}r\mathrm{d}\theta+(\nabla\boldsymbol{v})_{r\phi}r\sin\theta\mathrm{d}\phi\\(\nabla\boldsymbol{v}\cdot\mathrm{d}r)_\theta=(\nabla\boldsymbol{v})_{\theta r}\mathrm{d}r+(\nabla\boldsymbol{v})_{\theta\theta}r\mathrm{d}\theta+(\nabla\boldsymbol{v})_{\theta\phi}r\sin\theta\mathrm{d}\phi\\(\nabla\boldsymbol{v}\cdot\mathrm{d}r)_\phi=(\nabla\boldsymbol{v})_{\phi r}\mathrm{d}r+(\nabla\boldsymbol{v})_{\phi\theta}r\mathrm{d}\theta+(\nabla\boldsymbol{v})_{\phi\phi}r\sin\theta\mathrm{d}\phi\end{cases}\tag{1.8.59}$$

比较上述两式得

$$\begin{aligned}\nabla\boldsymbol{v}&=\begin{pmatrix}(\nabla\boldsymbol{v})_{rr}&(\nabla\boldsymbol{v})_{r\theta}&(\nabla\boldsymbol{v})_{r\phi}\\(\nabla\boldsymbol{v})_{\theta r}&(\nabla\boldsymbol{v})_{\theta\theta}&(\nabla\boldsymbol{v})_{\theta\phi}\\(\nabla\boldsymbol{v})_{\phi r}&(\nabla\boldsymbol{v})_{\phi\theta}&(\nabla\boldsymbol{v})_{\phi\phi}\end{pmatrix}\\&=\begin{pmatrix}\dfrac{\partial v_r}{\partial r}&\dfrac{1}{r}\left(\dfrac{\partial v_r}{\partial\theta}-v_\theta\right)&\dfrac{1}{r\sin\theta}\left(\dfrac{\partial v_r}{\partial\phi}-v_\phi\sin\theta\right)\\\dfrac{\partial v_\theta}{\partial r}&\dfrac{1}{r}\left(\dfrac{\partial v_\theta}{\partial\theta}+v_r\right)&\dfrac{1}{r\sin\theta}\left(\dfrac{\partial v_\theta}{\partial\phi}-v_\phi\cos\theta\right)\\\dfrac{\partial v_\phi}{\partial r}&\dfrac{1}{r}\cdot\dfrac{\partial v_\phi}{\partial\theta}&\dfrac{1}{r\sin\theta}\left(\dfrac{\partial v_\phi}{\partial\phi}+v_r\sin\theta+v_\theta\cos\theta\right)\end{pmatrix}\end{aligned}\tag{1.8.60}$$

6. 矢量的散度

按照 $\mathrm{div}\,\boldsymbol{v}=\mathrm{tr}(\nabla\boldsymbol{v})$，并利用上述公式得

$$\mathrm{div}\,\boldsymbol{v}=\frac{\partial v_r}{\partial r}+\frac{2v_r}{r}+\frac{1}{r}\cdot\frac{\partial v_\theta}{\partial\theta}+\frac{v_\theta\mathrm{arctan}\,\theta}{r}+\frac{1}{r\sin\theta}\cdot\frac{\partial v_\phi}{\partial\phi}\tag{1.8.61}$$

7. 二阶张量的散度

二阶张量可表示为

$$\boldsymbol{A}=\begin{pmatrix}A_{rr}&A_{r\theta}&A_{r\phi}\\A_{\theta r}&A_{\theta\theta}&A_{\theta\phi}\\A_{\phi r}&A_{\phi\theta}&A_{\phi\phi}\end{pmatrix}\tag{1.8.62}$$

利用

$$\begin{cases}(\operatorname{div}\boldsymbol{A})_r=(\operatorname{div}\boldsymbol{A})\cdot\boldsymbol{e}_r=\operatorname{div}(\boldsymbol{A}\cdot\boldsymbol{e}_r)-\operatorname{tr}[\boldsymbol{A}\cdot(\nabla\boldsymbol{e}_r)]\\(\operatorname{div}\boldsymbol{A})_\theta=(\operatorname{div}\boldsymbol{A})\cdot\boldsymbol{e}_\theta=\operatorname{div}(\boldsymbol{A}\cdot\boldsymbol{e}_\theta)-\operatorname{tr}[\boldsymbol{A}\cdot(\nabla\boldsymbol{e}_\theta)]\\(\operatorname{div}\boldsymbol{A})_\phi=(\operatorname{div}\boldsymbol{A})\cdot\boldsymbol{e}_\phi=\operatorname{div}(\boldsymbol{A}\cdot\boldsymbol{e}_\phi)-\operatorname{tr}[\boldsymbol{A}\cdot(\nabla\boldsymbol{e}_\phi)]\end{cases}\tag{1.8.63}$$

及

$$\nabla\boldsymbol{e}_r=\begin{pmatrix}0&0&0\\0&\frac{1}{r}&0\\0&0&\frac{1}{r}\end{pmatrix},\nabla\boldsymbol{e}_\theta=\begin{pmatrix}0&-\frac{1}{r}&0\\0&0&0\\0&0&\frac{\arctan\theta}{r}\end{pmatrix},\nabla\boldsymbol{e}_\phi=\begin{pmatrix}0&0&-\frac{1}{r}\\0&0&-\frac{\arctan\theta}{r}\\0&0&0\end{pmatrix}\tag{1.8.64}$$

和

$$\begin{cases}\operatorname{tr}[\boldsymbol{A}\cdot(\nabla\boldsymbol{e}_r)]=\frac{1}{r}(A_{\theta\theta}+A_{\phi\phi})\\\operatorname{tr}[\boldsymbol{A}\cdot(\nabla\boldsymbol{e}_\theta)]=\frac{1}{r}(-A_{\theta r}+A_{\phi\phi}\arctan\theta)\\\operatorname{tr}[\boldsymbol{A}\cdot(\nabla\boldsymbol{e}_\phi)]=-\frac{1}{r}(A_{\phi r}+A_{\phi\theta}\arctan\theta)\end{cases}\tag{1.8.65}$$

又由于$(\boldsymbol{A}\cdot\boldsymbol{e}_k)_i=A_{ik}$，即

$$\begin{cases}\boldsymbol{A}\cdot\boldsymbol{e}_r=A_{rr}\boldsymbol{e}_r+A_{\theta r}\boldsymbol{e}_\theta+A_{\phi r}\boldsymbol{e}_\phi\\\boldsymbol{A}\cdot\boldsymbol{e}_\theta=A_{r\theta}\boldsymbol{e}_r+A_{\theta\theta}\boldsymbol{e}_\theta+A_{\phi\theta}\boldsymbol{e}_\phi\\\boldsymbol{A}\cdot\boldsymbol{e}_\phi=A_{r\phi}\boldsymbol{e}_r+A_{\theta\phi}\boldsymbol{e}_\theta+A_{\phi\phi}\boldsymbol{e}_\phi\end{cases}\tag{1.8.66}$$

则得

$$\begin{cases}(\operatorname{div}\boldsymbol{A})_r=\frac{\partial A_{rr}}{\partial r}+\frac{1}{r}\cdot\frac{\partial A_{\theta r}}{\partial\theta}+\frac{1}{r\sin\theta}\cdot\frac{\partial A_{\phi r}}{\partial\phi}+\frac{1}{r}[2A_{rr}-A_{\theta\theta}-A_{\phi\phi}+A_{\theta r}\arctan\theta]\\(\operatorname{div}\boldsymbol{A})_\theta=\frac{\partial A_{r\theta}}{\partial r}+\frac{1}{r}\cdot\frac{\partial A_{\theta\theta}}{\partial\theta}+\frac{1}{r\sin\theta}\cdot\frac{\partial A_{\phi\theta}}{\partial\phi}+\frac{1}{r}[2A_{r\theta}+A_{\theta r}+(A_{\theta\theta}-A_{\phi\phi})\arctan\theta]\\(\operatorname{div}\boldsymbol{A})_\phi=\frac{\partial A_{r\phi}}{\partial r}+\frac{1}{r}\cdot\frac{\partial A_{\theta\phi}}{\partial\theta}+\frac{1}{r\sin\theta}\cdot\frac{\partial A_{\phi\phi}}{\partial\phi}+\frac{1}{r}[2A_{r\phi}+A_{\phi r}+(A_{\phi\theta}+A_{\theta\phi})\arctan\theta]\end{cases}\tag{1.8.67}$$

8. 标量的拉普拉斯算符

由于$\nabla^2 f=\operatorname{div}(\nabla f)$，所以有

$$\nabla^2 f=\frac{\partial^2 f}{\partial r^2}+\frac{2}{r}\cdot\frac{\partial f}{\partial r}+\frac{1}{r^2}\cdot\frac{\partial^2 f}{\partial\theta^2}+\frac{\arctan\theta}{r^2}\cdot\frac{\partial f}{\partial\theta}+\frac{1}{r^2\sin^2\theta}\cdot\frac{\partial^2 f}{\partial\phi^2}\tag{1.8.68}$$

第 2 章

连续介质力学的基本理论

所谓连续介质，是指充满某空间的介质，在该空间中介质内部没有空隙，而是连续分布的。连续介质是一种宏观的认识。连续介质是一个相对的概念。一般来说，从宏观上看，固体、液体以及气体都属于连续介质，但从微观上看，它们未必都是连续介质。特别是气体，当介质密度很低时，气体分子间的距离很大，此时就不能再视其为连续介质。

本章的内容都是针对连续介质而言的，既会涉及空间的概念，也会涉及介质本身的概念。本章虽然也会提到质点的概念，但更多的是指微小区域，而不是只有质量而没有体积的质点。因此，介质的密度成为一个重要的参量。

2.1 质量守恒定律

质量守恒（conservation of mass）是指物质在运动过程中不生不灭，其质量保持不变。

在某一时刻 t，占据空间体积为 V 的那部分连续介质的质量 m 可由如下积分给出：

$$m = \int_V \rho \mathrm{d}V \tag{2.1.1}$$

其中，$\rho = \rho(x, t)$ 为质量密度，简称密度（density）。它通常是空间坐标及时间的函数。

在动态过程中，即介质运动时，质量保持不变意味着上述积分为常数，即

$$m = \int_V \rho \mathrm{d}V = \text{常数} \tag{2.1.2}$$

这就是质量守恒定律的一般形式。质量守恒反映的是介质的连续性，因此经常称其表达式为连续性方程。在不同的坐标系下，质量守恒方程有不同的形式。

2.1.1 欧拉形式的质量守恒方程

对式（2.1.2）求全导数，即随体导数，有

$$\frac{\mathrm{D}m}{\mathrm{D}t} = \frac{D}{Dt}\int_V \rho \mathrm{d}V = \int_V \left[\frac{\partial \rho}{\partial t} + \mathrm{div}(\rho \boldsymbol{v})\right]\mathrm{d}V = 0 \tag{2.1.3}$$

值得注意的是，质量守恒方程中的速度变量不是在散度符号的外面，而是在散度符号的里面，因此并不是仅对密度求全倒数。其推导过程大致说明如下。

质量守恒意味着质量的变化率为零，而质量的变化率为零的方程可写为

$$\frac{\mathrm{D}m}{\mathrm{D}t} = \frac{\mathrm{D}}{\mathrm{D}t}\int_V \rho \mathrm{d}V = 0 \tag{2.1.4}$$

由于动态过程中发生变化的不仅是密度，还包括体积，所以全导数不仅要针对密度变量进行，也要针对体积变量进行，从而有

$$\frac{\mathrm{D}}{\mathrm{D}t}\int_V \rho \mathrm{d}V = \int_V \left[\left(\frac{\mathrm{D}}{\mathrm{D}t}\rho\right)\mathrm{d}V + \rho\frac{\mathrm{D}}{\mathrm{D}t}(\mathrm{d}V)\right] = 0 \tag{2.1.5}$$

上式右边积分中的第二项可变形为

$$\frac{\mathrm{D}}{\mathrm{D}t}(\mathrm{d}V) = \frac{\mathrm{D}}{\mathrm{D}t}(r \cdot \mathrm{d}\boldsymbol{s}) = v \cdot \mathrm{d}\boldsymbol{s} = \mathrm{div}(\boldsymbol{v})\mathrm{d}V \tag{2.1.6}$$

其中的 d$\boldsymbol{s}$ 为 dV 的外包微曲面，r 为外包微曲面 d$\boldsymbol{s}$ 的矢径。将其代入上述方程，可得

$$\begin{aligned}\frac{\mathrm{D}}{\mathrm{D}t}\int_V \rho \mathrm{d}V &= \int_V \left[\left(\frac{\mathrm{D}}{\mathrm{D}t}\rho\right)\mathrm{d}V + \rho\frac{\mathrm{D}}{\mathrm{D}t}(\mathrm{d}V)\right] = \int_V \left[\left(\frac{\mathrm{D}}{\mathrm{D}t}\rho\right) + \rho\,\mathrm{div}(\boldsymbol{v})\right]\mathrm{d}V \\ &= \int_V \left[\frac{\partial}{\partial t}\rho + \boldsymbol{v}\,\nabla\rho + \rho\,\mathrm{div}(\boldsymbol{v})\right]\mathrm{d}V = \int_V \left[\frac{\partial\rho}{\partial t} + \mathrm{div}(\rho\boldsymbol{v})\right]\mathrm{d}V\end{aligned} \tag{2.1.7}$$

从而可得质量守恒方程的积分形式为

$$\int_V \left[\frac{\partial\rho}{\partial t} + \mathrm{div}(\rho\boldsymbol{v})\right]\mathrm{d}V = 0 \tag{2.1.8}$$

利用高斯定理 $\int\limits_V \mathrm{div}(\boldsymbol{A})\,\mathrm{d}\boldsymbol{v} = \int\limits_S \boldsymbol{n} \cdot \boldsymbol{A}\mathrm{d}\boldsymbol{s}$，上式第二部分又可以化成面积分，因此有

$$\int_V \frac{\partial\rho}{\partial t}\mathrm{d}V = -\int_S \boldsymbol{n} \cdot (\rho\boldsymbol{v})\,\mathrm{d}\boldsymbol{s} = -\int_S v_n\rho\mathrm{d}\boldsymbol{s} \tag{2.1.9}$$

上式中 S 为物质体积 V 的包面，$\boldsymbol{n}$ 为面元 d$\boldsymbol{s}$ 的单位矢量，$\boldsymbol{v}$ 为质点速度。从式（2.1.9）看出，在 t 时刻 V 中介质单位时间增加的质量 $\int_V \frac{\partial\rho}{\partial t}\mathrm{d}V$ 等于单位时间穿过 S 面流进的质量 $-\int_S v_n\,\rho\mathrm{d}\boldsymbol{s}$。该式被称为积分形式的质量守恒方程，或积分形式的连续性方程（continuity of equation in integral form）。

由于式（2.1.8）对于任意体积 V 都成立，所以式中的被积函数（integrand）必须为零，于是有

$$\frac{\partial\rho}{\partial t} + \mathrm{div}(\rho\boldsymbol{v}) = 0 \tag{2.1.10}$$

或

$$\frac{\partial\rho}{\partial t} + \frac{\partial}{\partial x_i}(\rho v_i) = 0 \tag{2.1.11}$$

上式也可写成

$$\frac{\mathrm{D}\rho}{\mathrm{D}t} + \rho\,\mathrm{div}\,\boldsymbol{v} = 0 \tag{2.1.12}$$

或

$$\frac{\mathrm{D}\rho}{\mathrm{D}t} + \rho\frac{\partial v_i}{\partial x_i} = 0 \tag{2.1.13}$$

以上各式被称为微分形式的连续性方程（continuity equation in differential form）。

如果介质运动是等容的（isovolumetric），即连续介质不可压缩（incompressible continuum），

亦即质点密度与 t 无关，则有

$$\frac{D\rho}{Dt}=0 \tag{2.1.14}$$

于是有

$$\mathrm{div}\,\boldsymbol{v}=0 \tag{2.1.15}$$

或

$$\frac{\partial v_i}{\partial x_i}=0 \tag{2.1.16}$$

对于这种不可压介质的速度场 $\boldsymbol{v}(\boldsymbol{x},t)$，可以利用一个称为矢量位势的矢量 $\boldsymbol{\Phi}$（vector potential）来表示，即有

$$\boldsymbol{v}=\nabla\times\boldsymbol{\Phi} \tag{2.1.17}$$

或

$$v_i=\in_{ijk}\frac{\partial\Phi_k}{\partial x_j} \tag{2.1.18}$$

2.1.2　拉格朗日形式的连续性方程

设拉格朗日坐标系的坐标为 $\boldsymbol{X}(X_1,X_2,X_3)$，它与欧拉坐标系的坐标 $\boldsymbol{x}(x_1,x_2,x_3)$ 存在转换关系，质量密度 ρ 既可以表示成欧拉坐标的函数，也可以表示成拉格朗日坐标的函数。为了便于表示，在拉格朗日空间坐标系中用 ρ^* 表示质量密度，则通过欧拉坐标 $\boldsymbol{x}(x_1,x_2,x_3)$ 和拉格朗日坐标 $\boldsymbol{X}(X_1,X_2,X_3)$ 的转换关系，可将质量密度进行如下等价变换：

$$\rho=\rho(\boldsymbol{x},t)=\rho(\boldsymbol{x}(\boldsymbol{X},t),t)=\rho^*(\boldsymbol{X},t)=\rho^* \tag{2.1.19}$$

介质运动、变形开始时，拉格朗日坐标 $\boldsymbol{X}(X_1,X_2,X_3)$ 和欧拉坐标 $\boldsymbol{x}(x_1,x_2,x_3)$ 是相同的，又由于在拉格朗日坐标系中始终盯住质点，介质在运动和变形中物质质点的拉格朗日坐标是不变的，所以通常取 $t=0$ 时的欧拉坐标作为拉格朗日坐标，即有

$$\boldsymbol{x}(\boldsymbol{X},0)=\boldsymbol{X} \tag{2.1.20}$$

因此有

$$\rho(\boldsymbol{x}(\boldsymbol{X},0),0)=\rho^*(\boldsymbol{X},0)=\rho_0 \tag{2.1.21}$$

其中，ρ_0 为介质的初始密度。

根据质量守恒关系，在某一时刻 t，占据空间体积为 V 的那部分连续介质的质量 m 与初始时刻 $t=0$ 占据空间体积为 V_0 的那部分连续介质的质量是相等的，即有

$$\int_V\rho\mathrm{d}V=\int_V\rho(\boldsymbol{x},t)\mathrm{d}V=\int_{V_0}\rho^*(\boldsymbol{X},0)\mathrm{d}V_0=\int_{V_0}\rho_0\mathrm{d}V_0 \tag{2.1.22}$$

上述积分虽然是针对两个时刻的，即初始时刻（$t=0$）和当前时刻（$t=t$），但针对的介质都是同一个部分的介质。V 是这些介质当前所占据的空间体积，V_0 为开始时所占的空间体积，也是拉格朗日坐标系中的体积。积分体积元 $\mathrm{d}V=\mathrm{d}x_1\mathrm{d}x_2\mathrm{d}x_3$ 是欧拉坐标系中的体积元，而 $\mathrm{d}V_0=\mathrm{d}X_1\mathrm{d}X_2\mathrm{d}X_3$ 则是拉格朗日坐标系中的体积元。根据不同坐标系三重积分的换元关系 $\mathrm{d}V=|\boldsymbol{J}|\mathrm{d}V_0$（其中 $\boldsymbol{J}=\dfrac{\partial\boldsymbol{x}}{\partial\boldsymbol{X}}$ 为雅可比矩阵，$|\boldsymbol{J}|$ 为雅可比行列式），上式左边

积分可以改写成

$$\int_V \rho \mathrm{d}V = \int_{V_0} \rho(\boldsymbol{X},t)\,|\boldsymbol{J}|\,\mathrm{d}V_0 = \int_{V_0} \rho\,|\boldsymbol{J}|\,\mathrm{d}V_0 \tag{2.1.23}$$

从而有

$$\int_{V_0} \rho\,|\boldsymbol{J}|\,\mathrm{d}V_0 = \int_{V_0} \rho_0 \mathrm{d}V_0 \tag{2.1.24}$$

该式可称作拉格朗日积分形式的连续性方程（continuity equation in Lagrangian integral form）。由于上式对于任取的 V_0 都成立，从而得出

$$\rho_0 = |\boldsymbol{J}|\rho \tag{2.1.25}$$

在小变形下，有 $\boldsymbol{x} = \boldsymbol{x}(\boldsymbol{X},0) + \boldsymbol{u} = \boldsymbol{X} + \boldsymbol{u}$，其中 $\boldsymbol{u}$ 为位移张量，因此有 $\dfrac{\partial x_i}{\partial X_j} = \dfrac{\partial X_i}{\partial X_j} + \dfrac{\partial u_i}{\partial X_j} = \delta_{ij} + \dfrac{\partial u_i}{\partial X_j}$，从而有

$$|\boldsymbol{J}| = \left|\frac{\partial \boldsymbol{x}}{\partial \boldsymbol{X}}\right| = \left|\frac{\partial \boldsymbol{X}}{\partial \boldsymbol{X}}\right| + \left|\frac{\partial \boldsymbol{u}}{\partial \boldsymbol{X}}\right| = |\delta| + \left|\frac{\partial \boldsymbol{u}}{\partial \boldsymbol{X}}\right| = 1 + |\mathrm{div}\,\boldsymbol{u}| = 1 + \mathrm{div}\,\boldsymbol{u} \tag{2.1.26}$$

进而有

$$\rho_0 = \rho(1 + \mathrm{div}\,\boldsymbol{u}) \tag{2.1.27}$$

或

$$\rho = \rho_0(1 - \mathrm{div}\,\boldsymbol{u}) \tag{2.1.28}$$

该式被称为拉格朗日微分形式的连续性方程（continuity equation in Lagrangian differential form）。

2.1.3 质量守恒的一个推论

从质量守恒可以给出如下重要推论：

$$\frac{\mathrm{D}}{\mathrm{D}t}\int_V \rho \Psi \mathrm{d}V = \int_V \rho \frac{\mathrm{D}\Psi}{\mathrm{D}t}\mathrm{d}V \tag{2.1.29}$$

其中，函数 Ψ 可代表一个标量，也可代表一个矢量或者张量的一个分量。

简单证明如下。将积分体积元 $\mathrm{d}V$ 和密度 ρ 的乘积 $\rho\mathrm{d}V$ 看作质量元 $\mathrm{d}M$，并注意质量不随时间变化，因此有

$$\frac{\mathrm{D}}{\mathrm{D}t}\int_V \rho \Psi \mathrm{d}V = \frac{\mathrm{D}}{\mathrm{D}t}\int_M \Psi \mathrm{d}M = \int_M \frac{\mathrm{D}\Psi}{\mathrm{D}t}\mathrm{d}M = \int_V \rho \frac{\mathrm{D}\Psi}{\mathrm{D}t}\mathrm{d}V \tag{2.1.30}$$

2.2 动量守恒定律

设在某一时刻，体积为 V、密度为 ρ 的介质以速度场 $\boldsymbol{v}$ 运动，体积 V 的包面为 S，体积内单位质量的体力场为 $\boldsymbol{b}$，体积包面上单位面积的面力场（即应力场）为 $\boldsymbol{\sigma}$，面积元 $\mathrm{d}\boldsymbol{s}$ 的单位外法线方向矢量为 $\boldsymbol{n}$，则体积为 V、密度为 ρ 的介质的总动量（total momentum）为

$$\boldsymbol{M} = \int_V \rho \boldsymbol{v} \mathrm{d}V \tag{2.2.1}$$

而作用在该部分介质上的体力和面力之和为

$$\boldsymbol{f}=\int_V \rho \boldsymbol{b}\mathrm{d}V+\int_S \boldsymbol{n}\cdot\boldsymbol{\sigma}\mathrm{d}s \tag{2.2.2}$$

按照动量守恒的原理或根据牛顿第二定律，在惯性系内介质总的动量随时间的变化率等于作用在所考虑这部分介质上的合力，于是有

$$\frac{\mathrm{D}\boldsymbol{M}}{\mathrm{D}t}=\boldsymbol{f} \tag{2.2.3}$$

即

$$\frac{\mathrm{D}}{\mathrm{D}t}\int_V \rho \boldsymbol{v}\mathrm{d}V=\int_V \rho \boldsymbol{b}\mathrm{d}V+\int_S \boldsymbol{n}\cdot\boldsymbol{\sigma}\mathrm{d}\boldsymbol{s} \tag{2.2.4}$$

利用质量守恒的推论得

$$\int_V \rho\frac{\mathrm{D}\boldsymbol{v}}{\mathrm{D}t}\mathrm{d}V=\int_V \rho \boldsymbol{b}\mathrm{d}V+\int_S \boldsymbol{n}\cdot\boldsymbol{\sigma}\mathrm{d}\boldsymbol{s} \tag{2.2.5}$$

利用高斯定理，将面积分化成体积分得

$$\int_V \rho\frac{\mathrm{D}\boldsymbol{v}}{\mathrm{D}t}\mathrm{d}V=\int_V \rho \boldsymbol{b}\mathrm{d}V+\int_V \mathrm{div}\,\boldsymbol{\sigma}\mathrm{d}V \tag{2.2.6}$$

即

$$\int_V \rho\frac{\mathrm{D}\boldsymbol{v}}{\mathrm{D}t}\mathrm{d}V=\int_V (\rho\boldsymbol{b}+\mathrm{div}\,\boldsymbol{\sigma})\mathrm{d}V \tag{2.2.7}$$

或用张量分量的形式写成

$$\int_V \rho\frac{\mathrm{D}v_i}{\mathrm{D}t}\mathrm{d}V=\int_V \left(\frac{\partial\sigma_{ij}}{\partial x_j}+\rho b_i\right)\mathrm{d}V \tag{2.2.8}$$

这就是积分形式的动量守恒关系式。

由于积分体积 V 是任意的，所以有

$$\rho\frac{\mathrm{D}\boldsymbol{v}}{\mathrm{D}t}=\mathrm{div}\,\boldsymbol{\sigma}+\rho\boldsymbol{b} \tag{2.2.9}$$

或用张量分量的形式写成

$$\rho\frac{\mathrm{D}v_i}{\mathrm{D}t}=\frac{\partial\sigma_{ij}}{\partial x_j}+\rho b_i \tag{2.2.10}$$

这就是微分形式的动量守恒关系式，通常称为运动方程。

当没有惯性项时，就得到静力状态下的平衡方程：

$$\mathrm{div}\,\boldsymbol{\sigma}+\rho\boldsymbol{b}=\boldsymbol{0} \tag{2.2.11}$$

或用张量分量的形式写成

$$\frac{\partial\sigma_{ij}}{\partial x_j}+\rho b_i=0 \tag{2.2.12}$$

2.3　能量守恒定律

作为自然界的普遍规律之一的能量守恒定律，当然也适于连续介质力学，亦即连续介质

力学也应遵守能量守恒定律。然而能量的含义很广，哪些能量要考虑，哪些能量可以忽略，要看具体的情况。对应的能量守恒方程的形式也会根据具体情况的不同而有所不同。

2.3.1 只考虑机械力学过程的情况

如果只考虑机械力学的能量，即所研究的是“纯机械力学”的过程，则能量守恒定律表述为：介质的动能加内能随时间的变化率等于单位时间内外力所做的功，即功率。它可从介质的运动方程直接导出。

首先将运动方程两边点乘速度 $\boldsymbol{v}$，则有

$$\rho\boldsymbol{v}\cdot\frac{\mathrm{D}\boldsymbol{v}}{\mathrm{D}t}=\boldsymbol{v}\cdot\operatorname{div}\boldsymbol{\sigma}+\rho\boldsymbol{v}\cdot\boldsymbol{b} \tag{2.3.1}$$

用张量分量的形式表示为

$$\rho v_i\frac{\mathrm{D}v_i}{\mathrm{D}t}=v_i\frac{\partial\sigma_{ij}}{\partial x_j}+\rho b_iv_i \tag{2.3.2}$$

进一步可写为

$$\rho\frac{\mathrm{D}}{\mathrm{D}t}\left(\frac{v_iv_i}{2}\right)=\rho\frac{\mathrm{D}}{\mathrm{D}t}\left(\frac{\|\boldsymbol{v}\|^2}{2}\right)=v_i\frac{\partial\sigma_{ij}}{\partial x_j}+\rho b_iv_i \tag{2.3.3}$$

其中，$\|\boldsymbol{v}\|$为速度的模，即大小。可以看出，上式左边为介质单位体积的动能变化率。上式右边第一项可改写为

$$v_i\frac{\partial\sigma_{ji}}{\partial x_j}=\frac{\partial}{\partial x_j}(v_j\sigma_{ji})-\frac{\partial v_i}{\partial x_j}\sigma_{ji} \tag{2.3.4}$$

而其中的$\frac{\partial v_i}{\partial x_j}$又可描述为

$$\frac{\partial v_i}{\partial x_j}=\frac{1}{2}\left(\frac{\partial v_i}{\partial x_j}+\frac{\partial v_j}{\partial x_i}\right)+\frac{1}{2}\left(\frac{\partial v_i}{\partial x_j}-\frac{\partial v_j}{\partial x_i}\right)=\dot{\varepsilon}_{ij}+\dot{\omega}_{ij} \tag{2.3.5}$$

其中，$\dot{\varepsilon}_{ij}$为应变率张量，$\dot{\omega}_{ij}$为转速张量。将其代入上式有

$$v_i\frac{\partial\sigma_{ji}}{\partial x_j}=\frac{\partial}{\partial x_j}(v_j\sigma_{ji})-(\dot{\varepsilon}_{ij}+\dot{\omega}_{ij})\sigma_{ji} \tag{2.3.6}$$

由于 $\sigma_{ij}=\sigma_{ji}$是对称的张量，$\dot{\omega}_{ij}=-\dot{\omega}_{ji}$是反对称的张量，二者的内积为零，即 $\dot{\omega}_{ij}\sigma_{ij}=0$，所以有 $v_i\frac{\partial\sigma_{ji}}{\partial x_j}=\frac{\partial}{\partial x_j}(v_j\sigma_{ji})-\dot{\varepsilon}_{ij}\sigma_{ji}$，将其代回原式，可得

$$\rho\frac{\mathrm{D}}{\mathrm{D}t}\left(\frac{\|\boldsymbol{v}\|^2}{2}\right)=\frac{\partial}{\partial x_j}(v_j\sigma_{ji})-\dot{\varepsilon}_{ij}\sigma_{ij}+\rho b_iv_i \tag{2.3.7}$$

或写为

$$\rho\frac{\mathrm{D}}{\mathrm{D}t}\left(\frac{\|\boldsymbol{v}\|^2}{2}\right)=\operatorname{div}(\boldsymbol{v}\cdot\boldsymbol{\sigma})+\rho\boldsymbol{v}\cdot\boldsymbol{b}-\dot{\varepsilon}_{ij}\sigma_{ij} \tag{2.3.8}$$

将上式对所分析介质的体积 V 进行积分，得

$$\int_V\rho\frac{\mathrm{D}}{\mathrm{D}t}\left(\frac{\|\boldsymbol{v}\|^2}{2}\right)\mathrm{d}V=\int_V\operatorname{div}(\boldsymbol{v}\cdot\boldsymbol{\sigma})\mathrm{d}V+\int_V\rho\boldsymbol{v}\cdot\boldsymbol{b}\mathrm{d}V-\int_V\dot{\varepsilon}_{ij}\sigma_{ij}\mathrm{d}V \tag{2.3.9}$$

利用高斯定理将体积分化成面积分，并考虑体积与时间无关，上式可化为

$$\frac{\mathrm{D}}{\mathrm{D}t}\int_V \rho\left(\frac{\|\boldsymbol{v}\|^2}{2}\right)\mathrm{d}V = \int_S (\boldsymbol{v}\cdot\boldsymbol{\sigma})\cdot\boldsymbol{n}\mathrm{d}s + \int_V \rho\boldsymbol{v}\cdot\boldsymbol{b}\mathrm{d}V - \int_V \dot{\varepsilon}_{ij}\sigma_{ij}\mathrm{d}V \tag{2.3.10}$$

或

$$\frac{\mathrm{D}}{\mathrm{D}t}\int_V \rho\left(\frac{\|\boldsymbol{v}\|^2}{2}\right)\mathrm{d}V + \int_V \dot{\varepsilon}_{ij}\sigma_{ij}\mathrm{d}V = \int_S (\boldsymbol{v}\cdot\boldsymbol{\sigma})\cdot\boldsymbol{n}\mathrm{d}s + \int_V \rho\boldsymbol{v}\cdot\boldsymbol{b}\mathrm{d}V \tag{2.3.11}$$

上式左边第一项代表动能的变化率 $\dot{K}$，第二项代表因变形产生的应力应变内能的变化率 $\dot{U}$，而右边第一项为单位时间内外面力所做的功，第二项为单位时间内外体力所做的功，总称为单位时间内外力所做的功 $\dot{W}$，即有

$$\dot{K} + \dot{U} = \dot{W} \tag{2.3.12}$$

其中，

$$\dot{K} = \frac{\mathrm{D}}{\mathrm{D}t}\int_V \rho\left(\frac{\|\boldsymbol{v}\|^2}{2}\right)\mathrm{d}V \tag{2.3.13}$$

$$\dot{U} = \int_V \dot{\varepsilon}_{ij}\sigma_{ij}\mathrm{d}V \tag{2.3.14}$$

$$\dot{W} = \int_S (\boldsymbol{v}\cdot\boldsymbol{\sigma})\cdot\boldsymbol{n}\mathrm{d}s + \int_V \rho\boldsymbol{v}\cdot\boldsymbol{b}\mathrm{d}V \tag{2.3.15}$$

这就是纯机械力学过程的能量守恒方程。

2.3.2　热力学过程的情况

在非纯机械力学过程的条件下，不仅要考虑机械能，还要考虑非机械能。这时能量守恒定律应表述为：动能加内能随时间的变化率等于外力功率加上单位时间内供给介质（或从介质中放出）的所有其他能量之和。这里所讲的“其他能量”是指热能、化学能或电磁能等。

如果在这个过程中，只考虑机械能和热能，而不考虑其他能，则其能量守恒定律就是热力学第一定律，它是一种狭义的能量守恒形式，但应用很普遍。

设 $\boldsymbol{q}$ 为单位时间单位面积上的热流矢量（流出），也称作热流密度，则从包面流入介质的热量为 $-\int_S \boldsymbol{q}\cdot\boldsymbol{n}\mathrm{d}s$，设 h 为单位时间单位质量获得的辐射热量，则体积为 V 的介质单位时间获得的辐射热量为 $\int_V \rho h\mathrm{d}V$，从而得到介质单位时间所获得的总热量为

$$\dot{Q} = -\int_S \boldsymbol{q}\cdot\boldsymbol{n}\mathrm{d}s + \int_V \rho h\mathrm{d}V \tag{2.3.16}$$

此时的能量守恒方程应写为

$$\dot{K} + \dot{U} = \dot{W} + \dot{Q} \tag{2.3.17}$$

即

$$\frac{\mathrm{D}}{\mathrm{D}t}\int_V \rho\left(\frac{\|\boldsymbol{v}\|^2}{2}\right)\mathrm{d}V + \int_V \dot{\varepsilon}_{ij}\sigma_{ij}\mathrm{d}V = \int_S (\boldsymbol{v}\cdot\boldsymbol{\sigma})\cdot\boldsymbol{n}\mathrm{d}s + \int_V \rho\boldsymbol{v}\cdot\boldsymbol{b}\mathrm{d}V - \int_S \boldsymbol{q}\cdot\boldsymbol{n}\mathrm{d}s + \int_V \rho h\mathrm{d}V \tag{2.3.18}$$

或

$$\frac{\mathrm{D}}{\mathrm{D}t}\int_V \rho\left(\frac{\|\boldsymbol{v}\|^2}{2}\right)\mathrm{d}V + \int_V \dot{\varepsilon}_{ij}\sigma_{ij}\mathrm{d}V = \int_V \mathrm{div}(\boldsymbol{v}\cdot\boldsymbol{\sigma})\mathrm{d}V + \int_V \rho\boldsymbol{v}\cdot\boldsymbol{b}\mathrm{d}V - \int_V \mathrm{div}\,\boldsymbol{q}\mathrm{d}V + \int_V \rho h\mathrm{d}V \tag{2.3.19}$$

这就是热力学介质的积分形式的能量守恒方程。

考虑到体积的任意性，积分内的各量应满足如下关系：

$$\frac{\mathrm{D}}{\mathrm{D}t}\rho\left(\frac{\|\boldsymbol{v}\|^2}{2}\right) + \dot{\varepsilon}_{ij}\sigma_{ij} = \mathrm{div}(\boldsymbol{v}\cdot\boldsymbol{\sigma}) + \rho\boldsymbol{v}\cdot\boldsymbol{b} - \mathrm{div}\,\boldsymbol{q} + \rho h \tag{2.3.20}$$

这就是热力学介质的微分形式的能量守恒方程。

如果用 e 代表单位质量的内能（称为比内能），则有

$$\dot{U} = \frac{\mathrm{D}U}{\mathrm{D}t} = \frac{\mathrm{D}}{\mathrm{D}t}\int_V \rho e\mathrm{d}V = \int_V \rho\frac{\mathrm{D}e}{\mathrm{D}t}\mathrm{d}V = \int_V \rho\dot{e}\mathrm{d}V \tag{2.3.21}$$

对于纯机械力学的过程，有

$$\dot{U} = \int_V \rho\dot{e}\mathrm{d}V = \int_V \dot{\varepsilon}_{ij}\sigma_{ij}\mathrm{d}V \tag{2.3.22}$$

如果把热量也看作内能的一部分，则对于热力学过程的内能为

$$\int_V \rho\dot{e}\mathrm{d}V = \int_V \dot{\varepsilon}_{ij}\sigma_{ij}\mathrm{d}V - \int_V \mathrm{div}\,\boldsymbol{q}\mathrm{d}V + \int_V \rho h\mathrm{d}V \tag{2.3.23}$$

比内能为

$$\rho\dot{e} = \dot{\varepsilon}_{ij}\sigma_{ij} - \mathrm{div}\,\boldsymbol{q} + \rho h \tag{2.3.24}$$

其中的热流密度矢量 $\boldsymbol{q}$ 还可由傅里叶定律得到，即

$$\boldsymbol{q} = -\lambda\,\mathrm{grad}\,T \tag{2.3.25}$$

其中，T 为温度，λ 为热传导系数，从而可得比内能为

$$\rho\dot{e} = \dot{\varepsilon}_{ij}\sigma_{ij} + \lambda\,\mathrm{div}(\mathrm{grad}\,T) + \rho h \tag{2.3.26}$$

它说明内能随时间的变化率等于机械变形能的变化率加上单位时间供给介质的热量。

应该指出的是，对于纯机械的过程来说，能量守恒方程和动量守恒方程不是相互独立的。机械能守恒方程是可以由动量守恒方程推导得到的。因此，在分析这类问题时，不用同时考虑动量守恒和能量守恒关系。只有对于有非机械能的因素，才需要同时考虑动量守恒和能量守恒关系。

2.4 间断面理论

在连续介质力学分析中经常遇到一些间断面，如冲击波波阵面、不同介质的分界面等。间断面两侧的许多物理量都不再连续，而发生了间断或突变。虽然实际上所谓间断面是一个薄层区域，只是在此区域中物理量的变化比薄层之外的变化剧烈复杂得多，但鉴于该区域很窄，作为宏观处理，不考虑薄层内部的情况，只考虑穿过薄层的物理量的变化，把这个薄层视作物理量发生间断的一个曲面。若该曲面的方程为 $F(\boldsymbol{x},t) = F(x_1,x_2,x_3,t) = 0$，则

$$\mathrm{d}F = \frac{\partial F}{\partial t}\mathrm{d}t + \frac{\partial F}{\partial x_i}\mathrm{d}x_i = \frac{\partial F}{\partial t}\mathrm{d}t + \mathrm{grad}\,F\cdot\mathrm{d}x = 0 \tag{2.4.1}$$

2.4.1　间断面的移动速度

取 $\mathrm{d}r_n$ 为 $\mathrm{d}\boldsymbol{x}$ 在曲面法线方向（即梯度 grad F 的方向）的投影，则上式可化为

$$\mathrm{d}F = \frac{\partial F}{\partial t}\mathrm{d}t + |\mathrm{grad}\, F| \cdot \mathrm{d}r_n = 0 \tag{2.4.2}$$

从而有

$$\frac{\mathrm{d}r_n}{\mathrm{d}t} = -\frac{\dfrac{\partial F}{\partial t}}{|\mathrm{grad}\, F|} \tag{2.4.3}$$

这恰是曲面沿法线方向的运动速度，用 C_F 代表，即

$$C_F = \frac{\mathrm{d}r_n}{\mathrm{d}t} = -\frac{\dfrac{\partial F}{\partial t}}{|\mathrm{grad}\, F|} \tag{2.4.4}$$

如果介质以 $\boldsymbol{v}$ 的速度运动，则沿曲面 $F=0$ 法线方向的速度分量为 $v_n = \boldsymbol{v} \cdot \boldsymbol{n}$，其中 $\boldsymbol{n} = \dfrac{\mathrm{grad}\, F}{|\mathrm{grad}\, F|}$，为曲面法线方向的单位矢量，则曲面在介质中沿法线方向的相对速度为

$$C = C_F - v_n = -\frac{\dfrac{\partial F}{\partial t}}{|\mathrm{grad}\, F|} - \boldsymbol{v} \cdot \frac{\mathrm{grad}\, F}{|\mathrm{grad}\, F|} = -\frac{\dfrac{\partial F}{\partial t} + \boldsymbol{v} \cdot \mathrm{grad}\, F}{|\mathrm{grad}\, F|} = -\frac{\dfrac{\mathrm{d}F}{\mathrm{d}t}}{|\mathrm{grad} F|} \tag{2.4.5}$$

此即曲面 $F=0$ 在介质中的传播速度。如果这一曲面为波阵面，则该速度为波速。

2.4.2　可变区域上物理量随时间的变化率

在连续介质力学中，经常要求一个区域的变化规律（图 2－1），如质量的变化规律等，为此，下面讨论一般性的区域物理量变化规律。设 $V(t)$ 是可随时间变化的空间区域，其周界面为 $S(t)$，物理量 A 在区域 V 上的总量为 $\int_V A\mathrm{d}V$，其变化率 $\dfrac{\mathrm{d}}{\mathrm{d}t}\int_V A\mathrm{d}V$ 由两部分组成，一部分来源于物理量 A 的变化率，另一部分来源于区域体积的变化率。区域的变化率主要来源于周界面的移动速度，因此有

$$\frac{\mathrm{d}}{\mathrm{d}t}\int_V A\mathrm{d}V = \int_V \frac{\partial A}{\partial t}\mathrm{d}V + \int_S A\frac{\partial r_n}{\partial t}\mathrm{d}\boldsymbol{s} \tag{2.4.6}$$

即

$$\frac{\mathrm{d}}{\mathrm{d}t}\int_V A\mathrm{d}V = \int_V \frac{\partial A}{\partial t}\mathrm{d}V + \int_S AC_F\mathrm{d}\boldsymbol{s} \tag{2.4.7}$$

当周界面 $S(t)$ 为物质面时，$C_F = v_n$，则利用高斯积分定理可将上式的右边化为

$$\int_V \frac{\partial A}{\partial t}\mathrm{d}V + \int_S Av_n\mathrm{d}\boldsymbol{s} = \int_V \frac{\partial A}{\partial t}\mathrm{d}V + \int_S \boldsymbol{n} \cdot (A\boldsymbol{v})\mathrm{d}\boldsymbol{s} = \int_V \left[\frac{\partial A}{\partial t} + \mathrm{div}(A\boldsymbol{v})\right]\mathrm{d}V$$

从而有

$$\frac{\mathrm{d}}{\mathrm{d}t}\int_V A\mathrm{d}V = \int_V \left[\frac{\partial A}{\partial t} + \mathrm{div}(A\boldsymbol{v})\right]\mathrm{d}V \tag{2.4.8}$$

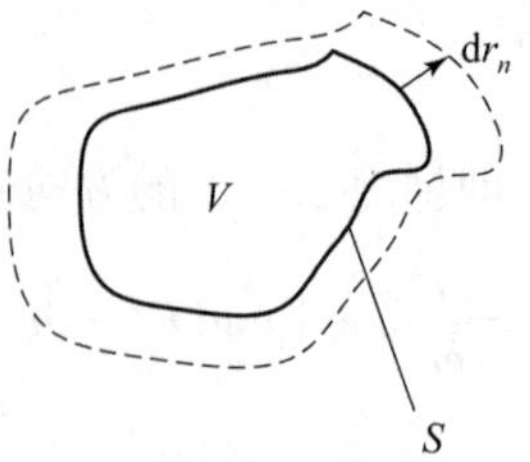

图 2-1　区域外表面变化示意

2.4.3　间断面两侧物理量的关系

为了方便分析，现把前述质量守恒、动量守恒和能量守恒方程写成统一的形式如下：

$$\frac{\mathrm{D}}{\mathrm{D}t}\int_V \rho\psi \mathrm{d}V = \int_V \rho G \mathrm{d}V + \int_S \boldsymbol{n} \cdot \boldsymbol{\varphi} \mathrm{d}s \tag{2.4.9}$$

当 $\psi=1$，$G=0$，$\boldsymbol{\varphi}=\boldsymbol{0}$ 时，上式就是质量守恒方程。当 $\boldsymbol{\psi}=\boldsymbol{v}$，$\boldsymbol{G}=\boldsymbol{b}$，$\boldsymbol{\varphi}=\boldsymbol{\sigma}$ 时，上式就是动量守恒方程。当 $\psi=\frac{1}{2}\|\boldsymbol{v}\|^2+e$，$G=\boldsymbol{b}\cdot\boldsymbol{v}+h$，$\boldsymbol{\varphi}=\boldsymbol{\sigma}\cdot\boldsymbol{v}-\boldsymbol{q}$ 时，上式就是能量守恒方程。

由于间断面很薄，两侧的物理量又发生阶跃变化，所以为了便于分析，通常把间断面两侧（或间断薄层的两个界面上）的物理量分别用下标“+”和“-”来标识，并且用 [ ] 表示两个界面上的物理量之差，即物理量穿过间断面的跳跃量，如对于物理量 φ，其跳跃量表示成 $[\varphi]=\varphi_+-\varphi_-$。

取间断面上的一小块体积，如图 2-2 所示，设外侧的表面积为 S_+，内侧的表面积为 S_-，两端的表面积为 S_0，$\boldsymbol{n}$ 为外侧面的单位法向量，间断面薄层的厚度为 δ，并在薄层内视各物理量为“连续”的，则由上述统一方程得

$$\frac{\mathrm{D}}{\mathrm{D}t}\int_V \rho\psi \mathrm{d}V = \int_V \rho G \mathrm{d}V + \oint_S \boldsymbol{n} \cdot \boldsymbol{\varphi} \mathrm{d}s \tag{2.4.10}$$

其中，V 是以表面 $S=S_0+S_++S_0+S_-$ 为边界的连续介质体积。

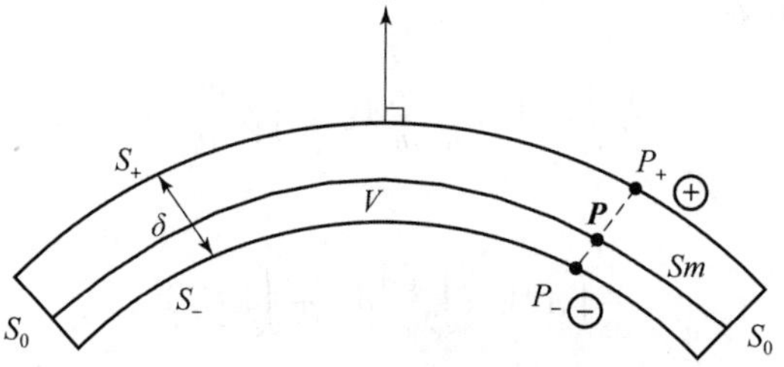

图 2-2　间断面微元示意图

考虑跟随波阵面（即跟随间断面薄层）的物理量 $\rho\psi$，并求它随波阵面的导数，该导数为

$$\frac{\mathrm{d}(\rho\psi)}{\mathrm{d}t} = \frac{\partial(\rho\psi)}{\partial t} + \mathrm{div}(\rho\psi C_F) \tag{2.4.11}$$

进行体积积分，利用高斯定理，并注意 C_F 已经为法线方向，得

$$\frac{\mathrm{d}}{\mathrm{d}t}\int_V(\rho\psi)\,\mathrm{d}V=\int_V\frac{\partial(\rho\psi)}{\partial t}\mathrm{d}V+\int_S\boldsymbol{n}\cdot(\rho\psi\boldsymbol{C}_F)\,\mathrm{d}s=\int_V\frac{\partial(\rho\psi)}{\partial t}\mathrm{d}V+\int_S\rho\psi C_F\mathrm{d}s \tag{2.4.12}$$

又由于

$$\frac{\mathrm{D}}{\mathrm{D}t}\int_V(\rho\psi)\,\mathrm{d}V=\int_V\frac{\partial(\rho\psi)}{\partial t}\mathrm{d}V+\int_S\boldsymbol{n}\cdot(\rho\psi\boldsymbol{v})\,\mathrm{d}s=\int_V\frac{\partial(\rho\psi)}{\partial t}\mathrm{d}V+\int_S\rho\psi v_n\mathrm{d}s \tag{2.4.13}$$

两式相减，得

$$\frac{\mathrm{d}}{\mathrm{d}t}\int_V(\rho\psi)\,\mathrm{d}V-\frac{\mathrm{D}}{\mathrm{D}t}\int_V(\rho\psi)\,\mathrm{d}V=\int_S\rho\psi(C_F-v_n)\,\mathrm{d}s \tag{2.4.14}$$

将守恒方程代入，得

$$\frac{\mathrm{d}}{\mathrm{d}t}\int_V(\rho\psi)\,\mathrm{d}V=\int_V\rho G\mathrm{d}V+\int_S(\rho\psi C+\boldsymbol{n}\cdot\boldsymbol{\varphi})\,\mathrm{d}s \tag{2.4.15}$$

即

$$\begin{aligned}\frac{\mathrm{d}}{\mathrm{d}t}\int_V(\rho\psi)\,\mathrm{d}V&=\int_V\rho G\mathrm{d}V+\int_S(\rho\psi C+\boldsymbol{n}\cdot\boldsymbol{\varphi})\,\mathrm{d}s\\&=\int_V\rho G\mathrm{d}V+\int_{S_+}(\rho\psi C+\boldsymbol{n}\cdot\boldsymbol{\varphi})\,\mathrm{d}s+\int_{S_-}(\rho\psi C+\boldsymbol{n}\cdot\boldsymbol{\varphi})\,\mathrm{d}s+\int_{S_0}(\rho\psi C+\boldsymbol{n}\cdot\boldsymbol{\varphi})\,\mathrm{d}s\end{aligned} \tag{2.4.16}$$

随着薄层厚度 δ 的减小，上式中的薄层体积和端面积都是 δ 的高阶小量，可以忽略，则得

$$\int_{S_+}(\rho\psi C+\boldsymbol{n}\cdot\boldsymbol{\varphi})\,\mathrm{d}s+\int_{S_-}(\rho\psi C+\boldsymbol{n}\cdot\boldsymbol{\varphi})\,\mathrm{d}s=0 \tag{2.4.17}$$

由于在 S_- 表面其方向与 $\boldsymbol{n}$ 相反，则有

$$\int_{S_+}(\rho\psi C+\boldsymbol{n}\cdot\boldsymbol{\varphi})\,|_{S_+}\mathrm{d}s-\int_{S_+}(\rho\psi C+\boldsymbol{n}\cdot\boldsymbol{\varphi})\,|_{S_-}\mathrm{d}s=0 \tag{2.4.18}$$

即

$$\int_{S_+}[\rho\psi C+\boldsymbol{n}\cdot\boldsymbol{\varphi}]\,\mathrm{d}s=0 \tag{2.4.19}$$

由 S_+ 的任意性，有

$$[\rho\psi C+\boldsymbol{n}\cdot\boldsymbol{\varphi}]=0 \tag{2.4.20}$$

当 $\psi=1$，$\boldsymbol{\varphi}=\boldsymbol{0}$ 时，得质量守恒方程为

$$[\rho C]=0 \tag{2.4.21}$$

当 $\psi=\boldsymbol{v}$，$\boldsymbol{\varphi}=\boldsymbol{\sigma}$ 时，得动量守恒方程为

$$[\rho C\boldsymbol{v}+\boldsymbol{n}\cdot\boldsymbol{\sigma}]=0 \tag{2.4.22}$$

当 $\psi=\frac{1}{2}\|\boldsymbol{v}\|^2+e$，$\boldsymbol{\varphi}=\boldsymbol{\sigma}\cdot\boldsymbol{v}-\boldsymbol{q}$ 时，得能量守恒方程为

$$\left[\rho C\left(\frac{1}{2}\|\boldsymbol{v}\|^2+e\right)\right]+\boldsymbol{n}\cdot[\boldsymbol{\sigma}\cdot\boldsymbol{v}-\boldsymbol{q}]=0 \tag{2.4.23}$$

以上各式就是间断面两侧各物理量应该满足的条件。

第 3 章

混凝土材料的本构特性及破坏准则

混凝土介质作为一种连续介质，其动力学基本方程已由前一章给出。它们分别是一个质量守恒方程（也称为连续性方程）、3 个动量守恒方程（也称为运动方程）和 1 个能量守恒方程，共计 5 个方程，而变量却有密度 $\boldsymbol{\rho}$、速度 $\boldsymbol{v}$、内能 e 和应力 $\boldsymbol{\sigma}$ 等共 11 个。对于热力学方程还要包括热流密度 $\boldsymbol{q}$ 等共计 14 个变量。显然，变量的个数远大于方程的个数，不能形成一个封闭的方程组，因此无法求解。为了对方程进行有效求解，需要补充一些方程。前面的 5 个基本方程对任何材料都是一样的，因此和材料无关。补充的方程是和具体的材料性质密切相关的。

当不考虑热力学过程时，需要补充 6 个方程。这 6 个方程可统称为材料的本构方程（或物理方程）。但对于固体，由于通常不考虑密度和温度的变化，主要考虑应力和应变之间的关系，人们通常直接称之为应力 - 应变关系；对于流体，由于涉及的主要是压力、密度和温度等的关系，因此人们通常称之为状态方程。

混凝土是由骨料（砂、卵石、碎石）、水泥、水按照一定配比经充分搅拌而制成的混合材料，其组成成分以及制备、凝固过程中的各种环境条件因素都对其强度和变形有不同程度的影响，因此混凝土比其他结构材料具有更复杂、更多变的力学性能。混凝土材料虽然通常被认为是固体，但在高速、高压作用下，它会呈现流体的特征。呈现固体特征时，涉及应力 - 应变关系，呈现流体特征时，涉及状态方程。因此，高速、高压作用下的混凝土的本构关系通常既涉及应力 - 应变关系，又涉及状态方程。

总体上看，混凝土材料具有如下几个特点：①脆性强，韧性差，弹性极限后主要是裂纹损伤；②抗压能力强，抗拉能力弱，拉压不对称；③高速动态作用时，应变率相关性强。

3.1 混凝土材料线弹性本构方程

最简单的应力应变关系就是弹性变形过程的广义胡克定律。其应力应变关系为

$$\sigma_{ij} = \lambda\Delta\delta_{ij} + 2\mu\varepsilon_{ij} \tag{3.1.1}$$

其中，λ 和 μ 是 Lamé 常数，$\Delta = \varepsilon_{kk}$ 是体积应变，$\delta_{ij} = \begin{cases}1, & i=j \\ 0, & i\neq j\end{cases}$ 是 Kronecker 函数。由于这里的应力张量 $\boldsymbol{\sigma}_{ij}$ 和应变张量 ε_{ij} 都是对称的，因此独立的方程正好是 6 个。但由于应变变量不是基本方程所有，所以虽然增加了 6 个方程，却又增加了 6 个应变变量。由于应变是和位移相关的，而位移又是和速度对应的，所以只要把应变 - 位移的关系（通常称为几何关系）

补充进来，方程数和变量数也是一致的，也可以构成封闭的方程组。

按照之前章节中对应变张量的分析，在小变形条件下，应变－位移关系为

$$\varepsilon_{ij}=\frac{1}{2}\left(\frac{\partial u_i}{\partial x_j}+\frac{\partial u_j}{\partial x_i}\right) \tag{3.1.2}$$

由于应变张量 ε_{ij}是对称的，所以独立的方程正好是6个。

对于混凝土材料的弹性变形，只要知道了边界条件，利用上述5个基本方程，6个应力－应变关系方程和6个几何方程就可以求解了。

当考虑热力学过程时，按照Fourier传热定律，可将热流密度矢量表示成温度（绝对温度）的梯度线性关系，即

$$\boldsymbol{q}=-k\,\mathrm{grad}\,T \tag{3.1.3}$$

其中，T为绝对温度，$k>0$为热传导系数。将其代入基本方程的能量守恒方程，其方程中原有热流密度矢量的3个分量变量缩减成温度标量T一个变量。基本方程中的总变量数变为12个，相对不考虑热力学过程的情况增加了1个，还需要再补充1个方程。这个方程需要用状态方程来补充。

3.2　混凝土的理想流体本构方程

若把混凝土视为理想流体，则根据理想流体的性质，忽略了剪力，且正应力中只有压力一个变量。其应力张量的表达式可写为

$$\boldsymbol{\sigma}=-p\boldsymbol{I} \tag{3.2.1}$$

或

$$\sigma_{ij}=-p\delta_{ij} \tag{3.2.2}$$

其中，p为压力（标量），$\boldsymbol{I}$为二阶单位张量。这样一来，原基本方程中应力二阶张量中的6个变量就缩减为压力标量一个变量。变量数一下减少了5个。即使考虑热力学过程，其变量总数也只有7个。这时的方程数为5个（1个质量守恒方程、3个动量守恒方程、1个能量守恒方程），还要再补充2个方程才可以求解。这2个方程分别是联系压力p、密度ρ和温度T的状态方程：

$$p=p(\rho,T) \tag{3.2.3}$$

和联系内能e、密度ρ和温度T的状态方程：

$$e=e(\rho,T) \tag{3.2.4}$$

3.2.1　混凝土材料的不可压缩流体本构方程

对于上述理想流体来说，也有两种特殊的情况，分别是等容情况和绝热情况。等容情况是指介质不可压缩的情况。对应的状态方程是$\rho=$常数，即密度不变，为常数。此时质量守恒方程变为只联系速度的连续性方程$\mathrm{div}\,\boldsymbol{v}=0$，此时抛开能量守恒关系，对应3个速度变量和1个压力变量已经有了3个动量方程和1个连续性方程，构成了封闭的方程组。

3.2.2 可压缩混凝土绝热流体本构方程

绝热情况是指没有热量交换的情况。对于可压缩混凝土绝热流体来说，若找到压力－密度关系：$p=p(\rho)$，则该方程加上3个动量方程和1个连续性方程共计5个方程，针对3个速度变量、1个压力变量和1个密度变量共计5个变量，也是可以求解的。典型的压力－密度关系是

$$p=K_1\bar{\mu}+K_2\bar{\mu}^2+K_3\bar{\mu}^3 \tag{3.2.5}$$

其中，$\bar{\mu}=\dfrac{\mu-\mu_{\text{lock}}}{1+\mu_{\text{lock}}}$为修正的体积应变，而$\mu=\dfrac{\rho}{\rho_0}-1$为标准体积应变，$\mu_{\text{lock}}=\dfrac{\rho_g}{\rho_0}-1$为压实体积应变，且$\rho_0$为初始密度，$\rho_g$为颗粒密度，即材料完全没有空气间隙时的密度，$\rho$为当前密度。

当材料进入塑性状态时，若变形仍是小变形，则几何关系不变，但应力－应变关系需换成塑性阶段的非线性应力－应变关系，当忽略弹性变形时，其应变增量与应力偏量成正比，关系式（流动方程）为

$$\mathrm{d}\varepsilon_{ij}=\mathrm{d}\lambda S_{ij} \tag{3.2.6}$$

其中，S_{ij}为应力偏量，λ为比例因子。为了确定比例因子，还需要引入屈服面方程。由于塑性变形比较复杂，加载、卸载情况不一样，体积变形与形状变形又不服从同一种规律，所以一般性的通用表达式很难给出，都是针对实际问题的具体情况来分析的。这里不再赘述。

混凝土材料与一般的金属材料不同，其韧性很差，脆性很强。韧性差意味着混凝土材料基本上不经历塑性变形。从单轴的拉压变形曲线可以看出，金属材料达到弹性极限时进入塑性阶段，虽然承载能力减弱，但还是有一定承载能力的，特别是对于硬化性材料，变形加大时需要的载荷也需要加大，但材料不会断。特别是对于多维应力作用的情况，在应力空间中存在一个屈服面。混凝土材料的情况却不是这样，当达到弹性极限时，特别是在拉伸情况下，持续很短时间就断了，失去了承载能力。持续的过程不是屈服的过程，而主要是裂纹的扩展过程，没有明显的延韧性。混凝土材料在压缩时达到弹性极限后，也有裂纹并扩展，但持续的时间比拉伸时长一些。从承载能力上看，其并不是立刻失去承载能力。这种情况对于一个结构来说，表现得更加明显。结构中局部达到抗压极限，只是局部产生裂纹，局部裂纹只能导致部分承载能力消失。这种局部裂纹导致的部分承载能力缺失的分析借助的是损伤力学的理论和方法。

绝热过程更多地反映在冲击的短时过程中。冲击过程中的瞬时压力很高，混凝土材料呈流体特征，应力中主要考虑压力的作用。对应的基本方程有1个质量守恒方程，1个动量守恒方程和1个能量守恒方程，再加上1个联系压力和密度的状态方程，一共有4个方程，但涉及的变量包括介质密度$\rho\left(\text{或比容 }V=\dfrac{1}{\rho}\right)$、粒子速度$v$、压力$p$、波速$c$和内能$e$等5个，还不能构成封闭的方程组。为了形成一个封闭的方程组，并进行有效求解，还需要补充1个方程。该补充的方程可以是联系压力和比容的$p-V$曲线方程，也可以是联系压力和粒子速度的$p-v$曲线方程，或者是联系波速和粒子速度的$c-v$曲线方程。这些方程也属于状态方

程的范畴，但通常称其为 Hugoniot 曲线方程。由于这些曲线针对的是冲击绝热情况，所以通常也称其为冲击绝热曲线。冲击绝热曲线一般要通过试验的方法确定。

3.3　混凝土材料单轴拉压应力 - 应变关系

通过混凝土单轴受压和受拉的试验可以看出（图 3 - 1），其应力 - 应变曲线都有一个线性或准线性的上升段和达到峰值之后的下降段，但受压和受拉的曲线是不对称的（这里指的是反对称）。受压曲线的峰值远高于受拉曲线的峰值。受拉曲线的衰减比受压曲线的衰减快很多。

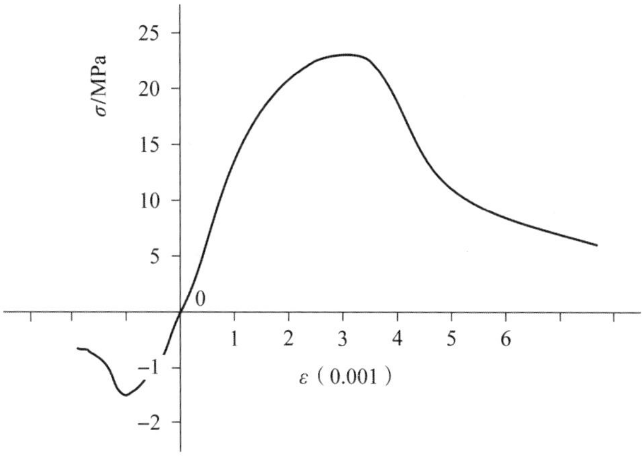

图 3 - 1　混凝土拉压应力 - 应变全曲线

设混凝土试件压应力峰值为 σ_{pr}，对应的应变为 ε_{pr}。通过试验知道，混凝土试件受压时，在上升段经历 3 个过程，当应力小于抗压强度 σ_{pr} 的 40% 时（即 $\delta \leqslant 0.4\sigma_{pr}$），泊松比约为 0.2，体应变为负值，线性度很好，这是第一个过程。随着应力的增大，曲线的斜率逐渐减小，泊松比逐渐加大，体积应变虽继续减小，但变化减缓，直至线泊松比为 0.5 时，混凝土的体积压缩变形达到极限，体积不再继续减小，但在试件表面尚无肉眼可见的宏观裂缝，这是第二个过程，此时的应力约为 $(0.88 \sim 0.98)\sigma_{pr}$，应变约为 $(0.65 \sim 0.86)\varepsilon_{pr}$。随后进入第三个过程，此时随着载荷的增加，混凝土内部的非稳定裂缝开始发展，纵向应变很快增加，体积应变开始恢复，应力很快增加至最大值 σ_{pr}。应变继续增大时，应力减小，曲线转入下降段，在曲线上形成一个尖峰。应力 - 应变曲线进入下降段不久，试件表面开始出现可见裂缝，体积应变为零。继续试验，试件应变不断增大，表面上相继形成多条不连续的纵向裂缝，体积应变加速增长，残余承载力下降较快。众多裂缝破坏了粗骨料和水泥砂浆的黏结作用，削弱了混凝土的抗剪能力，在相邻纵向裂缝间形成斜向裂缝。再增大应变，斜向裂缝发展迅速，以致贯穿整个截面，形成主斜向裂缝。此时混凝土的应变约为 $\varepsilon = (2 \sim 3)\varepsilon_{pr}$，残余强度为 $(0.4 \sim 0.6)\sigma_{pr}$。试件的应变继续增大，主斜向裂缝在正应力和剪应力的作用下不断发展加宽，形成破裂带。当应变达到 $\varepsilon = 6\varepsilon_{pr}$ 时，残余强度为 $(0.1 \sim 0.4)\sigma_{pr}$，在更大的应变下，残余强度仍未完全丧失。

混凝土的受压应力－应变曲线，特别是下降段部分，与内部裂缝的发展过程密切相关。试件的局部缺陷，如初始微裂纹和气隙、粗骨料的排列和表面黏结情况等随机因素都会影响裂缝的发展过程，因此下降段曲线有一定的离散度。有些试件的曲线进入下降段后，在形成主斜向裂缝之前，混凝土会发生几次较大的局部劈裂，使曲线出现相应的台阶，但曲线的总体形状不会有大的变化。

与受压应力－应变曲线相比，受拉应力－应变曲线也是单峰的光滑曲线，只是受拉应力－应变曲线更为陡峭，峰值要小一个量级。试件开始受拉后，直到最大应力的40%～60%之前，混凝土的应力和应变都按比例增大，此为线弹性阶段。之后混凝土出现非线性变形，曲线呈微凸状，斜率逐渐减小。当试件应变达到 70×10^{-6}～120×10^{-6}时，应力达到最大拉应力，即抗拉强度 σ_t。随后，试件的承载力骤降，形成一个明显的尖峰。在应力－应变曲线的下降段可以用肉眼观察到试件表面的横向裂缝。此后，试件表面裂缝沿横向迅速延伸、扩展，承载力继续下降，但曲线渐趋平缓。由于混凝土内部粗骨料的随机分布和不规则气孔、初始微裂纹的存在，试件各截面的实际承载力会有差别，裂缝总是首先出现在薄弱截面的最薄弱部位。随着试件变形的增大，裂缝的两端沿截面周边延伸，裂缝加宽，截面上的开裂面积不断扩展。有些试件又会在其他侧面出现新的裂缝，截面上形成另一块开裂面积，并逐渐扩大。因此，受拉试件开裂后，截面上实际受力的有效面积不断缩减，承载力降低。当表面裂缝沿截面周边贯通时，裂缝的最大宽度为0.1～0.3 mm，但截面中央残留的未开裂面积和开裂面积内的骨料咬合作用使材料仍能继续承载。最后，裂缝横穿整个截面，试件断裂为两段。试件的断口凹凸不平，但轮廓清楚。断口的大部分面积是粗骨料的界面黏结破坏，小部分面积是骨料间的水泥砂浆被拉断。

3.4 混凝土材料特性的应变率相关性

试验表明，混凝土材料的性质不仅与材料本身有关，还与加载的速度有关。

当以不同应变率或不同加载速率进行混凝土的动态抗压试验时，发现混凝土材料的抗压强度随加载速度的增加而增加。一般来讲，当应变率小于某个值时，抗压强度虽然也是动态的，但与静态抗压强度相比，动态抗压强度基本没有提高，只有当应变率超过此值后，动态抗压强度才有明显的增加。这种效应一般用相对强度与应变率的关系描述。如 Mikkola 和 Sinisalo 在 1982 年得到的动态抗压强度 σ_{cd} 与应变率的关系为

$$\sigma_{cd}/\sigma_{cs}=1.6+0.104\ln\dot{\varepsilon}+0.0045(\ln\dot{\varepsilon})^2 \tag{3.4.1}$$

其中，σ_{cs} 为混凝土静态抗压强度。Dilger 等人在 1984 年通过动态抗压试验得到的动态抗压强度 σ_{cd} 与应变率 $\dot{\varepsilon}$ 的关系式为

$$\sigma_{cd}/\sigma_{cs}=\begin{cases}1.14+0.031\log\dot{\varepsilon},\dot{\varepsilon}<1.6\times10^{-5}\ \text{s}^{-1}\\1.38+0.081\log\dot{\varepsilon},\dot{\varepsilon}\geqslant1.6\times10^{-5}\ \text{s}^{-1}\end{cases} \tag{3.4.2}$$

1986 年，Soroushian 等人在总结前人试验结果的基础上所提出的改进的动态抗压强度 σ_{cd} 与应变率 $\dot{\varepsilon}$ 的关系式为

$$\sigma_{cd}/\sigma_{cs}=1.48+0.16\log\dot{\varepsilon}+0.0127(\log\dot{\varepsilon})^2 \tag{3.4.3}$$

1994 年，Williams 在广泛搜集前人试验结果的基础上，应用幂定律回归的方法得出的动态抗压强度 σ_{cd}与应变率 $\dot{\varepsilon}$ 的关系式为

$$\sigma_{cd}/\sigma_{cs}=1.563\dot{\varepsilon}^{0.059},\dot{\varepsilon}\geqslant 5\times10^{-4}s^{-1} \tag{3.4.4}$$

以上所述关系式都是利用单向加载试验结果得到的。但是，在实际应用中，人们更关心多向加载的情况，由于试验设施以及试验结果的复杂性，对多向加载的研究较少。1985—1986 年，Gran 等人应用爆炸方法对中等强度（$\sigma_{cs}=41$ MPa）的混凝土进行了三向抗压试验，应变率 $\dot{\varepsilon}$ 为 1 ~ 40 s^{-1}，尽管数据的散布比较大，但其平均值显示出动态抗压强度 σ_{cd}随应变率 $\dot{\varepsilon}$ 的增强而增加的趋势。1989 年，Gran 等人又用爆炸气体加载的方法对高强度混凝土进行了三向动态试验，混凝土 $\sigma_{cs}=100$ MPa，应变率为 0.5 ~ 10 s^{-1}。试验结果表明，只有当应变率大于 0.5 s^{-1}时，混凝土材料才显示出应变率效应；当应变率为 6 s^{-1}时，动态抗压强度 σ_{cd}比静态时（$\dot{\varepsilon}=10^{-4}$ s^{-1}）提高了 100%。

与混凝土动态抗压试验相比，混凝土动态抗拉试验较少。Kormeling 利用重力驱动的霍普金森压杆 SHPB（Split Hopkinson Pressure Bar）进行了混凝土动态抗拉试验，当应变率为 0.75 s^{-1}时，动态抗拉强度是静态时的 2 倍多。Komlos 观察到在较低加载率（<0.1 MPa/s）时，动态抗拉强度 σ_{td}对应变率的敏感性比动态抗压强度高。Weerheijm 等人在 SHPB 系统上进行了切口试样的动态抗拉试验，在加载率为 10 GPa/s 时，动态抗拉强度 σ_{td}与静态抗拉强度 σ_{ts}的比等于 2，当加载率为 200 GPa/s 时等于 4。Ross 等人应用 SHPB 系统对不同强度的混凝土同时进行了动态抗拉、抗压试验，混凝土试样的静态抗压强度 σ_{cs}分别为 43.5 MPa、48.3 MPa、57.1 MPa。试验结果表明，当应变率 $\dot{\varepsilon}$ 为 6 s^{-1}时，动态抗拉强度是静态时的 2.6 倍，当应变率 $\dot{\varepsilon}$ 范围为 10 ~ 100 s^{-1}时，动态抗拉强度 σ_{td}的提高量是动态抗压强度 σ_{cd}提高量的 2 倍。混凝土动态抗拉强度比动态抗压强度对应变率的敏感度高。Tedesco 和 Ross 通过试验研究得到 σ_{td}与 $\dot{\varepsilon}$ 的关系式为

$$\begin{cases}\sigma_{td}/\sigma_{ts}=0.1425\log\dot{\varepsilon}+1.833\geqslant 1.0,\dot{\varepsilon}\leqslant 2.32\ s^{-1}\\ \sigma_{td}/\sigma_{ts}=2.929\log\dot{\varepsilon}+0.814\leqslant 6.0,\dot{\varepsilon}>2.32\ s^{-1}\end{cases} \tag{3.4.5}$$

其中，σ_{ts}是与参考应变率 $\dot{\varepsilon}=1.0\times10^{-7}$ s^{-1}对应的抗拉强度。

3.5 混凝土材料侵彻时的一般本构方程

从混凝土的单轴拉压曲线可以看出，在拉压的弹性段，一般可近似地将其看成线弹性的。这个阶段的本构方程完全可以用上述线弹性应力 - 应变关系（即胡克定律）描述，只是要将其中的材料参数换成混凝土的材料参数。若把混凝土视为理想流体，则可使用上述理想流体的状态方程。对于一般的混凝土侵彻问题，混凝土介质的变形不是处于变形曲线的弹性段和上升段，而是处于变形曲线的下降段，此时的承载能力是随着变形的加大而下降的。与此同时，在冲击速度不是特别高的时候，材料仍有剪力的作用和不平衡应力（应力偏量）的作用，还不能把它看作理想流体。因此，不能简单地应用理想流体的模型。针对这种情

况，可以仿照韧性材料的塑性变形来建立相应的本构关系。

首先，将应力 σ_{ij} 分解为体应力（即静水压力）p（以压应力为正）和应力偏量 S_{ij}：

$$\sigma_{ij} = -p\delta_{ij} + S_{ij} \tag{3.5.1}$$

类似韧性材料的塑性，体应力主要决定材料的体应变，因此它和材料密度有关，即

$$p = p(\rho) \tag{3.5.2}$$

确定这种关系的是状态方程。而应力偏量主要决定材料的形变（畸变）。应变增量与应力偏量之间存在比例关系：

$$\mathrm{d}\varepsilon_{ij} = \mathrm{d}\lambda S_{ij} \tag{3.5.3}$$

其中，S_{ij} 为应力偏量，λ 为比例因子。类似塑性，受挤压的混凝土材料在挤压流动中也有一个屈服极限。设屈服极限为 Y_0，则按照 Von Mises 屈服准则，由应力偏量的第二不变量可以确定等效应力为 $\sigma_{eq} = \left(\frac{3}{2}S_{ij}S_{ij}\right)^{\frac{1}{2}}$，它应不大于屈服极限 Y_0，其应力空间的屈服面方程为

$$\sigma_{eq} = Y_0 \tag{3.5.4}$$

在混凝土单轴受压变形曲线的下降段，承载能力不断下降，这主要是因为抗剪能力下降，而抗剪能力下降主要是因为混凝土材料实际上已经发生了局部损伤。这种局部损伤的影响通常用损伤因子 D 来反映。$D=0$ 代表无损伤，$D=1$ 代表完全损伤而失去了承载能力。假如 $\mathrm{d}\varepsilon_{ij}$ 是实际真实的应变增量，那么由 $\mathrm{d}\varepsilon_{ij} = \mathrm{d}\lambda S_{ij}$ 得到的就是无损伤时的偏应力，而有损伤之后的偏应力与应变增量之间的关系（挤压剪切流动方程）就应该写成

$$(1-D)\,\mathrm{d}\varepsilon_{ij} = \mathrm{d}\lambda S_{ij} \tag{3.5.5}$$

损伤因子可按照损伤力学的方法确定。

这样一来，对于混凝土侵彻挤压时的动态问题来说，若用变形关系中的速度代替应变率，则已有的方程为 1 个质量守恒方程（也称为连续性方程）、3 个动量守恒方程（也称为运动方程）、1 个能量守恒方程、6 个应力分解方程、1 个状态方程、6 个挤压剪切流动方程和 1 个屈服方程，一共 19 个方程；对应的变量为 1 个密度 ρ、3 个速度 v、1 个内能 e、6 个应力 σ、6 个偏应力 S_{ij}、1 个压力 p 和 1 个比例因子 λ，共 19 个变量，构成了封闭的方程组。

可以看出，针对混凝土侵彻挤压时的动态问题，如果把应力分解方程和挤压流动方程也视为基本动力学方程的一部分，那么要构成封闭的方程组只需要补充 2 个本构方程，它们分别是描述压力与密度关系的状态方程和描述屈服条件的屈服方程。

当前，在数值计算中常用的具有代表性的本构模型是 H－J－C 模型。它是 Holmquist 等人于 1993 年首次在第十四届国际弹道会议上提出的基于大应变、高应变率和高压等动力条件的混凝土本构模型。该模型给出的状态方程是分段的状态方程。状态方程分为 3 个区域，分别是线弹性区、塑性过渡区和完全密实材料区（图 3－2）。

在线弹性区，$p \leqslant p_{\text{crush}}$ 或 $\mu \leqslant \mu_{\text{crush}}$。其中，$p_{\text{crush}}$ 和 μ_{crush} 分别为压碎应力和压碎时的体积应变。线弹性区加载或卸载的状态方程为

$$p = K_e\mu \tag{3.5.6}$$

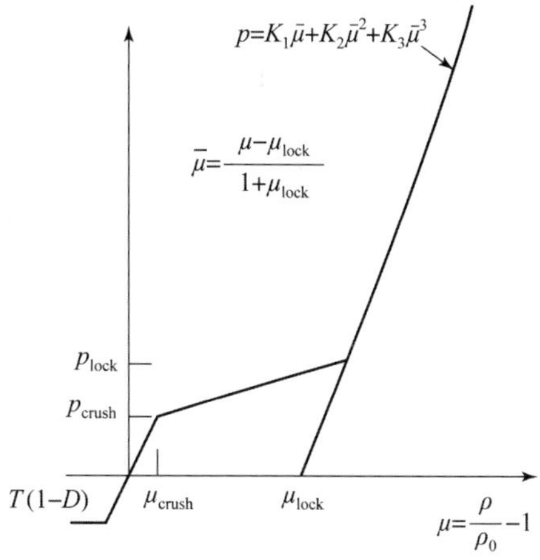

图 3－2　H－J－C 模型的状态方程

其中，K_e 为混凝土的弹性体积模量，$K_e=\frac{p_{crush}}{\mu_{crush}}$，$\mu=\frac{\rho}{\rho_0}-1$ 为标准体积应变，ρ 为当前密度，ρ_0 为初始密度。

在塑性过渡区，$p_{crush}<p\leqslant p_{lock}$ 或 $\mu_{crush}<\mu\leqslant\mu_{lock}$。在这个区域内，混凝土内的空洞逐渐被压缩从而产生塑性变形，该区加载的状态方程为

$$p=p_{crush}+\frac{(p_{lock}-p_{crush})(\mu-\mu_{crush})}{(\mu_{lock}-\mu_{crush})}\tag{3.5.7}$$

其中，p_{lock} 为压实压力，μ_{lock} 为 p_{lock} 处的体积应变。

卸载的状态方程为

$$p-p_{max}=[(1-F)K_e+FK_1](\mu-\mu_{max})\tag{3.5.8}$$

其中，插值算子 $F=\frac{(\mu_{max}-\mu_{crush})}{(\mu_{lock}-\mu_{crush})}$；$K_1$ 为塑性体积模量，是一个常数；p_{max}，μ_{max} 分别为卸载前达到的最大体积应变和最大压力。

在完全密实材料区，$p>p_{lock}$，混凝土材料满足凝聚态材料的 Hugoniot 关系，该区加载的状态方程为

$$p=K_1\bar{\mu}+K_2\bar{\mu}^2+K_3\bar{\mu}^3\tag{3.5.9}$$

其中，$\bar{\mu}=\frac{\mu-\mu_{lock}}{1+\mu_{lock}}$ 为修正的体积应变；$\mu_{lock}=\frac{\rho_g}{\rho_0}-1$ 为压实体积应变（ρ_g 为颗粒密度，即材料完全没有空气间隙时的密度，ρ_0 为初始密度）；K_1，K_2，K_3 为压实的混凝土材料常数。

卸载的状态方程为

$$p-p_{max}=K_1(\bar{\mu}-\bar{\mu}_{max})\tag{3.5.10}$$

其中，$\bar{\mu}_{max}=\frac{\mu_{max}-\mu_{lock}}{1+\mu_{lock}}$。

抗拉极限压力为 $-T(1-D)$，当 $p\leqslant-T(1-D)$ 时，取 $p=-T(1-D)$，T 为混凝土最大拉伸强度。该模型给出的屈服方程为

$$\sigma^{*} = [A(1-D) + Bp^{*N}](1 + C\ln\dot{\varepsilon}^{*}) \tag{3.5.11}$$

其中，A 为归一化的黏聚强度；D 为损伤因子（$0 \leqslant D \leqslant 1$）；$B$ 为归一化的压力硬化系数；N 为压力硬化指数；C 为应变率系数；$\sigma^{*} = \sigma/\sigma_c$ 为归一化等效应力（σ 为真实应力，σ_c 为准静态单轴抗压强度），$\sigma^{*} \leqslant S_{\max}$，$S_{\max}$ 为归一化的最大强度；$p^{*} = p/\sigma_c$，为归一化压力（p 为实际压力）；$\dot{\varepsilon}^{*} = \dot{\varepsilon}/\dot{\varepsilon}_0$ 为无量纲应变率，$\dot{\varepsilon}$ 为真实应变率，$\dot{\varepsilon}_0 = 1.0s^{-1}$ 为参考应变率。

H－J－C 强度模型如图 3－3 所示，H－J－C 累积损伤破碎模型如图 3－4 所示。

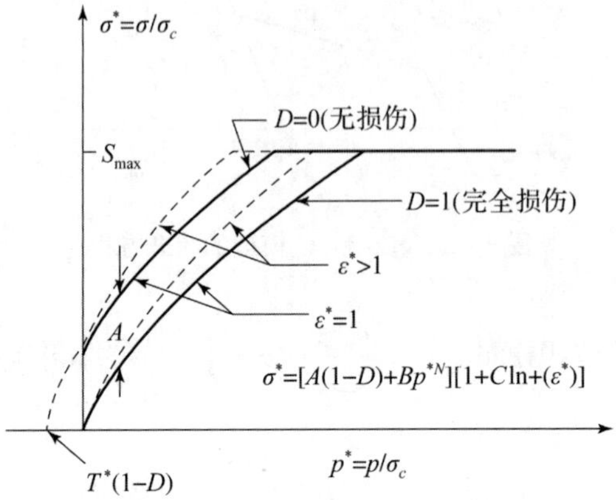

图 3－3　H－J－C 强度模型

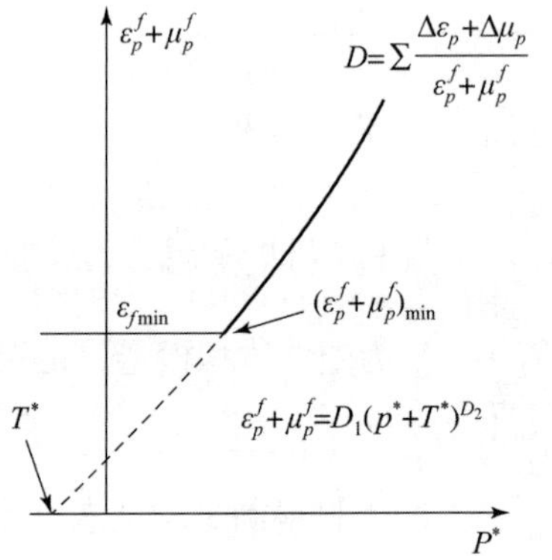

图 3－4　H－J－C 累积损伤破碎模型

其中的损伤因子是按累积损伤来分析的。其损伤因子为

$$D = \sum \frac{\Delta\varepsilon_p + \Delta\mu_p}{\varepsilon_p^f + \mu_p^f} \tag{3.5.12}$$

其中，$\Delta\varepsilon_p$ 和 $\Delta\mu_p$ 分别是等效塑性应变增量和塑性体积应变增量；$\varepsilon_p^f + \mu_p^f$ 是在压力 p 作用下的断裂塑性应变和塑性体积应变，其表达式为

$$\varepsilon_p^f + \mu_p^f = D_1\,(p^{*} + T^{*})^{D_2} \tag{3.5.13}$$

其中，D_1 和 D_2 为损伤常数；$T^{*} = T/f_c$，T 为混凝土材料的最大拉伸强度。可以看出，当 $p^{*} = -T^{*}$ 时，混凝土材料不能承受任何塑性应变，为了允许混凝土断裂时有小的塑性应变发生，需定义混凝土的最小断裂应变 $\varepsilon_{f\min}$，$\varepsilon_p^f + \mu_p^f \geqslant \varepsilon_{f\min}$。

3.6　混凝土的破坏准则

一般金属材料传统的屈服准则主要是 Mises 准则和 Tresca 准则。由于传统金属材料的塑性屈服主要是应力偏量或剪应力引起的，体积应力（或球应力或平均应力）不引起塑性变形，所以在 Mises 准则和 Tresca 准则中都没有考虑球应力的作用。

Mises 准则表示为

$$\bar{\sigma} = \sqrt{3J_2} = \sigma_s \tag{3.6.1}$$

其中，$\bar{\sigma} = \frac{1}{\sqrt{2}}\sqrt{(\sigma_1 - \sigma_2)^2 + (\sigma_2 - \sigma_3)^2 + (\sigma_3 - \sigma_1)^2}$为等效应力，且 $\sigma_1 > \sigma_2 > \sigma_3$ 为主应力；$J_2 = \frac{1}{2}S_{ij}S_{ij}$为应力偏量的第二不变量，且 S_{ij}为应力偏量；σ_s为屈服极限正应力。

Tresca 准则表示为

$$\tau_{\max} = \frac{\sigma_1 - \sigma_3}{2} = K \tag{3.6.2}$$

其中，$K = \frac{\sigma_s}{2}$为屈服极限剪应力。

若引入罗代（Lord）应力参数：

$$\mu_\sigma = \frac{(\sigma_2 - \sigma_3) - (\sigma_1 - \sigma_2)}{\sigma_1 - \sigma_3} = \frac{\sigma_2 - \frac{\sigma_1 + \sigma_3}{2}}{\frac{\sigma_1 - \sigma_3}{2}} \tag{3.6.3}$$

则可将 Mises 准则表示为

$$\sigma_1 - \sigma_3 = \beta K \tag{3.6.4}$$

其中，$\beta = \frac{2}{\sqrt{3 + \mu_\sigma^2}}$，由于$\mu_\sigma$ 在 -1 和 1 之间取值，所以β 在 1 和$\frac{2}{\sqrt{3}}$ 之间取值。

可以看出，这种形式和 Tresca 准则的形式是类似的，只是 Tresca 准则中的$\beta = 2$，即

$$\sigma_1 - \sigma_3 = 2K \tag{3.6.5}$$

由于 Tresca 准则中不包含球应力张量的因素，所以可将其推广成广义的 Tresca 准则

$$(\sigma_1 - \sigma_3) + aI_1 = 2K \tag{3.6.6}$$

其中，$I_1 = \sigma_{kk}$为应力偏量的第一不变量（即球应力张量），a 为系数。

1. Mohl - Coulomb 准则

混凝土材料与金属材料不同，对于混凝土材料，强度主要来源于材料的凝聚力（也称为黏聚力），同时也和球应力张量密切相关，因此传统的塑性屈服准则不能简单直接使用。为了计入球应力（压力）的影响，在土力学中常用的准则是 Mohl - Coulomb 准则，该准则的形式为

$$\tau_f = c + \sigma_f \tan\varphi \tag{3.6.7}$$

其中，τ_f 为破坏面上的剪应力，σ_f 为破坏面上的法向应力，φ 为内摩擦角，c 为凝聚力。用

主应力可表示为

$$\frac{\sigma_1-\sigma_3}{2}=c\cos\varphi+\frac{\sigma_1+\sigma_3}{2}\sin\varphi \tag{3.6.8}$$

若引入罗代角 $\theta_\sigma=\arctan\frac{\mu_\sigma}{\sqrt{3}}=\arctan\frac{2\sigma_2-\sigma_1-\sigma_3}{\sqrt{3}(\sigma_1-\sigma_3)}$，则上式可化为

$$\frac{1}{3}I_1\sin\varphi+\left(\cos\theta_\sigma-\frac{1}{\sqrt{3}}\sin\theta_\sigma\sin\varphi\right)\sqrt{J_2}=c\cos\varphi \tag{3.6.9}$$

2. 广义 Tresca 准则

由于广义 Tresca 准则已经计及了球应力的影响，所以也可以作为一种混凝土材料的屈服准则。利用罗代角，主应力差可表示为 $\sigma_1-\sigma_3=\cos\theta_\sigma\sqrt{J_2}$，因此前面的广义 Tresca 准则可改写为

$$\cos\theta_\sigma\sqrt{J_2}+aI_1=2K \tag{3.6.10}$$

3. Drucker - Prager 准则

考虑球应力（静水压力）的影响时，Drucker - Prager 也对 Mises 准则进行了推广，给出了 Drucker - Prager 准则，其形式为

$$\sqrt{J_2}+\alpha I_1=k \tag{3.6.11}$$

其中，α 和 k 为 Drucker - Prager 准则材料常数。从形式上看，Mohl - Coulomb 准则、广义 Tresca 准则和 Drucker - Prager 准则都可以化成一种形式，即

$$\sqrt{J_2}+\alpha^* I_1=k^* \tag{3.6.12}$$

对于 Mohl - Coulomb 准则，有

$$\alpha^*=\frac{\sin\varphi}{3\left(\cos\theta_\sigma-\frac{1}{\sqrt{3}}\sin\theta_\sigma\sin\varphi\right)} \tag{3.6.13}$$

$$k^*=\frac{c\cos\varphi}{\cos\theta_\sigma-\frac{1}{\sqrt{3}}\sin\theta_\sigma\sin\varphi} \tag{3.6.14}$$

对于广义 Tresca 准则，有

$$\alpha^*=\frac{a}{\cos\theta_\sigma} \tag{3.6.15}$$

$$k^*=\frac{2K}{\cos\theta_\sigma} \tag{3.6.16}$$

对于 Drucker - Prager 准则，有

$$\alpha^*=\alpha \tag{3.6.17}$$

$$k^*=k \tag{3.6.18}$$

4. Ottosen 模型

基于混凝土三轴强度试验，Ottosen 于 1977 年提出了一种包含两个应力不变量的 Ottosen 四参数模型：

$$a\frac{J_2}{f_c^2}+\lambda\frac{\sqrt{J_2}}{f_c}+b\frac{I_1}{f_c}-f_1=0 \tag{3.6.19}$$

其中，f_c 为混凝土的抗压强度，a 和 b 为常数，$f_1=1-D+B\dfrac{p}{\sigma_c}$，而 D 为按照某种规律演化的损伤因子，B 为模型常数，p 为压力，σ_c 为单轴有效受压应力，λ 为 $\cos 3\theta_\sigma$ 的函数，形式为

$$\lambda=\begin{cases}k_1\cos\left[\dfrac{1}{3}\arccos(k_2\cos 3\theta_\sigma)\right], \cos 3\theta_\sigma\geqslant 0\\ k_1\cos\left[\dfrac{\pi}{3}-\dfrac{1}{3}\arccos(-k_2\cos 3\theta_\sigma)\right], \cos 3\theta_\sigma\leqslant 0\end{cases} \tag{3.6.20}$$

θ_σ 为罗代角。该模型共有 a，k_1，k_2，b 共4个参数。当 $a=b=0$，λ 为常数时，该模型即简化为 Mises 准则；当 $a=0$，λ 为常数时，该模型则为 Drucker－Prager 模型。

上述的准则严格来说都是屈服准则，也就是指应力状态达到这一状态时，材料就达到了承载极限，开始发生破坏。从结构的安全性设计角度讲，不让结构材料进入这种状态，哪怕局部的区域也不让它进入这种状态，是非常必要的。因此，通常问题的研究就此止住就可以了。然而，无论从应力－应变曲线观察还是从损伤力学角度分析，即使材料的局部应力状态达到了屈服时的状态，整体材料，特别是整体结构也没有完全丧失承载能力，即整体结构并没有全破坏。在实际工程中，在允许一定程度的局部损伤问题中，还必须研究屈服后的特性。对于混凝土侵彻力学来讲，情况更是如此。不仅要关心屈服前的特性，更要关心屈服后的特性，因为从侵彻过程中弹体受力的角度讲，屈服后的材料介质仍具备很强的抗力。在侵彻过程中，材料介质主要受压力的作用。前面已经给出了混凝土无侧向约束单轴受压时的应力－应变曲线。这里的无侧向约束是一个关键词。无侧向约束就意味着受压的横向膨胀不受约束。而从受压过程可以知道，应力－应变曲线进入下降段时体积应变加速增长，残余承载力下降较快。残余承载力之所以下降较快，主要是因为体积应变加速增长。假如此时不是无侧向约束，而是侧向有很强的约束，则体积应变不会加速增长，残余承载力也不会很快下降。再看混凝土的侵彻过程，除初始成坑阶段外，整个穿孔过程中弹体周围的介质都处于有约束的受压状态。因此，在侵彻穿孔过程中，材料介质不仅没有体积膨胀，而且一直在压实收缩，其压应力也不会快速下降。从这个角度讲，压缩屈服后的材料应表现出一种强化的态势。从承载能力的角度分析，此时的屈服准则还不能认为是破坏准则，而只能认为是一种本构关系的内容。与上述受压情况相比，混凝土受拉的情况则明显不同。混凝土受拉时，侧向处于收缩状态，因此，有无侧向约束（这里主要是指阻挡性的约束，而不是黏结性的约束）都一样。材料达到屈服极限时，不仅达到了承载极限，而且屈服后很快就完全失去了承载能力。从这个意义上讲，其屈服准则也可以视为破坏准则。在上述准则中，有些没有区分出拉压的情况，如 Mises 准则，它们更适合拉压对称的情况，因此，还不能直接作为混凝土受拉时的破坏准则。有鉴于此，以拉伸破坏为基本背景，建立新型破坏准则，而不是简单地以屈服准则进行代替是非常必要的。

混凝土双轴载荷的试验表明，双向都为压应力时，抗压强度上升，双向都为拉应力时，

抗拉强度基本不变，一向为拉应力一向为压应力时，抗拉强度和抗压强度都会下降。因此，可以看出，对于抗拉强度来说，无论是什么样的应力状态，其抗拉强度都不会提高。又由于抗拉强度本身就比抗压强度低很多（小一个量级），所以拉伸破坏应该是一个基本的破坏。抛开屈服点的概念，就屈服后的破坏而言，将最大拉应力强度准则用作破坏准则是适当的。最大拉应力准则是 Rankine 于 1876 年提出的。按照这个准则，混凝土材料中任一点的强度达到混凝土单轴抗拉强度时，混凝土即达到脆性破坏。不管这一点上是否还有其他法向应力或剪应力。前已提及，试验中发现，一向受拉一向受压时的抗拉强度和抗压强度都会下降。这说明 Tresca 的最大剪应力准则也是合适的破坏准则。因此，在实践中，对于有拉应力和剪应力的情况，将 Rankine 准则与 Tresca 准则联合起来作为破坏准则，而对于有拉应力存在的复合应力状态，将 Rankine 准则与 Mohl - Coulomb 准则联合起来作为破坏准则都是有必要的。

第 4 章

侵彻力学的传统经验公式

早期，由于无法用精细的试验手段来观察撞击现象的细微过程，也没有合适的理论来分析侵入和穿透的过程，所以人们在研究此类问题时，只能通过宏观的试验来观察撞击后的具体现象。由于弹靶撞击的过程十分复杂，所以大量的试验数据都是关于“始”“末”两个状态的，而没有“过程”的数据，如对于薄靶来说只有穿靶前后的速度降、对于厚靶来说只有最终的侵彻深度等。几百年来，人们针对不同的目标材料、不同的弹型、不同的初速，做了大量的试验，获得了大量的有用数据。通过对试验数据的分析，并借助统计分析和量纲分析等数学方法，人们总结出许多有用的经验和半经验公式。由于试验数据大都是“始”“末”两个状态的数据而没有中间侵彻过程的数据，所以公式也是关于“始”“末”两个状态的，如侵深公式、速度降公式等。尽管如此，这些数据却十分宝贵，因为它们来自真实的靶场试验。这些公式也十分有用，因为它们指导了很多工程设计。即使到现在，它们也还很有用。一方面，任何现代的分析或数值计算都需由这些真实的试验数据来验证；另一方面，现代分析模型中的很多参数也都要由这些试验数据来确定。

4.1 传统的侵彻深度公式

弹体撞击混凝土介质效应的研究最早始于 1742 年，B. Robins 定性地分析了侵彻过程，认为在侵彻过程中弹体所受阻力是常数。基于这一假定，L. Euler 于 1745 年提出一个侵彻深度的计算公式。在随后的一些年中，关于撞击混凝土方面的研究一直很少，直到 19 世纪初才有了新的进展。1829 年，J. V. Poncelet 综合了当时的试验结果，假定侵彻过程中弹体所受的阻力分为动阻力和静阻力两部分，提出了著名的 Poncelet 公式。由于当时既缺乏精细的试验工具，又缺少必要的如塑性力学的理论基础，所以在第二次世界大战之前，人们主要通过实弹射击试验来总结所需的经验公式。

第二次世界大战期间，欧洲轴心国和盟国构筑了大量的混凝土工事和防护结构掩体，使侵彻混凝土的研究日益受到重视。1941 年，H. P. Robertson 对早期的试验结果按照靶体材料类型（混凝土、钢、木头、沙土）分类后进行了总结，并汇集了有关的经验公式。与此同时，美国对混凝土侵彻问题也进行了许多试验研究，其结果汇集在国防研究委员会（NDRC）的专题报告中，列出了不同弹丸垂直撞击和倾斜撞击时侵彻深度与靶体参数之间的关系，阐明了靶体破坏的概念及其与各种有关因素之间的关系，并提出了侵彻混凝土的 NDRC 经验公式。

1960 年，美国桑迪亚国家实验室（Sandia National Laboratory，SNL）的土壤动力学研究计划标志着美国钻地武器研究正式开始。该计划的目的是：①对弹体侵彻岩石等靶体材料过程中的基本物理现象做进一步的了解；②取得足够的试验数据，预估侵彻深度和弹体所受阻力的经验公式。为此 SNL 进行了大量涉及多种靶材的试验。据报道，SNL 有一个侵彻多种介质材料的数据库，这些数据来自 3 000 多次全尺寸自然地层和混凝土靶的试验，并从中总结出了预估侵彻深度的经验公式。1972 年，Johnson 提出了通常用于对不同弹种撞击进行分类的非变形参数，即 Johnson 毁伤值：$\varphi_J = \rho V_0 / \sigma_d$。其中，$\rho$ 为靶体密度，V_0 为撞击速度，σ_d 为靶体材料的应力。Johnson 认为，在亚声速范围内（相应的 Johnson 毁伤值为 5）靶体的结构响应很重要，同时靶体的局部和整体效应也要引起重视。1973 年，美国核防局（Department Nuclear Agency，DNA）明确提出了钻地武器的研究计划，对混凝土的侵彻机理、试验技术、结构设计、理论分析和数值模拟等进行了全面的研究。1977—1979 年，R. S. Bernard 等发表了一系列侵彻岩石和混凝土的经验公式，其依据或者是试验数据的近似曲线，或者是对阻力的一定假设。期间，R. S. Bernard（1975，1979）、B. Rohani（1975）、J. A. Zukas（1981）等还分别针对岩石和混凝土发表了一系列基于空穴膨胀理论的文章，对侵彻过程进行了分析。M. J. Forrestal 等也发表了一系列文章，分别考虑靶体材料的性质、弹头形状因素对侵彻过程的影响，力图从解析的途径给出相关的侵彻公式。

4.1.1 常用的侵彻经验公式

1. 修正的 Petry 公式

Petry 于 1910 年提出了侵彻深度的公式，而后对其进行了修正，该修正公式可能是最早被普遍使用的计算公式，其形式为

$$H = 12K\frac{W}{A}\lg\left(1 + \frac{v_s^2}{215\ 000}\right) \tag{4.1.1}$$

其中，H 为侵彻深度（in①），v_s 为初速（ft②/s），W 为弹重（lb③），A 为弹丸横截面积（ft^2）。在修正的 Petry 公式中，K 为混凝土可侵彻性系数，与混凝土强度无关，无钢筋混凝土取 0.007 99，钢筋（垂直于介质表面）混凝土取 0.004 26，特种钢筋混凝土取 0.002 84。

2. 别列赞公式

1912 年，俄国在别列赞岛进行了大规模的实弹射击，试验使用的火炮有 76 mm 加农炮、152 mm 和 280 mm 榴弹炮，在试验的基础上提出了别列赞公式。别列赞公式采用了下面的假设：①弹丸做直线运动；②侵彻阻力与弹丸横截面积成正比。

根据假设写出弹丸的侵彻行程为

$$x = \sqrt{\frac{4m}{ab\pi d}(v_0^2 - v^2)} \tag{4.1.2}$$

① 1 in = 0.025 4 m。
② 1 ft = 0.304 8 m。
③ 1 lb ≈ 0.453 6 kg。

若令弹丸的相对重量$\frac{mg}{d^3}=C_q$，并引入符号$\lambda=\sqrt{\frac{g}{bC_q}}$和$K_{\Pi}=\sqrt{\frac{4}{a\pi}}$，则

$$x=\lambda K_{\Pi}\frac{m}{d^2}\sqrt{v_0^2-v^2} \tag{4.1.3}$$

其中，λ 为弹体的形状系数，K_{Π} 为取决于介质性能的经验系数。当侵彻速度 $v=0$ 时，即得到最终侵彻行程（即侵彻深度）的公式：

$$x=\lambda K_{\Pi}\frac{m}{d^2}v_0 \tag{4.1.4}$$

通过试验得到经验系数 K_{Π} 的值见表 4－1。弹体的形状系数 λ 的取值：当 $C_q=15$ 时，对于现代形状的榴弹，可以取 1.3～1.5；也可以由下式确定：$\lambda=1+0.3\left(\frac{l_d}{d}-0.5\right)\sqrt{\frac{15}{C_q}}$，其中 l_d 为弹头部长度。

表 4－1　取决于介质性能的经验系数 K_{Π}

介质	K_{Π}/[(m² · s) · kg⁻¹]	介质	K_{Π}/[(m² · s) · kg⁻¹]
松土	17.0×10^{-6}	木材	6.0×10^{-6}
黏土	10.0×10^{-6}	砖砌物	2.0×10^{-6}
坚实黏土	7.0×10^{-6}	石灰岩、砂岩	1.6×10^{-6}
坚实沙土	6.5×10^{-6}	混凝土	1.3×10^{-6}
沙	4.5×10^{-6}	钢筋混凝土	0.8×10^{-6}

该公式可用来计算弹体对各种土木材料的侵彻。我国早期的实弹射击试验证明，用其计算弹体的侵彻深度相对比较可靠。因此，我国有关常规弹头对介质的侵彻深度计算一般多采用别列赞公式。与此同时，结合我国实弹射击试验的具体情况对其进行修正，表达式如下：

$$h_q=\lambda_1\lambda_2K_q\frac{m}{d^2}v\cos\left(\frac{n+1}{2}\alpha\right) \tag{4.1.5}$$

其中，h_q 为侵彻深度，λ_1 为弹体的形状系数，λ_2 为弹径系数，K_q 为介质材料侵彻系数，m 为弹体质量，d 为弹径，v 为侵彻初始速度，α 为侵彻着角，n 为偏转系数。

1998 年，人们又对该公式进行了修正，从形式到参数数据都进行了调整，其表达式为

$$h_q=\lambda_1\lambda_2K_q\frac{m}{d^2}vK_{\alpha}\cos\alpha \tag{4.1.6}$$

其中，K_{α} 为弹体的偏转系数。

3. 萨布茨基公式

萨布茨基公式采用下面的假设。

（1）侵彻介质阻力分为两部分：一部分称为静阻力，它仅与弹体横截面积成正比；另一部分为动阻力，它不仅与弹体横截面积成正比，还与弹体速度的平方成正比。

（2）弹体的全部动能消耗在克服上述阻力的做功上。

根据第一个假设，写出弹体的阻力公式：

$$F=\pi R^2(Ai+Cv^2) \tag{4.1.7}$$

其中，R 为弹体半径，i 为弹体的形状系数，A 为取决于介质性能的静阻力系数，C 为取决于介质性能的动阻力系数。

对上式进行变换，得到 $F=A\pi R^2 i\left(1+\frac{C}{Ai}v^2\right)$。设 $b=\frac{C}{Ai}$，则

$$F=A\pi R^2 i(1+bv^2) \tag{4.1.8}$$

根据第二个假设，由 $-F=m\frac{\mathrm{d}v}{\mathrm{d}t}$得到 $-F\mathrm{d}x=\frac{m}{2}\mathrm{d}v^2$，其中 x 为弹体侵彻行程。将阻力表达式代入上式，得到 $\mathrm{d}x=-\frac{m}{2Ai\pi R^2}\cdot\frac{\mathrm{d}v^2}{1+bv^2}$，对上述公式积分，得到 $\int_0^x \mathrm{d}x=-\frac{m}{2Ai\pi R^2}\int_{v_0}^{v}\frac{\mathrm{d}v^2}{1+bv^2}$，进而得到

$$x=-\frac{m}{2Ai\pi R^2 b}\ln\frac{1+bv_0^2}{1+bv^2} \tag{4.1.9}$$

侵彻结束后，$v=0$，可得到最大侵彻行程：

$$x_{\max}=-\frac{m}{2Ai\pi R^2 b}\ln(1+bv_0^2) \tag{4.1.10}$$

将阻力代入弹体的运动方程，即 $-F=m\frac{\mathrm{d}v}{\mathrm{d}t}$，推导出弹丸的侵彻时间为 $\mathrm{d}t=-\frac{m}{Ai\pi R^2}\cdot\frac{\mathrm{d}v}{1+bv^2}$，对上述公式积分后得到

$$t=-\frac{m}{Ai\pi R^2\sqrt{b}}(\arctan\sqrt{bv_0}-\arctan\sqrt{bv}) \tag{4.1.11}$$

当 $v=0$ 时得到总的侵彻时间：

$$t_{\max}=-\frac{m}{Ai\pi R^2\sqrt{b}}\arctan\sqrt{bv_0} \tag{4.1.12}$$

公式中介质经验系数 A，b 的值见表 4－2。

表 4－2　介质经验系数 A，b

介质	$A/(\mathrm{kg\cdot m^{-1}\cdot s^{-2}})$	$b/(\mathrm{s^2\cdot m^{-2}})$
松土	0.461×10^{-7}	60×10^{-6}
坚土	0.700×10^{-7}	60×10^{-6}
湿土	0.266×10^{-7}	80×10^{-6}
沙土、碎石	0.435×10^{-7}	20×10^{-6}
树木	1.160×10^{-7}	20×10^{-6}
砖	3.160×10^{-7}	15×10^{-6}
岩石	$(4.400\sim5.520)\times10^{-7}$	15×10^{-6}

弹体的形状系数 i 的值如下：对于球形弹 $i=1$，对于钝头弹 $i=0.75$，对于远程弹 $i=0.5$，此外也可以用公式 $i=1/\lambda$ 近似计算。

4. 美国陆军工程兵公式（ACE 公式）

美国陆军工程兵在 1946 年提出下列公式：

$$\frac{H}{D}=282\frac{W}{D^{2.2785}\sigma_c^{1/2}}\left(\frac{v_s}{1\ 000}\right)^{1.5}+0.5 \tag{4.1.13}$$

其中，H 为侵彻深度（in），v_s 为初速（ft/s），D 为弹体直径（in），W 为弹重（lb），σ_c 为抗压强度（lb/in^2）。

5. 美国国防研究委员会公式（NDRC 公式）

1946 年，NDRC 提出了不变形弹体侵彻大体积混凝土目标的理论，在此基础上得到了 NDRC 公式：

$$\frac{H}{D}=\begin{cases}2\left[\dfrac{180\ NW}{D^{2.8}\sigma_c^{0.5}}\left(\dfrac{v_s}{1\ 000}\right)^{1.8}\right]^{0.5}, & \dfrac{H}{D}<2.0\\ \dfrac{180\ NW}{D^{2.8}\sigma_c^{0.5}}\left(\dfrac{v_s}{1\ 000}\right)^{1.8}+1.0, & \dfrac{H}{D}\geqslant 2.0\end{cases} \tag{4.1.14}$$

其中，N 为弹体头部形状参数，对平头弹为 0.72，对钝头弹为 0.84，对球形弹为 1.00，对尖头弹为 1.14，其他参数与 ACE 公式相同。

6. 美国陆军水道实验站（WES）的 Bernard 公式

根据弹体对混凝土、花岗岩、凝灰岩、砂岩的侵彻试验资料，通过对数据的回归分析，WES 于 1977—1979 年先后提出了 3 个计算岩石侵彻深度的公式，按时间先后分别称为 Bernard 公式Ⅰ、Bernard 公式Ⅱ、Bernard 公式Ⅲ。

1）Bernard 公式Ⅰ

1977 年提出的侵彻深度计算公式通常被称为 Bernard 公式Ⅰ，其表达式为

$$\frac{\rho H}{m/A}=0.2v\cdot\left(\frac{\rho}{f_c}\right)^{0.5}\cdot\left(\frac{100}{K_{\mathrm{RQD}}}\right)^{0.8} \tag{4.1.15}$$

式中采用标准国际单位制。其中，H 为侵彻深度，m 为弹体质量，A 为弹体横截面积，v 为弹速，ρ 为岩石密度，f_c 为岩石无侧限抗压强度，K_{RQD} 为岩石质量指标，它是现场岩体中原生裂缝间距的一个度量，其工程一般取值见表 4－3。

表 4－3　岩体质量指标 K_{RQD}

级别	岩体质量	K_{RQD}/%
A	很好（Excellent）	90～100
B	好（Good）	75～90
C	较好（Fair）	50～75
D	差（Poor）	25～50
E	很差（Very poor）	10～25

为了方便计算，式（4.1.15）可改写为

$$H=0.2\cdot\frac{m}{A}\cdot\frac{v}{(\rho f_c)^{0.5}}\cdot\left(\frac{100}{K_{RQD}}\right)^{0.8} \tag{4.1.16}$$

1986年美国出版的《常规武器防护设计原理》(TM5－855－1）中采用了式（4.1.15），并将其改写为如下形式：

$$H=6.45\cdot\frac{m}{D^2}\cdot\frac{v}{(\rho f_c)^{0.5}}\cdot\left(\frac{100}{K_{RQD}}\right)^{0.8} \tag{4.1.17}$$

式（4.1.17）采用英制单位，其中 D 为弹径。

Bernard 公式Ⅰ适用于侵彻岩石深度的计算。侵彻深度 H 与弹速 v 成线性关系。

2）Bernard 公式Ⅱ

1978年，Bernard 等人提出了第二个弹体侵彻岩石深度的计算公式：

$$H=\frac{m}{A}\cdot\left[\frac{v}{b}-\frac{a}{b^2}\cdot\ln\left(1+\frac{b}{a}v\right)\right] \tag{4.1.18}$$

其中，$a=1.6f_c\ (K_{RQD}/100)^{1.6}$，$b=3.6\ (\rho f_c)^{0.5}\cdot(K_{RQD}/100)^{0.8}$，式（4.1.18）采用英制单位，$A$ 为弹体横截面积。

为了便于与 Bernard 公式Ⅰ进行比较，参照式（4.1.17），可将式（4.1.18）改写成如下形式：

$$H=14.71\frac{m}{D^2}\cdot\frac{v}{(\rho f_c)^{0.5}}\left(\frac{100}{K_{RQD}}\right)^{0.8}-271.84\frac{m}{\rho D^2}\cdot\ln\left[1+0.05413\left(\frac{100}{K_{RQD}}\right)^{0.8}\cdot\left(\frac{\rho}{f_c}\right)^{0.5}\cdot v\right] \tag{4.1.19}$$

式（4.1.19）采用英制单位。

由此可见，Bernard 公式Ⅱ与 Bernard 公式Ⅰ的区别在于：公式中前一项为速度的线性项，其形式与 Bernard 公式Ⅰ相同，但系数为 Bernard 公式Ⅰ的2.28倍；公式的后一项为速度的对数项，表明侵彻深度 H 与弹速 v 成非线性关系。

3）Bernard 公式Ⅲ

1979年，Bernard 等人根据微分面力模型对弹体侵彻受力情况进行了分析，并得出了第三个弹体侵彻岩石深度的计算公式：

$$H=\frac{M}{A}\cdot\frac{N_{rc}}{\rho}\left[\frac{v}{3}\sqrt{\frac{\rho}{f_{cr}}}-\frac{4}{9}\cdot\ln\left(1+\frac{3}{4}v\sqrt{\frac{\rho}{f_{cr}}}\right)\right] \tag{4.1.20}$$

其中，$N_{rc}=\begin{cases}0.863\left[\dfrac{4K_{CRH}^2}{4K_{CRH}-1}\right]^{0.25}，对于卵形弹头\\0.805\ (\sin\eta_c)^{0.5}，对于锥形弹头\end{cases}$，$f_{cr}=f_c\ (K_{RQD}/100)^{0.2}$，式（4.1.20）采用英制单位。$N_{rc}$ 为弹体的形状系数，K_{CRH} 为弹头卵形曲率半径与弹头直径之比，η_c 为弹头锥形尖角，其他参数与式（4.1.18）相同。

Bernard 公式Ⅲ既可用于侵彻岩石深度的计算，也可用于侵彻混凝土深度的计算。Bernard 公式Ⅲ与前两个公式相比，考虑了弹体的形状系数 N_{rc} 的影响。

7. Young 公式

Young 公式最早于1967年提出。SNL 从1960年开始进行地质材料侵彻研究，共进行了

约 3 000 次试验，建立了重要的试验数据库，在大量试验数据的基础上，于 1967 年提出了桑迪亚土中侵彻公式。Young 在新的试验数据的基础上，进行了多次修正，得到了最新的侵彻土、岩石、混凝土的统一经验公式，即 1967 年的 Young 公式：

$$H=\begin{cases}0.000\,8KSN(M/A)0.7\ln(1+2.15v_s^2\times 10^{-4}),\ v_s<61\ \text{m/s}\\ 0.000\,018KSN(M/A)0.7(v_s-30.5),\ v_s\geqslant 61\ \text{m/s}\end{cases}\tag{4.1.21}$$

其中，M 为弹体质量（kg）；A 为弹体的横截面积（m^2）；v_s 为侵彻弹体初始冲击着靶速度（m/s）；H 为弹体侵彻深度；K 为缩尺效应系数，当 $M<182$ kg 时，$K=0.46M^{0.15}$，当 $M\geqslant$ 182 kg 时，$K=1.0$；N 为弹头性能系数，对于卵形弹头 $N=\begin{cases}0.56+0.18L_n/d\\ 0.56+0.18(\text{CRH}-0.25)^{0.5}\end{cases}$，对于锥形弹头 $N=0.56+0.25L_n/d$，其中 L_n 为弹头长度（m），d 为弹体直径（m），CRH 为弹头系数，S 为阻力系数，反映介质的可侵彻性指标。介质可侵彻性指标 S 值用下列公式计算：

$$S=\begin{cases}2.7(\sigma_c/Q)-0.3(\text{岩土})\\ 0.085K_c(11-P)(t_c h_c)-0.06(^3 5/\sigma_c)0.3(\text{混凝土})\end{cases}\tag{4.1.22}$$

其中，σ_c 为试验时混凝土的无侧限抗压强度（MPa）；K_c 与混凝土材料有关，$K_c=(F/W_1)^{0.3}$，W_1 为靶体宽度与弹体直径的比值，对于钢筋混凝土 $F=20$，对于无筋混凝土 $F=30$，如果 $W_1>F$，则 $K_c=1$，对于薄目标（$h_c=0.5\sim 2.0$），F 减小 1/2；P 为混凝土中按体积计算的含钢百分率（%）；Q 为岩石质量指标；t_c 为混凝土的凝固时间（年），如果 $t_c>1$，则取 $t_c=1$，因为这样长的时间对无侧限抗压强度已无影响；h_c 为混凝土目标的厚度，以弹体直径为单位，如果目标由多层组成，则每层应单独考虑，当 $h_c<0.5$ 时，上式可能不适用，因为侵彻机制不同，如果 $h_c>6$，则取 $h_c=6$；在没有足够的数据而无法计算混凝土可侵彻指标 S 值时，建议采用 $S=0.9$。

8. BRL 公式

美国弹道研究所（Ballistic Research Laboratory，BRL）于 20 世纪 60 年代提出了预测贯穿厚度 H_p 和崩落厚度 H_s 的公式，分别为

$$\frac{H_p}{D}=427\frac{W}{D^{2.8}\sigma_c^{\ 0.5}}\left(\frac{v_s}{1\,000}\right)^{1.33}\tag{4.1.23}$$

$$H_s=2H_p\tag{4.1.24}$$

其中，H_p，H_s 分别为贯穿厚度和崩落厚度，v_s 为初速，D 为弹体直径，W 为弹重，σ_c 为抗压强度。

9. Chang 公式

1981 年，Chang 运用力学原理结合试验数据，最终得到计算贯穿厚度 H_p 和崩落厚度 H_s 的公式为

$$\frac{H_p}{D}=\frac{mv_s}{D^3\sigma_c^{0.5}}\left(\frac{200}{v_s}\right)^{0.25}\tag{4.1.25}$$

$$\frac{H_s}{D}=1.84\left(\frac{mv_s^2}{D^3\sigma_c}\right)^{0.4}\left(\frac{200}{v_s}\right)^{0.13}\tag{4.1.26}$$

其中，m 为弹体质量，v_s 为初速，D 为弹体直径，σ_c 为抗压强度。

10. Forrestal 公式

Forrestal 公式应该说是一个半解析的半经验公式，因为其公式基础来源于空穴膨胀理论的解析推导，但最终公式的静态部分却又引入了一个关键的试验经验参数，且该试验经验参数与原解析模型没有较强的对应。

弹体在侵入靶体的过程中，经历了从零开始直到很高的应力作用的历程，出现了复杂的变形和破坏形式，Forrestal 等认为，卵形弹头侵彻混凝土过程中的受力可以分为成坑和稳定侵彻两个不同的阶段，侵彻混凝土过程中的靶面成坑深度约为弹体直径的 2 倍。靶面成坑阶段的侵彻阻力与侵彻深度成正比，在成坑之后，侵彻阻力主要来自与弹体直径平方成正比和与侵彻速度平方成正比的头部阻力，其侵彻深度为

$$H=\frac{2M}{\pi d^2\rho N}\ln\left(1+\frac{\rho N}{Sf_c}v_t^2\right)+2d,\ H>2d \tag{4.1.27}$$

$$v_t^2=(2Mv_0^2-\pi d^3 Sf_c)/(2M+\pi d^3\rho N) \tag{4.1.28}$$

其中，H 为瞬时侵彻深度（m）；d 为弹体直径（m）；S，f_c，ρ 是靶体参数，其中 S 是由试验测定的与混凝土强度有关的系数，也可由 $S=82.6f_c^{-0.544}$ 计算；f_c 为混凝土单向抗压强度（Pa）；ρ 为混凝土靶体密度（Kg/m^3）；N 为弹体的形状参数，$N=\frac{8\psi-1}{24\psi^2}$，$\psi=\frac{R}{d}$；$d$ 为弹体直径；R 为弹头曲率半径。

4.1.2 常用侵彻经验公式的比较

上面列出的经验公式中，每个经验公式都是在一定的试验条件下归纳总结得出的，因此各个经验公式只在一定的条件和范围内适用，在实际计算时各公式的计算结果也有一定的差异。

别列赞公式和萨布茨基公式、Forrestal 公式均是在对阻力做一定假设的前提下，经过推导获得的。由于别列赞公式略去了动阻力的影响，所以不如萨布茨基公式合理，但是萨布茨基公式的许多系数也都有一定的片面性。Forrestal 公式以弹体直径的 2 倍为分界，分界前后侵彻阻力模型不同，更适应了不同阶段的情况，因此，Forrestal 公式更为合理。在实际应用中，别列赞公式和萨布茨基公式的准确性最终取决于试验介质的系数 K_{II}，A 和 b。

WES 公式用 3 个参数反映靶体的特性，包括岩体质量系数、岩石无侧限强度和岩体质量密度，在一定程度上考虑了现场靶体介质的不连续性。公式中的参数意义较明确，容易确定，计算弹体在岩石和混凝土介质的侵彻深度时精度较高，但相对来说更适合岩体侵彻计算，对于混凝土侵彻计算结果则偏大，而且着靶速度越高，偏差越大。

Young 公式、WES 公式、ACE 公式、NDRC 公式、Forrestal 公式、修正的 Petry 公式和 BRL 公式都考虑了靶体介质强度参数对抗侵彻性能的影响。萨布茨基公式、Young 公式、WES 公式、NDRC 公式和 Forrestal 公式还考虑了侵彻弹体弹头形状对侵彻深度的影响。各个公式都明确显示了初始速度对侵彻深度的影响，只不过在各个公式中初始速度的幂不同。NDRC 公式和 Forrestal 公式都以很强的贯穿理论为依据，而不是简单的经验公式，因此外推

适用范围时，计算结果的可信度较高，尤其是 Forrestal 公式，其计算精度更高。Young 公式和 WES 公式都存在量纲与国际标准量纲不一致的问题，因此在计算时一定要使用规定的量纲。以上所介绍的经验公式都是以弹体是刚体的前提为基础的，如果弹体强度较低，刚性较差，在侵彻过程中产生较大变形，则上述公式不再适用。

从上述经验公式可以看出，不同的侵彻经验公式都有自己的特点、适用范围和使用条件。这些经验公式都是用来计算弹体对混凝土等脆性介质的侵彻深度的，并且都比较适合计算弹体侵彻半无限厚靶介质。如果用来计算有限厚靶板介质，则需要在此基础上做适当调整。虽然上述经验公式的使用目的相同，但是它们的数学表达式却大相径庭。上述公式多数都是 20 世纪 60 年代之前的经验公式，有的是后来进行了补充、完善，虽然目前仍然可用，但是随着弹药技术的不断发展和新材料、新工艺的应用，这些经验公式也面临着新的考验。

4.2　基于侵彻经验公式的加速度近似计算公式

世界上许多发达国家都对各种着速弹体冲击混凝土靶进行了大量的试验研究，获得了从低速到高速、从中低强度混凝土到高强度混凝土或岩石的许多试验数据。累计的靶场试验量很大，得到的经验公式种类也很多。正如前文所述，仅 SNL 就有一个侵彻多种介质材料的数据库，这些数据来自 3 000 多次全尺寸自然地层和混凝土靶的试验，在此基础上总结出的 Young 等混凝土侵彻深度公式也很有效。然而，这些试验结果多是关于“始”和“末”状态的，而不是“过程”瞬态的；所得的经验公式也大都是关于侵彻深度的公式，而不是关于瞬态速度或加速度的公式；给出的是侵彻终了时的信息，而没有侵彻过程的信息。在实际工程分析与设计中，人们除了关心这些“终了”的信息外，往往更想知道“过程”的情况，如加速度随时间的变化、速度的时间历程曲线等。然而，在早期没有加速度传感器测试手段的情况下，这些“过程”信息是无法从试验中得到的。为了利用侵彻深度试验的测试结果得到“过程”（即时间历程）的信息，人们提出了一种推断的方法，或叫作估计的方法。该方法可从侵彻经验公式推算出“过程”的加速度 - 时间历程关系。最先提出这种方法的是 Young。

4.2.1　Young 方法

Young 方法的核心思想是把靶（板）分成若干层，并且认为每一层中加速度为常数，前一层的剩余速度为下一层的初速度。利用这一初速度可由侵彻深度公式算出侵彻深度。当然算出的侵彻深度是针对半无限厚靶而言的，是虚拟的理论侵彻深度。由这一侵彻深度可算出对应的加速度值。利用所算出的加速度值及第 n 层的厚度，又可以算出第 n 层末的剩余速度。之后再把它作为下一层的侵彻初速度，并重复上述步骤，这样通过递推（或递进）的方法，就可以算出每一层对应的加速度和对应每一层的初速度和剩余速度，最终求出加速度（实际上是减速度）及速度随侵彻深度的变化规律。当然，这种方法只是一种近似的方法。设第 n 层的厚度为 δ_n，弹体侵彻第 n 层时的初速度为 v_n，穿过第 n 层时的剩余速度为 v_{n+1}，侵彻过程中的加速度（实际是减速度）为 a_n，对加速度积分一次并利用初始条件——$t=0$

时，$v=v_n$——可得弹体的速度－时间关系为 $v=a_nt+v_n$。再积分一次并利用初始条件——$t=0$ 时，$s=0$——可得弹体的位移－时间关系为 $s=\frac{1}{2}a_nt^2+v_nt$。由位移－时间关系可解出 $a_nt=-v_n+(v_n^2+2a_ns)^{0.5}$。将其代入速度－时间关系中得 $v=(v_n^2+2a_ns)^{0.5}$。当达到虚拟理论侵彻深度 z_n 时，速度为零，从而可解得

$$a_n=-\frac{v_n^2}{2z_n} \tag{4.2.1}$$

当位移为第 n 层的厚度 δ_n 时，对应的速度为剩余速度，即

$$v_{n+1}=(v_n^2+2a_n\delta_n)^{0.5} \tag{4.2.2}$$

在实际计算时，先利用初速度和侵彻深度公式算出虚拟的理论侵彻深度 z_n，然后计算加速度，再计算剩余速度，其具体过程分为以下各步骤。

第一步，选用合适的侵彻深度公式，利用侵彻初速度计算第 n 层的虚拟理论侵彻深度 z_n。注意这里的虚拟理论侵彻深度是指针对半无限厚靶的侵彻距离，即应用侵彻深度公式计算出的侵彻距离，而不是第 n 层的厚度。如果是空气层则不需要计算，减速度为零，计算时采用冲击该层时的实际初速度。

第二步，考虑一般的斜侵彻，如果 $z_n\leqslant\delta_n/\sin\theta$，则 $z_t=h_n/\sin\theta+z_n$，其中 θ 是侵彻弹的弹着角，h_n 为已侵彻的前 n 层混凝土靶的深度。如果 $z_n>\delta_n/\sin\theta$，则侵彻弹将穿过第 n 层进入下一层，继续进行下一步计算。

第三步，按式（4.2.1）计算在第 n 层中的加速度 a_n。

第四步，按式（4.2.2）计算穿过第 n 层后的剩余速度，即进入第（$n+1$）层的初始冲击速度 v_{n+1}。

第五步，对第（$n+1$）层重复第一步～第四步，直到确定最终侵彻深度。

4.2.2 线性加速度模型

Young 提出的近似计算方法在工程分析时是很有效的，但由于假设加速度在弹体冲击每一层混凝土目标过程中是常量，所以计算精度较低。许多试验表明，加速度在弹体冲击混凝土过程中衰减很剧烈，且穿透薄靶板时，靶背将出现崩落现象。因此，人们提出了一种线性加速度模型的方法。

为了用终态侵彻深度公式求得瞬态加速度、阻力等量，先将混凝土目标划分成若干个较薄的层，层数的多少与计算精度有关。

设在第 n 层中满足

$$a=\lambda z+b \tag{4.2.3}$$

其中，为 a 加速度，z 为侵彻位移，λ 和 b 为待定常数。

上式可改写为

$$a=v\frac{\mathrm{d}v}{\mathrm{d}z}=\lambda z+b \tag{4.2.4}$$

对上式积分得

$$v^2 = \lambda z^2 + 2bz + c \tag{4.2.5}$$

考虑初始条件——$z=0$ 时，$v=v_n$（v_n 为弹体冲击第 n 层的初始速度），以及终了条件——$z=z_n$（z_n 是假定第 n 层为无限厚时在该层中的侵彻距离）时，$a=0$，$v=0$，代入式（4.2.4）及式（4.2.5）解得 $\lambda = \frac{v_n^2}{z_n^2}$，$b = -\lambda z_n = -\frac{v_n^{\ 2}}{z_n}$，从而有

$$a = -(v_n/z_n)^2(z_n - z)/g \tag{4.2.6}$$

$$v = \left(\frac{v_n^2}{z_n^2}(z^2 - 2z_n z) + v_n^2\right)^{0.5} = \frac{v_n}{z_n}|z - z_n| = |a|g\frac{z_n}{v_n} \tag{4.2.7}$$

其中，a 以重力加速度 g 为单位。

当 $z_n > \delta_n \sin\theta$（$\theta$ 是侵彻弹的弹着角）时，侵彻弹将穿过第 n 层进入下一层，进入第（$n+1$）层的冲击速度 v_{n+1} 即从第 n 层穿出时的剩余速度。当 $z=\delta_n$（δ_n 为每层混凝土的厚度）时由式（4.2.6）及式（4.2.7）得

$$a_n = -(v_n/z_n)^2(z_n - \delta_n)/g \tag{4.2.8}$$

$$v_{n+1} = \frac{v_n}{z_n}|\delta_n - z_n| \tag{4.2.9}$$

4.2.3　分段非线性加速度模型

对加速度的不同处理，可以得到以上两种不同的近似方法，但与实际的侵彻过程仍有很大的区别。弹体在实际侵入靶体的过程中，加速度经历了从零到高再由高到零的过程。Forrestal 等的试验表明，尖头弹侵彻混凝土的过程可以分为成坑和稳定侵彻两个不同的阶段。靶面成坑过程的深度约为弹体直径 D 的 2 倍。在此阶段减速度呈上升的趋势直至峰值，随后随侵彻深度递减。针对这样的两类过程，用一种加速度模型显然误差会很大。为此，人们提出用双加速度模型来分别描述成坑和稳定侵彻过程，其中一个是线性的，另一个是非线性的。

根据实际的试验情况，假设侵彻过程中的加速度为

$$\begin{cases} a = \lambda_1 z, & z \leqslant 2D \\ a = \lambda_2 (H-z)^\beta, & z > 2D \end{cases} \tag{4.2.10}$$

其中，λ_1，λ_2 为待定常数，β 为设定的常数，$\beta=0$ 时对应的是 Young 方法的模型，$\beta=1$ 时对应的是线性加速度模型。

上式也可写为

$$\begin{cases} a = v\dfrac{\mathrm{d}v}{\mathrm{d}z} = \lambda_1 z, & z \leqslant 2D \\ a = v\dfrac{\mathrm{d}v}{\mathrm{d}z} = \lambda_2 (H-z)^\beta, & z > 2D \end{cases} \tag{4.2.11}$$

对其积分可得

$$\begin{cases} v^2 = \lambda_1 z^2 + c_1, & z \leqslant 2D \\ v^2 = -\dfrac{2\lambda_2}{\beta+1}(H-z)\beta + 1 + c_2, & z > 2D \end{cases} \tag{4.2.12}$$

考虑初始条件——$z=0$ 时，$v=v_s$（v_s 为弹体的初始冲击速度），得 $c_1=v_s^2$。考虑终了条件——$z=H$（H 为侵彻深度）时，$a=0$，$v=0$，得 $c_2=0$，从而可将上式化为

$$\begin{cases} v^2=v_s^2+\lambda_1 z^2,\ z\leqslant 2D \\ v^2=-\dfrac{2\lambda_2}{\beta+1}(H-z)\beta+1,\ z>2D \end{cases} \tag{4.2.13}$$

当 $z=2D$ 时，速度、加速度应满足连续性条件，即 $\lambda_1 2D=\lambda_2(H-2D)^\beta$ 及 $v_s^2+\lambda_1(2D)^2=-\dfrac{2\lambda_2}{\beta+1}(H-2D)^{\beta+1}$，从而解得

$$\lambda_1=\frac{v_s^2}{4D\left(D+\dfrac{H-2D}{\beta+1}\right)} \tag{4.2.14}$$

$$\lambda_2=\frac{2\lambda_1 D}{(H-2D)^\beta} \tag{4.2.15}$$

上述加速度和速度的历程关系都是关于侵彻深度的，也可以给出时间的历程关系为

$$\begin{cases} a=\sqrt{\lambda_1}v_s\sin\sqrt{\lambda_1}t,\ t\leqslant t' \\ a=\lambda_2\left[\dfrac{\beta-1}{2}\left(\sqrt{\dfrac{2\lambda_2}{\beta+1}}t+c\right)\right]^{\frac{2\beta}{1-\beta}},\ t>t' \end{cases} \tag{4.2.16}$$

$$\begin{cases} v^2=v_s^2-\lambda_1 z^2,\ t\leqslant t' \\ v^2=\dfrac{2\lambda_2}{\beta+1}(H-z)\beta+1,\ t>t' \end{cases} \tag{4.2.17}$$

$$\begin{cases} z=\dfrac{v_s}{\sqrt{\lambda_1}}\sin\sqrt{\lambda_1}t,\ t\leqslant t' \\ z=H-\left[\dfrac{\beta-1}{2}\left(\sqrt{\dfrac{2\lambda_2}{\beta+1}}t+c\right)\right]^{\frac{2}{1-\beta}},\ t>t' \end{cases} \tag{4.2.18}$$

其中，t'为成坑阶段末了（即 $z=2D$）的时间，利用 $z=2D$ 时的位移连续条件，可确定常数：

$$c=\frac{2}{\beta-1}(H-2D)^{\frac{1-\beta}{2}}-\sqrt{\frac{2\lambda_2}{\beta+1}}t' \tag{4.2.19}$$

及

$$t'=\frac{1}{\sqrt{\lambda_1}}\arcsin\frac{2\sqrt{\lambda_1}D}{v_s} \tag{4.2.20}$$

已知 v_s，D 及 H，根据设定的β值，即可利用式（4.2.16）~式(4.2.18）计算弹体侵彻半无限厚混凝土目标过程中的减速度、速度、位移等。

前文已指出，稳定侵彻（穿孔）阶段（$z>2D$ 时）的加速度模型，当 $\beta=0$ 时成为 Young 的常数模型，当 $\beta=1$ 时为线性加速度模型，当 $\beta>1$ 时为非线性加速度模型。Young 曾在分层计算瞬态加速度时利用了常数模型，但与试验结果差异较大，而利用线性加速度模型进行分层计算的结果与试验结果吻合较好。若选取适当的β，其计算效果会更好。

4.2.4 混凝土侵彻加速度的计算

利用上述近似方法，既可以对半无限厚目标的侵彻加速度进行计算，也可以对有限厚目标的侵彻加速度进行计算。

1. 贯穿多层混凝土薄靶板的计算

这里以多层混凝土薄靶板为例，比较不同模型的计算结果。为了与 Young 方法进行比较，在选择侵彻深度公式时，直接选用 Young 混凝土侵彻深度公式：

$$H=\begin{cases}0.0008KSN(m/A)0.7\ln(1+2.15v_s^2 10^{-4}), & v_s<61\ \text{m/s}\\ 0.000018KSN(m/A)0.7(v_s-30.5), & v_s\geqslant 61\ \text{m/s}\end{cases} \tag{4.2.21}$$

其中，m 为弹体质量（kg）；A 为弹体横截面积（m^2）；N 为弹头性能系数，对于卵形弹头 $N=0.18[R/(D/2)-0.25]^{0.5}+0.56$，$R$ 为弹头表面曲率半径，D 为弹体横截面直径；v_s 为弹体初始冲击速度；S 为混凝土的可侵彻性指标；K 为缩尺效应系数，当 $m<182$ kg 时，$K=0.46\ m^{0.15}$，当 $m\geqslant 182$ kg 时，$K=1.0$。

混凝土的可侵彻性指标 S 用下列公式计算：

$$S=0.085K_c(11-P)(t_c h_c)^{-0.06}(35/\sigma_c)^{0.3} \tag{4.2.22}$$

其中，P 为混凝土中按体积计算的含钢百分率（%）；t_c 为混凝土的凝固时间（年），如果 $t_c>1$，则取 $t_c=1$，因为这样长的时间对无侧限抗压强度已无影响；h_c 为混凝土目标的厚度，以弹体直径为单位，如果目标由多层组成，则每层应单独考虑，当 $h_c<0.5$ 时，上式可能不适用，因为侵彻机制不同，如果 $h_c>6$，取 $h_c=6$；σ_c 为试验时混凝土的无侧限抗压强度（MPa）；K_c 与混凝土材料有关。

在没有足够的数据而无法计算混凝土的 S 值时，建议采用 $S=0.9$。

将靶背崩落后薄靶板的实际抗冲击厚度称为有效厚度，记作 δ_e，根据试验结果，δ_e 约为原厚度 δ 的 0.6 倍。在贯穿多层混凝土薄靶板的计算中以 δ_e 代替 δ。计算步骤如下。

第一步，根据第 n 层的初始速度，用侵彻深度公式计算在第 n 层中的侵彻虚拟距离 z_n。

第二步，如果 $z_n\leqslant\delta_{en}/\sin\theta$，则 $z_t=h_n/\sin\theta+z_n$；其中 z_t 为总侵彻深度（距离）。如果 $z_n>\delta_{en}/\sin\theta$，则侵彻弹将穿过第 n 层进入下一层，继续进行下一步计算。θ 是侵彻弹的弹着角，h_n 为侵彻弹穿过前 n 层混凝土的深度。

第三步，按式（4.2.8）计算在第 n 层中 a 的变化（以重力加速度为单位）。

第四步，按式（4.2.9）计算进入第（$n+1$）层的冲击速度 v_{n+1}。

第五步，对第（$n+1$）层重复第一步～第四步，直到确定最终侵彻距离（或深度）。

对 Young 侵彻深度公式混凝土可侵彻性指标 S 中的参数 K_c，Young 公式给出 $K_c=(F/W_1)^{0.3}$，其中，$F=20$（钢筋混凝土）或 30（无筋混凝土），对于薄目标（$h_c=0.5\sim2.0$），F 值应减小 50%；W_1 为混凝土目标的宽度，以弹体直径为单位，如果 $W_1>F$，则 $K_c=1$。若 K_c 按此式计算取值，则计算所得结果与试验结果差别较大。因此，利用试验中弹体侵彻半无限厚混凝土靶的试验结果来得到 K_c，将其作为一个试验参数考虑，经过对试验数据的计算得到 K_c 的均值约为 0.693。

分别采用线性加速度模型和 Young 方法，对某卵形钝头弹垂直贯穿 3 层混凝土薄靶板的过载进行计算，其结果与试验曲线的对比如图 4－1 所示。从图中可以看出，线性加速度模型计算所得结果与试验结果吻合；而 Young 方法计算所得结果与试验结果相差较大。

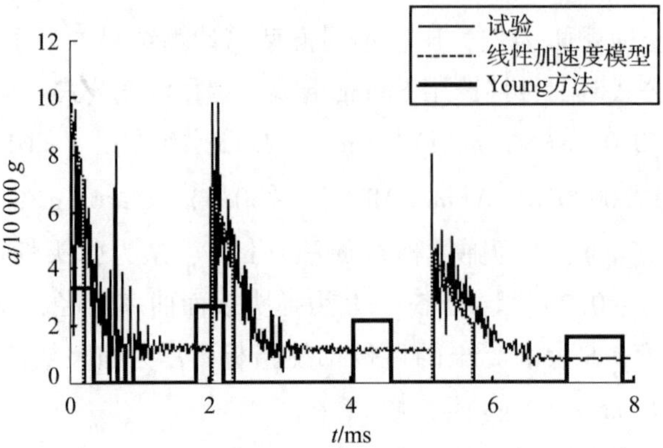

图 4－1　弹贯穿 3 层混凝薄土靶板的计算及实测过载曲线

2. 弹体侵彻半无限厚混凝土靶的计算及与试验的对比

针对半无限厚目标，也分别采用线性加速度模型和 Young 方法，对不同弹型和不同着速的情况进行计算。其与试验结果的对比见表 4－4。表 4－4 为该方法对弹体垂直侵彻半无限厚混凝土靶试验的计算侵彻深度与试验数据。图 4－2 还给出了表中 A2 试验的计算和测试的过载曲线（分层数 $n=20$）。可看到 Young 方法计算的过载峰值与试验相差近一半，计算侵彻深度远远大于实际侵彻深度，最终将靶穿透，与实际差别太大，而线性加速度模型的计算结果与试验结果一致；另外，分层数 n 越大，该方法的计算结果与试验结果越接近，而 Young 方法的计算结果不仅将靶穿透，且穿靶后的剩余速度 v_r 越来越大，见表 4－5。

表 4－4　弹体侵彻半无限厚混凝土目标的侵彻深度

试验号	m/kg	弹形	v_s/(m·s^{-1})	H/m		
				实测值	线性加速度模型计算值	Young 方法计算值
A1	3.777	尖头弹	763	0.83	0.679	>1（穿透）
A2	3.747	尖头弹	666	0.56	0.581	>1（穿透）
A3	3.034	钝头弹	577	0.34	0.410	>1（穿透）
A4	3.022	钝头弹	538	0.37	0.385	>1（穿透）
A5	3.154	钝头弹	630	0.455	0.471	>1（穿透）
A6	3.133	钝头弹	—	0.49	—	—

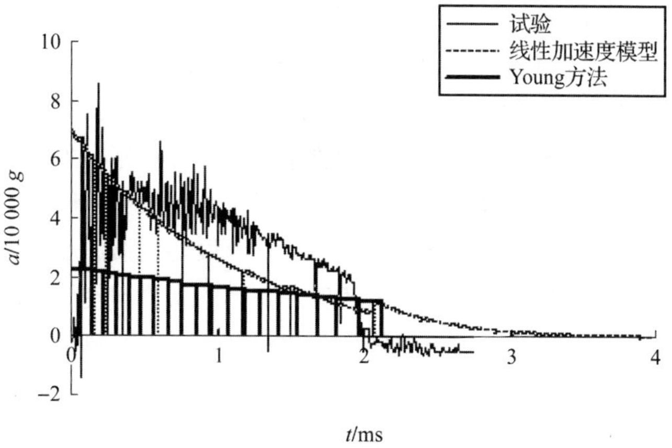

图 4-2　弹体侵彻半无限厚混凝土靶的计算及实测过载曲线

表 4-5　对应不同分层数 n 的 A2 试验剩余速度 v_r

分层数 n	$v_r/(\mathrm{m\cdot s^{-1}})$	计算侵彻深度
1	0	0.989
5	296.18	>1（穿透）
10	310.18	>1（穿透）
16	315.05	>1（穿透）
40	319.72	>1（穿透）

由图 4-1 及图 4-2、表 4-4 及表 4-5 可看到，Young 方法虽然也可以利用侵彻深度等终态公式计算瞬态量，但由于采用了加速度为常值的假设，致使初始加速度过低，从而导致很大的计算误差，从表 4-5 还可看出分层数越多，Young 方法的累积误差越大。而线性加速度模型极大地改善了加速度曲线波形，更加符合实际情况，因此该计算方法十分有效。

若采用分段非线性加速度模型，只要 β 取得适当，就不用分层，也可以近似计算出加速度-时间历程曲线。图 4-3 所示就是取 β 为 14 时不分层计算所得的曲线。可以看到，计算结果与试验结果的吻合度还是很高的。

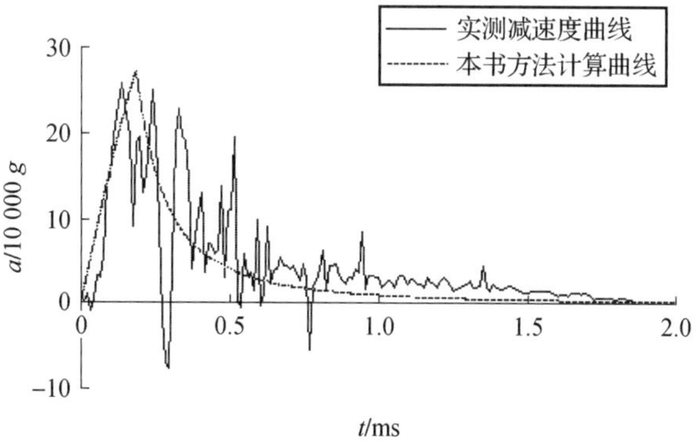

图 4-3　试验实测过载曲线和计算曲线

应该指出，对半无限厚混凝土靶，当用上述分段非线性加速度模型进行不分层（不将混凝土目标分成若干层）计算时，也可给出弹体侵彻半无限厚混凝土目标过程中较好的瞬态量估计。此时这种方法可以作为一种用于简易解析计算的方法，只是模型中的β可应由试验确定。只要β选取得当，该方法的结果与试验结果会吻合良好，如图4－3所示。

上述近似估计方法虽然是近似的，但由于不需要复杂的试验，所以不失为一种工程中的好方法。只要已知弹体的初始冲击速度、弹体的尺寸及最终侵彻深度即可利用该方法计算得到侵彻过程中的瞬态量，而弹体的初始冲击速度、弹体的尺寸与侵彻深度数据是比较容易获得的，因此利用这一方法可快速、简单地估算弹体侵彻半无限厚目标过程中的瞬态量，为试验调整、弹药武器设计等提供参考。

第 5 章

应力波及传播理论

波是某一物理量的扰动在空间中的传播。在日常生活中，波的最直观形态就是水波纹从中心点向外的传播。向水里扔一块石头，会引起水面的扰动，形成水波纹，圆形的水波纹从冲击点处快速向外传播。此时，能量和运动都向外传播得很快，范围也很大，但水粒子却没有大范围的运动，因此波和粒子并不是同步运动的。波的概念范围很广泛，如声波、光波、无线电波和其他电磁波都属于波的范围。本书重点介绍固体中的应力波，它是固体受动力作用而使固体介质产生机械扰动，进而在固体介质中传播的波。

应力波是物体（包括固体、液体和气体）动态过程中普遍存在的现象。一切物体材料都具有惯性，一切物体（理想的刚体除外）都具有变形性。当外载荷随时间变化时，介质的运动响应过程总是体现为应力波传播、反射和相互作用的过程。即使在静力学问题中，也存在应力波传播的问题，只是由于加载比较缓慢，人们忽略了应力波的传播过程，而着眼于达到平衡后的结果。对于刚体来说，由于应力波的传播速度趋于无限大，所以也忽略了应力波的作用。事实上，即使对于可变形固体的动力学问题来说，也不是总要从应力波的角度来分析的。只要外载荷加载不是很快，载荷变化不是很剧烈，通常不必考虑应力波的作用，但当外载荷加载很快（如碰撞、爆炸、冲击等）或载荷变化很剧烈（如周期脉冲载荷）时，则必须考虑应力波的传播和相互作用。当爆炸/冲击载荷加载到可变形固体时，由于时间特别短，应力波还没有传遍整个物体，载荷就已经发生了显著变化，甚至已经作用完毕，因此必须考虑应力波的传播和相互作用。

5.1 应力波的基本概念

波在介质中的传播过程实际上是一种能量传递的过程。当外载荷作用于可变形固体的某部分表面上时，那些直接受到外载荷作用的介质质点就会离开初始平衡位置。这部分介质质点与相邻介质质点之间发生了相对运动（变形），将受到相邻介质质点所给予的作用力（应力），当然，与此同时，这部分介质质点也给相邻介质质点以反作用力，因此使它们也离开初始平衡位置而运动起来。不过，由于介质质点具有惯性，所以相邻介质质点的运动将滞后于表面介质质点的运动。依此类推，外载荷在表面上所引起的扰动就这样在介质中逐渐由近及远传播出去而形成应力波。

下面以一圆柱杆受端部冲击为例进行讲解。图 5－1 所示为一长圆柱杆受到另一撞击杆以速度 V 进行的撞击，在圆柱杆中产生了自左向右传播的压缩应力波。忽略杆横向的应变和惯性，可视杆受到的压缩是一维压缩。在 t 时刻，在被扰动的区域的 x 处取一微元，其截面为 AB 和 $A'B'$，微元长度为 δx，截面面积为 A，对 $AA'BB'$ 微元应用牛顿第二定律，有

$$-\left[A\sigma - A\left(\sigma + \frac{\partial \sigma}{\partial x}\delta x\right)\right] = A\rho\delta x\,\frac{\partial^2 u}{\partial t^2} \tag{5.1.1}$$

即

$$\frac{\partial \sigma}{\partial x} = \rho\,\frac{\partial^2 u}{\partial t^2} \tag{5.1.2}$$

其中，σ 为应力，u 为位移，ρ 为材料密度。当变形为弹性时，满足胡克定律 $\sigma = E\varepsilon$，其中，ε 为应变，E 为杨氏模量。对于一维情况，应变可表示为$\frac{\partial u}{\partial x}$，代入上式可得

$$\frac{\partial}{\partial x}\left[E\,\frac{\partial u}{\partial x}\right] = \rho\,\frac{\partial^2 u}{\partial t^2} \tag{5.1.3}$$

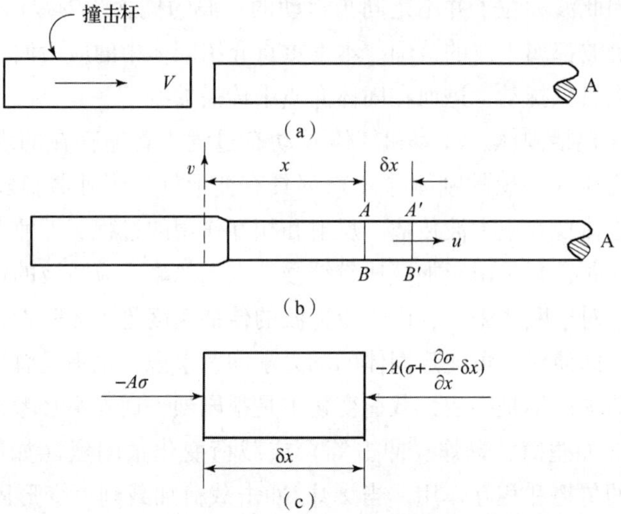

图 5-1 波在杆中的传播

（a）冲击前；（b）冲击后；（c）微元

即

$$\frac{\partial^2 u}{\partial t^2} = \frac{E}{\rho}\cdot\frac{\partial^2 u}{\partial x^2} \tag{5.1.4}$$

这既是一种振动方程，也是一种波动的微分方程，通过波动方程的求解可知其波速为

$$C_0 = \sqrt{\frac{E}{\rho}} \tag{5.1.5}$$

进而波动方程可写为

$$\frac{\partial^2 u}{\partial t^2} = C_0^2\,\frac{\partial^2 u}{\partial x^2} \tag{5.1.6}$$

该波动方程是一个双曲型线性、齐次的二阶偏微分方程。从振动（或驻波）的角度，假定位移是一个正弦函数 $u(x,t) = u_0 \sin \Omega x \cos \omega t$，其中 u_0 为振幅，代入方程可解得方程的通解为 $u(x,t) = u_0 \sin \Omega x \cos \Omega C_0 t$，取 $\Omega = \frac{n\pi}{l}$，其中 l 是特征长度，则得 $u(x,t) =$

$u_0\left(\sin\frac{n\pi x}{l}\cos\frac{n\pi C_0 t}{l}\right)$。从这个通解可以看出，当 x 一定时，即在某一位置，通解对应的是该位置随时间的振动规律，而当 t 一定时，即在某一时刻，通解对应的是该时刻的振动位形。这种方法也叫作分离变量法。它是一种振动的求解方法。从这种通解形式还不容易看出波传播的特征。

为了分析波传播的特征，人们提出一种变量替换法。引入两个新变量 ξ 和 η，分别为 $\xi=x+C_0t$，$\eta=x-C_0t$。把位移看作新变量的函数 $u(\xi,\eta)$，则有$\frac{\partial u}{\partial x}=\left(\frac{\partial u}{\partial \xi}\right)\frac{\partial \xi}{\partial x}+\left(\frac{\partial u}{\partial \eta}\right)\frac{\partial \eta}{\partial x}$，利用$\frac{\partial \xi}{\partial x}=\frac{\partial x}{\partial x}+C_0\frac{\partial t}{\partial x}=1$，$\frac{\partial \eta}{\partial x}=\frac{\partial x}{\partial x}-C_0\frac{\partial t}{\partial x}=1$ 的关系，则有$\frac{\partial u}{\partial x}=\frac{\partial u}{\partial \xi}+\frac{\partial u}{\partial \eta}$，进而有$\frac{\partial^2 u}{\partial x^2}=\left(\frac{\partial}{\partial \xi}+\frac{\partial}{\partial \eta}\right)\left(\frac{\partial u}{\partial \xi}+\frac{\partial u}{\partial \eta}\right)=\frac{\partial^2 u}{\partial \xi}+2\frac{\partial^2 u}{\partial \xi\partial \eta}+\frac{\partial^2 u}{\partial \eta^2}$。用同样的方法求得$\frac{\partial^2 u}{\partial t^2}=C_0^2\left(\frac{\partial^2 u}{\partial \xi^2}-2\frac{\partial^2 u}{\partial \xi\partial \eta}+\frac{\partial^2 u}{\partial \eta^2}\right)$。把它们代入波动方程得

$$C_0^2\left(\frac{\partial^2 u}{\partial \xi^2}-2\frac{\partial^2 u}{\partial \xi\partial \eta}+\frac{\partial^2 u}{\partial \eta^2}\right)=\left(\frac{\partial^2 u}{\partial \xi^2}+2\frac{\partial^2 u}{\partial \xi\partial \eta}+\frac{\partial^2 u}{\partial \eta^2}\right)C_0^2 \tag{5.1.7}$$

进一步整理得

$$\frac{\partial^2 u}{\partial \xi\partial \eta}=0 \tag{5.1.8}$$

此方程的通解为

$$u(\eta,\xi)=F(\eta)+G(\xi) \tag{5.1.9}$$

即

$$u(x,t)=F(x-C_0t)+G(x+C_0t) \tag{5.1.10}$$

该方程的物理意义是用函数 F 和 G 描述的脉冲波形以速度 C_0 分别沿 x 轴正向和反向传播。这些波的形状不随时间变化。对于该圆柱杆受一端撞击的情况，撞击波只有沿 x 正向传播的，此时 $G=0$。图 5－2 所示为 t_1 和 t_2 时刻的波形。

图 5－2　单轴应力状态下波动方程的通解中沿 $+x$ 和 $-x$ 两个方向上的分量

从这个例子可以初步体会到固体中波的一些特性。这个例子是针对圆柱杆受轴向压缩作用的情形。同样是这一圆柱杆，当其端部受一个 y 方向的横向力撞击时，圆柱杆将受到剪切的作用。同样在 t 时刻，在被扰动区域的 x 处取一个微元，其截面为 AB 和 $A'B'$，微元长度为 δx，截面面积为 A，忽略 y 方向剪力的变化，对 $AA'BB'$ 微元沿 y 方向应用牛顿第二定律，有

$$\frac{\partial \tau}{\partial x}\delta x\cdot A=\rho\frac{\partial^2 v}{\partial t^2}\delta xA \tag{5.1.11}$$

即

$$\frac{\partial \tau}{\partial x}=\rho \frac{\partial^2 v}{\partial t^2} \tag{5.1.12}$$

其中，τ 为剪应力，v 为 y 方向的位移，ρ 为材料密度。当变形为弹性时，满足胡克定律 $\tau=G\gamma$，其中，γ 为剪应变，G 为剪切模量。当忽略 y 方向剪应变的影响时，剪应变可表示为 $\gamma=\frac{\partial v}{\partial x}$，代入上式可得

$$\frac{\partial}{\partial x}\left(G\frac{\partial v}{\partial x}\right)=\rho \frac{\partial^2 v}{\partial t^2} \tag{5.1.13}$$

即

$$\frac{\partial^2 v}{\partial t^2}=\frac{G}{\rho}\cdot\frac{\partial^2 v}{\partial x^2} \tag{5.1.14}$$

取 $C=\sqrt{\frac{G}{\rho}}$，则上式可写为

$$\frac{\partial^2 v}{\partial t^2}=C^2\frac{\partial^2 v}{\partial x^2} \tag{5.1.15}$$

该方程的形式和前面圆柱杆受压缩撞击时的波动方程相同，只是波速不同。这里的波速是剪切波的波速。

压缩撞击时，杆中介质的位移与波传播的方向一致，这种波叫作纵波。剪切撞击时，杆中介质的位移与波传播的方向垂直，这种波叫作横波。从波速的表达式可以看出，纵波和横波的传播速度是不一样的。

5.2 空间体的波动方程

上述是针对一维弹性变形的情况来讨论的。实际的问题远没有这样简单。实际的应力波种类很复杂。固体中的应力波种类按其所服从的物理方程可分为弹性波、塑性波等，按其变形的性质又分为纵波、扭转波（又叫作剪切波、横波或等容波）、表面波（或 Rayleigh 波）、界面波（或 Stoneley 波）等。

立方体单元如图 5－3 所示。

对于空间体来说，可在 $Ox_1x_2x_3$ 坐标系中取一个微元体，微元体的边长为 δx_i。沿 Ox_i 方向利用牛顿第二定律得

$$\frac{\partial \sigma_{ij}}{\partial x_j}\cdot\delta x_i\delta S_i=\rho\delta V\frac{\partial^2 u_i}{\partial t^2} \tag{5.2.1}$$

由于 $\delta x_i\delta S_i=\delta V$，则有

$$\frac{\partial \sigma_{ij}}{\partial x_j}=\rho\frac{\partial^2 u_i}{\partial t^2} \tag{5.2.2}$$

对各向同性材料应用广义胡克定律 $\sigma_{ij}=\lambda\Delta\delta_{ij}+2\mu\varepsilon_{ij}$，其中 λ 和 μ 是 Lamé 常数，$\Delta=\varepsilon_{11}+$

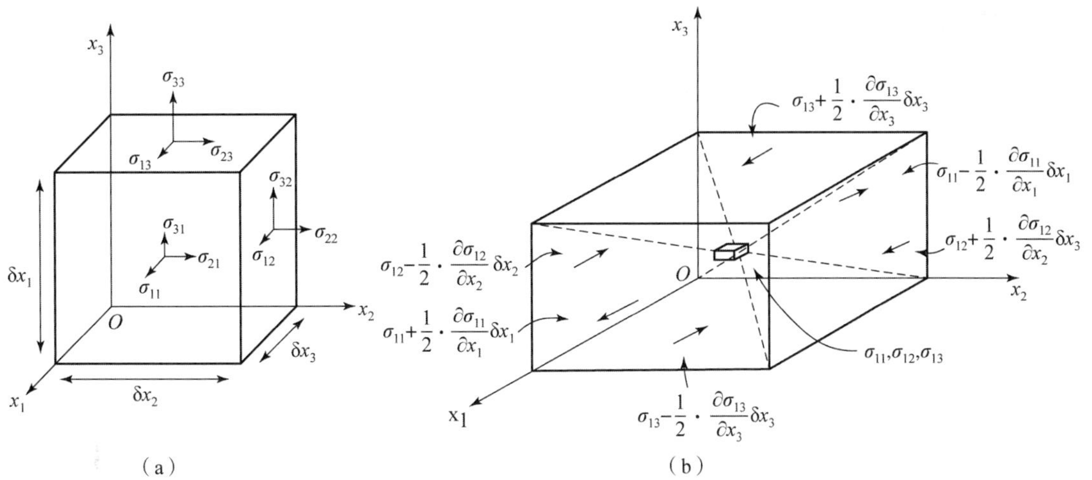

图5－3　立方体单元

(a) 平衡状态的立方体单元；(b) 非平衡状态的立方体单元

$\varepsilon_{22}+\varepsilon_{33}=\dfrac{\partial u_i}{\partial x_i}$是体积形变，$\delta_{ij}=\begin{cases}1, & i=j\\0, & i\neq j\end{cases}$，得

$$\frac{\partial(\lambda\Delta\delta_{ij}+2\mu\varepsilon_{ij})}{\partial x_j}=\rho\frac{\partial^2 u_i}{\partial t^2} \tag{5.2.3}$$

将应变－位移关系 $\varepsilon_{ij}=\dfrac{1}{2}\left(\dfrac{\partial u_i}{\partial x_j}+\dfrac{\partial u_j}{\partial x_i}\right)$代入得

$$\frac{\partial(\lambda\Delta\delta_{ij})}{\partial x_j}+2\mu\frac{\partial}{\partial x_j}\left[\frac{1}{2}\left(\frac{\partial u_i}{\partial x_j}+\frac{\partial u_j}{\partial x_i}\right)\right]=\rho\frac{\partial^2 u_i}{\partial t^2} \tag{5.2.4}$$

或

$$\frac{\partial(\lambda\Delta\delta_{ij})}{\partial x_j}+\mu\frac{\partial^2 u_i}{\partial x_j\partial x_j}+\mu\frac{\partial}{\partial x_i}\cdot\frac{\partial u_j}{\partial x_j}=\rho\frac{\partial^2 u_i}{\partial t^2} \tag{5.2.5}$$

即

$$\lambda\frac{\partial\Delta}{\partial x_j}\delta_{ij}+\mu\frac{\partial^2 u_i}{\partial x_j\partial x_j}+\mu\frac{\partial\Delta}{\partial x_i}=\rho\frac{\partial^2 u_i}{\partial t^2} \tag{5.2.6}$$

定义算子∇^2为$\nabla^2=\dfrac{\partial^2}{\partial x_1^2}+\dfrac{\partial^2}{\partial x_2^2}+\dfrac{\partial^2}{\partial x_3^2}=\dfrac{\partial^2}{\partial x_i\partial x_i}$，该算子称为拉普拉斯算子，则有

$$(\lambda+\mu)\frac{\partial\Delta}{\partial x_i}+\mu\nabla^2 u_i=\rho\frac{\partial^2 u_i}{\partial t^2} \tag{5.2.7}$$

这就是各向同性空间体的波动方程。

对于 x_1 方向的一维应力问题，有 $\mu\dfrac{\partial^2 u_i}{\partial x_j\partial x_j}+\mu\dfrac{\partial\Delta}{\partial x_i}=2\mu\dfrac{\partial^2 u_1}{\partial x_1^2}$，从而得

$$\lambda\frac{\partial\Delta}{\partial x_i}+2\mu\frac{\partial^2 u_1}{\partial x_1^2}=\rho\frac{\partial^2 u_1}{\partial t^2} \tag{5.2.8}$$

又 $\Delta=\varepsilon_{11}+\varepsilon_{22}+\varepsilon_{33}=\left(\frac{\mu}{\lambda+\mu}\right)\frac{\partial u_i}{\partial x_i}$，则有

$$\left(\frac{\lambda}{\lambda+\mu}+2\right)\mu\frac{\partial^2 u_1}{\partial x_1^2}=\rho\frac{\partial^2 u_1}{\partial t^2} \tag{5.2.9}$$

利用关系 $\mu=E/[2(1+v)]$ 和 $\lambda=vE/[(1+v)(1-2v)]$，上式化为

$$E\frac{\partial^2 u_1}{\partial x_1^2}=\rho\frac{\partial^2 u_1}{\partial t^2} \tag{5.2.10}$$

该式与杆受单轴压缩的波动方程相同。

对于扭转问题，将第 i 个方程对 x_j 求偏导，而将第 j 个方程对 x_i 求偏导，然后两式相减得

$$\mu\nabla^2\left(\frac{\partial u_i}{\partial x_j}-\frac{\partial u_j}{\partial x_i}\right)=\rho\frac{\partial^2}{\partial t^2}\left(\frac{\partial u_i}{\partial x_j}-\frac{\partial u_j}{\partial x_i}\right) \tag{5.2.11}$$

由于 $\omega_{ij}=\left(\frac{\partial u_i}{\partial x_j}-\frac{\partial u_j}{\partial x_i}\right)=\omega_k$ 恰为垂直于 x_ix_j 面的转角，所以上式为扭转波动方程，其形式为

$$\frac{\partial^2\omega_k}{\partial t^2}=\frac{\mu}{\rho}\nabla^2\omega_k \tag{5.2.12}$$

其波速为

$$C=\sqrt{\frac{\mu}{\rho}} \tag{5.2.13}$$

对于等容情况，即 $\Delta=\varepsilon_{11}+\varepsilon_{22}+\varepsilon_{33}=0$ 时，波动方程化为

$$\frac{\partial^2 u_i}{\partial t^2}=\frac{\mu}{\rho}\nabla^2 u_i \tag{5.2.14}$$

其方程形式及波速与扭转波相同，由于 $\mu=G$，所以它们和剪切波的波速也都是相同的。通常把剪切波、扭转波和等容波都视为一类波，即它们都是横波。

对于一般的空间问题，将波动方程对 x_i 求偏导，得

$$(\lambda+\mu)\frac{\partial^2\Delta}{\partial x_i\partial x_i}+\mu\nabla^2\frac{\partial u_i}{\partial x_i}=\rho\frac{\partial^2}{\partial t^2}\left(\frac{\partial u_i}{\partial x_i}\right) \tag{5.2.15}$$

即

$$\frac{\partial^2\Delta}{\partial t^2}=\frac{\lambda+2\mu}{\rho}\nabla^2\Delta \tag{5.2.16}$$

或

$$\frac{\partial^2\Delta}{\partial t^2}=\frac{\lambda+2\mu}{\rho}\nabla^2\Delta \tag{5.2.17}$$

由于 Δ 为体应变，代表体积膨胀，所以也称此类波为膨胀波。其膨胀波速为

$$C=\sqrt{\frac{\lambda+2\mu}{\rho}} \tag{5.2.18}$$

5.3　空间球对称波动方程的求解

前述空间波动方程看似简单，但并不太好求解。对于球对称问题，可将原直角坐标变换为球坐标。体应变 Δ 是一个标量，按其变换规律，标量 Δ 的拉普拉斯变换在球坐标系下可写为

$$\nabla^2\Delta = \frac{\partial^2\Delta}{\partial r^2} + \frac{2}{r}\cdot\frac{\partial\Delta}{\partial r} + \frac{1}{r^2}\cdot\frac{\partial^2\Delta}{\partial\theta^2} + \frac{\arctan\theta}{r^2}\cdot\frac{\partial\Delta}{\partial\theta} + \frac{1}{r^2\sin^2\theta}\cdot\frac{\partial^2\Delta}{\partial\phi^2} \tag{5.3.1}$$

对于球对称问题，Δ 对 θ 和 ϕ 的偏导数都为零，则上式化为

$$\nabla^2\Delta = \frac{\partial^2\Delta}{\partial r^2} + \frac{2}{r}\cdot\frac{\partial\Delta}{\partial r} \tag{5.3.2}$$

则空间体的波动方程可写为

$$\frac{\partial^2\Delta}{\partial t^2} = C^2\left(\frac{\partial^2\Delta}{\partial r^2} + \frac{2}{r}\cdot\frac{\partial\Delta}{\partial r}\right) \tag{5.3.3}$$

由于$\frac{\partial^2\Delta}{\partial r^2} + \frac{2}{r}\cdot\frac{\partial\Delta}{\partial r} = \frac{1}{r}\cdot\frac{\partial^2(r\Delta)}{\partial r^2}$，上式可化为

$$\frac{\partial^2(r\Delta)}{\partial t^2} = C^2\frac{\partial^2(r\Delta)}{\partial r^2} \tag{5.3.4}$$

参照前述一维波动方程的求解方法，可知该方程的通解为

$$\Delta(r,t) = \frac{1}{r}F(r-Ct) + \frac{1}{r}G(r+Ct) \tag{5.3.5}$$

其中，F 项和 G 项分别对应波的膨胀和波的收缩。

5.4　波动方程的特征线分析

为了求解二阶偏微分波动方程，除上述分离变量法和变量替换法外，也可将其分解成一阶的偏微分方程组，然后转换成常微分方程进行求解。首先将$\frac{\partial^2 u}{\partial t^2} - C^2\frac{\partial^2 u}{\partial x^2} = 0$ 分解成

$$\left(\frac{\partial}{\partial t} + C\frac{\partial}{\partial x}\right)\left(\frac{\partial u}{\partial t} - C\frac{\partial u}{\partial x}\right) = 0 \tag{5.4.1}$$

或分解成

$$\left(\frac{\partial}{\partial t} - C\frac{\partial}{\partial x}\right)\left(\frac{\partial u}{\partial t} + C\frac{\partial u}{\partial x}\right) = 0 \tag{5.4.2}$$

如果令

$$W = \left(\frac{\partial u}{\partial t} - C\frac{\partial u}{\partial x}\right) \tag{5.4.3}$$

$$V = \left(\frac{\partial u}{\partial t} + C\frac{\partial u}{\partial x}\right) \tag{5.4.4}$$

则有

$$\frac{\partial W}{\partial t}+C\frac{\partial W}{\partial x}=0 \tag{5.4.5}$$

和

$$\frac{\partial V}{\partial t}-C\frac{\partial V}{\partial x}=0 \tag{5.4.6}$$

这就是一阶波动方程组。

对于前一个方程，如果取 $C=\frac{\mathrm{d}x}{\mathrm{d}t}$，则有

$$\frac{\partial W}{\partial t}+\frac{\mathrm{d}x}{\mathrm{d}t}\cdot\frac{\partial W}{\partial x}=\frac{\mathrm{d}W}{\mathrm{d}t}=0 \tag{5.4.7}$$

对 $C=\frac{\mathrm{d}x}{\mathrm{d}t}$积分得 $x=Ct+x_0$。它代表（x，t）坐标中的一簇直线，其斜率为 C。而$\frac{\mathrm{d}W}{\mathrm{d}t}=0$ 说明在某一直线 $x=Ct+x_0$ 上的 W 都为常量。

类似地，对于后一个方程，如果取 $C=-\frac{\mathrm{d}x}{\mathrm{d}t}$，则有

$$\frac{\partial V}{\partial t}+\frac{\mathrm{d}x}{\mathrm{d}t}\cdot\frac{\partial V}{\partial x}=\frac{\mathrm{d}V}{\mathrm{d}t}=0 \tag{5.4.8}$$

对 $C=-\frac{\mathrm{d}x}{\mathrm{d}t}$积分得 $x=-Ct+x_0$。它也代表（x，t）坐标中的一簇直线，其斜率为 $-C$。而$\frac{\mathrm{d}V}{\mathrm{d}t}=0$ 说明在这一直线 $x=-Ct+x_0$ 上的 V 都为常量。

称直线簇 $x=Ct+x_0$，$x=-Ct+x_0$ 为特征线（图 5－4）。这些特征线对求解固体、液体、气体中波的传播（弹性波、塑性波和冲击波）很有用。对于非线性方程（C 是应力或压力的函数），特征线不平行，而形成的或是扇形（对发散波而言）或是彼此交错的曲线簇（对冲击波而言）。

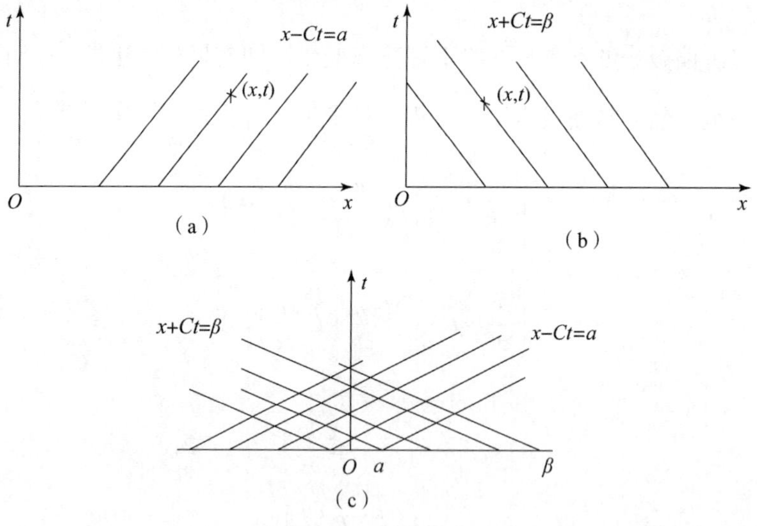

图 5－4　特征线

（a），（b）一阶波动方程的特征线；（c）二阶一维波动方程的特征线

5.5　波的反射、折射和相互作用

上述对波的分析都限于介质内部，而没有考虑边界的问题。事实上波在边界上的作用更为复杂。与光波、声波等类似，应力波在碰到界面时也会产生折射和反射。折射率和反射率既与介质有关，也与入射的角度有关。

以最简单的一维应力波垂直入射某一界面为例（图 5－5）。仍然看圆柱杆受压缩撞击时其压缩波的情况。看一下波阵面，假设杆的横截面积为 A，应力波到达的区域的应力为 σ，介质质点的速度为 U_P，应力波波速为 C，则在 $\mathrm{d}t$ 时间内，应力的冲量为 $\sigma A\mathrm{d}t$，而获得质点速度 U_P 的介质增加了 $\rho CA\mathrm{d}t$，进而动量增加了 $U_P\rho CA\mathrm{d}t$，由动量守恒关系可知

$$\sigma A\mathrm{d}t = U_P\rho CA\mathrm{d}t \tag{5.5.1}$$

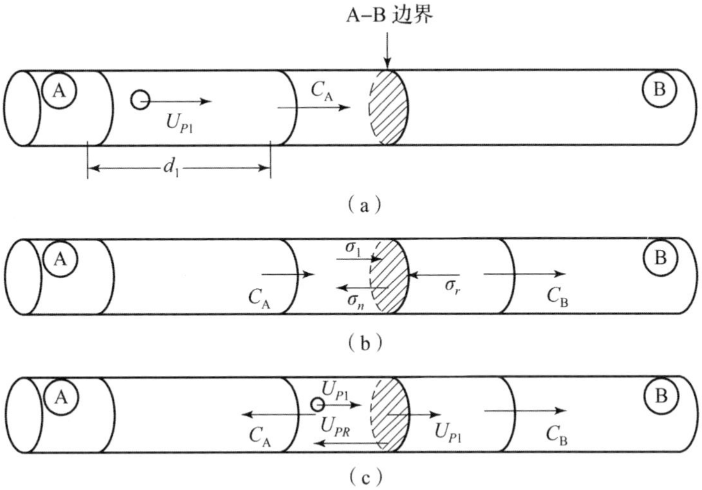

图 5－5　纵波垂直入射到介质 A 和介质 B 的界面后的运动轨迹

（a）到达界面之前；（b）作用在界面上的力；（c）界面的质点速度

即

$$\sigma = \rho CU_P \tag{5.5.2}$$

或改写为

$$U_P = \frac{\sigma}{\rho C} \tag{5.5.3}$$

由于质点的速度与 ρC 成反比，即在同样的应力作用下，ρC 越大，质点获得的速度越小，因此通常称 ρC 为阻抗。假设某一界面由介质 A 和介质 B 构成，两种介质的质点的速度分别是 U_{PA}，U_{PB}，两种介质的密度和波速是不同的，分别是 ρ_A，ρ_B，C_A 和 C_B，对应的阻抗也是不同的。由于两种介质既是紧密挨在一起的，又不相互渗入，所以界面上的作用力和反作用力是相等的，质点的速度也是相等的。当应力波从介质 A 向介质 B 传播经过界面时，一部分透射过去，一部分反射回来。设入射波为 σ_I，透射波为 σ_T，反射波为 σ_R，则在界面上作用在介质 A 单位面积上的力 $\sigma_I+\sigma_R$ 应该等于作用在介质 B 单位面积上的力 σ_T，即

$$\sigma_I + \sigma_R = \sigma_T \tag{5.5.4}$$

同样介质 A 的质点速度 $U_{P\mathrm{A}}$ 也应该等于介质 B 的质点速度 $U_{P\mathrm{B}}$，即

$$U_{P\mathrm{A}} = U_{P\mathrm{B}} \tag{5.5.5}$$

利用上述应力－速度关系知

$$U_{P\mathrm{A}} = \frac{\sigma_I}{\rho_\mathrm{A} C_\mathrm{A}} - \frac{\sigma_R}{\rho_\mathrm{A} C_\mathrm{A}} \tag{5.5.6}$$

及

$$U_{P\mathrm{B}} = \frac{\sigma_T}{\rho_\mathrm{B} C_\mathrm{B}} \tag{5.5.7}$$

将其代入上式可解得

$$\frac{\sigma_T}{\sigma_I} = \frac{2\rho_\mathrm{B} C_\mathrm{B}}{\rho_\mathrm{B} C_\mathrm{B} + \rho_\mathrm{A} C_\mathrm{A}} \tag{5.5.8}$$

$$\frac{\sigma_R}{\sigma_I} = \frac{\rho_\mathrm{B} C_\mathrm{B} - \rho_\mathrm{A} C_\mathrm{A}}{\rho_\mathrm{B} C_\mathrm{B} + \rho_\mathrm{A} C_\mathrm{A}} \tag{5.5.9}$$

现在可以清楚地看到介质的阻抗（ρC）决定了应力波透射和反射幅度。当 $\rho_\mathrm{B} C_\mathrm{B} > \rho_\mathrm{A} C_\mathrm{A}$ 时，反射波符号和入射波符号相同。当 $\rho_\mathrm{B} C_\mathrm{B} < \rho_\mathrm{A} C_\mathrm{A}$ 时，反射波符号和入射波符号相反。下面讨论两种极端情况，一种是自由面（$E=0$），另一种是刚性壁（$E=\infty$）（图 5－6）。

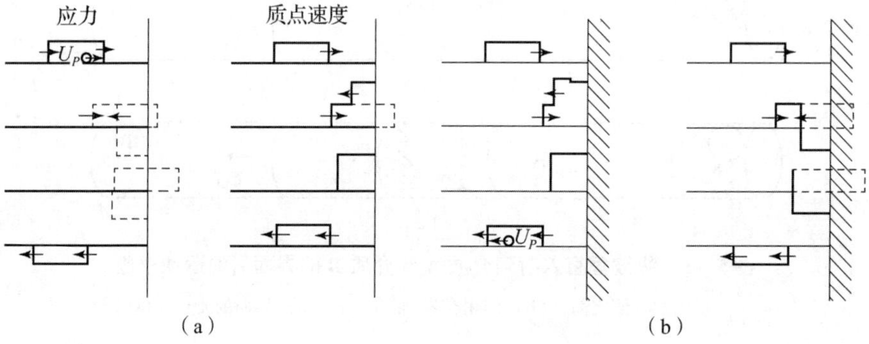

图 5－6　应力脉冲（矩形）在自由面上和刚性壁上的反射

（a）自由面；（b）刚性壁

对于自由面有 $\rho_\mathrm{B} C_\mathrm{B}=0$，因此有 $\dfrac{\sigma_T}{\sigma_I}=0$ 和 $\dfrac{\sigma_R}{\sigma_I}=-1$；而对于刚性壁面有 $\rho_\mathrm{B} C_\mathrm{B}=\infty$，因此有 $\dfrac{\sigma_T}{\sigma_I}=2$ 和 $\dfrac{\sigma_R}{\sigma_I}=1$。

类似地，反射应力波和透射应力波所引起的质点速度 U_{PR}、U_{PT} 与入射应力波引起的质点速度 U_{PI} 的比值为

$$\frac{U_{PR}}{U_{PI}} = \frac{\rho_\mathrm{A} C_\mathrm{A} - \rho_\mathrm{B} C_\mathrm{B}}{\rho_\mathrm{A} C_\mathrm{A} + \rho_\mathrm{B} C_\mathrm{B}} \tag{5.5.10}$$

$$\frac{U_{PT}}{U_{PI}} = \frac{2\rho_\mathrm{A} C_\mathrm{A}}{\rho_\mathrm{A} C_\mathrm{A} + \rho_\mathrm{B} C_\mathrm{B}} \tag{5.5.11}$$

对自由面有$\frac{U_{PT}}{U_{PI}}=2$和$\frac{U_{PR}}{U_{PI}}=1$；而对刚性壁面则有$\frac{U_{PT}}{U_{PI}}=0$和$\frac{U_{PR}}{U_{PI}}=-1$。可以看出，当压缩波遇到自由面时，反射的是拉伸波，反之亦然；应力符号改变了，而质点速度保持不变。当遇到的是刚性壁时，则会出现相反的情况，应力符号不变而质点速度方向改变。

对于非垂直的入射，其反射和透射类似光波的情形（图 5－7）。不同波的反射角和折射角服从楞次（Lenz）定律，其关系式为

$$\frac{\sin\theta_1}{C_1}=\frac{\sin\theta_2}{C_2}=\frac{\sin\theta_3}{C_1}=\frac{\sin\theta_4}{C_1'}=\frac{\sin\theta_5}{C_2'} \tag{5.5.12}$$

其中，θ_1 为纵波的入射角，θ_3 为纵波的反射角，θ_2 为横波的入射角，θ_4 为纵波的折射角，θ_5 为横波的折射角；C_1 和 C_2 分别是介质 A 中的纵波波速和横波波速；C_1' 和 C_2' 分别是介质 B 中的纵波波速和横波波速。

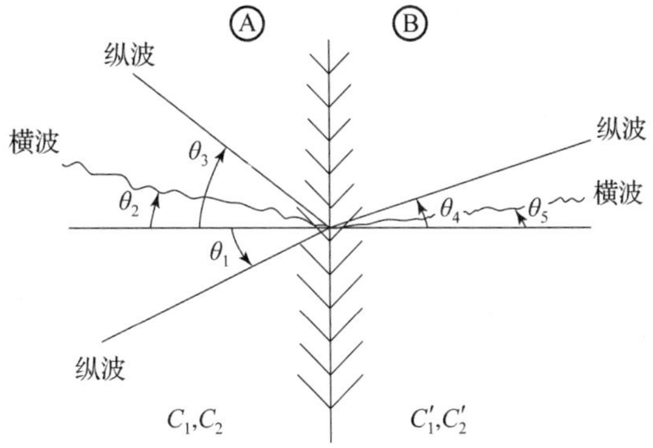

图 5－7　弹性纵波遇到介质 A 和介质 B 的界面，产生折射波和反射波

5.6　冲击波

在前面的分析中，尽管波阵面前后的质点速度和应力是不同的，但介质的密度是相同的，这是因为所考虑的介质是不可压缩介质。当冲击压力不高时，这对绝大多数固体都是适用的。然而，当冲击压力很高时，密度不变的假设就不太适宜了。当应力波的压力幅度大大超过材料的动态屈服强度时，材料进入高压状态，和静水压应力分量相比，剪切应力的影响可以忽略。此时的固体类似气体，可视为可压缩的流体。对于理想可压缩气体，有等熵状态方程为

$$PV^{\gamma}=K=常数 \tag{5.6.1}$$

其中，P 为压力，V 为体积。对其进行微分得

$$\gamma PV^{\gamma-1}\mathrm{d}V+V^{\gamma}\mathrm{d}P=0 \tag{5.6.2}$$

即

$$\frac{\mathrm{d}P}{\mathrm{d}V}=-\gamma\frac{P}{V} \tag{5.6.3}$$

由理想流体的波动方程可知，该比值类似固体中应力－应变的微分比值，是决定波速的

量。对于气体，一维扰动波的波速与$(\mathrm{d}P/\mathrm{d}V)^{\frac{1}{2}}$成正比。这说明高压力扰动波的传播速度比低压力扰动波的传播速度高。原处于后面的高压波会不断追赶前面的低压波，使整个连续波的波形逐渐缩短，形成汇聚波，进而形成强间断波阵面。波阵面在介质传播过程中变得“十分陡峭”，这样就形成了冲击波。上述波速随压力增大而加快的条件，即

$$C \propto \left|\frac{\mathrm{d}\sigma}{\mathrm{d}V}\right| \uparrow \quad (\text{当}\ \sigma \uparrow \text{时}) \tag{5.6.4}$$

是冲击波形成的必要条件。冲击波波阵面相对普通连续波波阵面是一个强间断面。该强间断面两侧的压力、温度（内能）和密度的都可能是间断的。在快速或突然加载的情况下是极易产生冲击波的。

冲击波阵面虽然是个强间断面，但前述关于连续介质力学中间断面两侧的基本方程（质量守恒方程、动量守恒方程和能量守恒方程）以及间断面的有关方程在这里都是适用的。

设波阵面冲击波未到达一侧的介质密度为ρ_0，粒子速度为V_0，压力为p_0，内能密度为e_0，而另一侧（即冲击波经过后的一侧）的介质密度为ρ，粒子速度为V，压力为p，内能密度为e，冲击波的绝对传播速度为c_f，则根据第2章间断面两侧各物理量的关系可得冲击波两侧应满足的质量守恒方程为

$$\rho_0 c_f = \rho(c_f - v) \tag{5.6.5}$$

应满足的动量守恒方程为

$$p - p_0 = \rho_0 c_f v \tag{5.6.6}$$

应满足的能量守恒方程为

$$pv = \frac{1}{2}\rho_0 c_f v^2 + \rho_0 c_f (e - e_0) \tag{5.6.7}$$

若用比容代替密度，即$V = \dfrac{1}{\rho}$，则利用质量守恒方程和动量守恒方程，还可将能量守恒方程化为

$$(e - e_0) = \frac{1}{2}(p + p_0)(V_0 - V) \tag{5.6.8}$$

在冲击波分析中，除了要考虑载荷的因素及一般的材料特性外，材料的应变率效应也是需要考虑的。从材料变形机理来说，除了理想弹性变形可看作瞬态响应外，各种类型的非弹性变形和断裂都是以有限速率发展和进行的非瞬态响应（如位错的运动过程、应力引起的扩散过程、损伤的演化过程、裂纹的扩展和传播过程等），因此材料的力学性能本质上是与应变率相关的。其通常表现为：随着应变率的提高，材料的屈服极限提高，强度极限提高，延伸率降低，屈服滞后和断裂滞后等。

平面冲击波由介质Ⅰ传入介质Ⅱ时，在介质分界面处一般会发生反射和透射。如同弹性波，反射和透射的程度主要取决于两种介质相对的冲击阻抗。若介质Ⅱ的冲击阻抗$\rho_{02}C_2$大于介质Ⅰ的冲击阻抗$\rho_{01}C_1$，则反射波也为冲击波，反之则为稀疏波。当$\rho_{01}C_1 = \rho_{02}C_2$时，在分界面上没有波的反射发生，入射波将强度不变地传入介质Ⅱ。

第 6 章
空穴膨胀理论

6.1 空穴膨胀理论概述

空穴膨胀理论的英文为 Cavity - Expansion Theory，中文也称作空腔膨胀理论。它是开展侵彻力学解析研究最先用到的方法，主要包括球形空穴膨胀理论（Spherical Cavity - Expansion Theory，SCET）和柱形空穴膨胀理论（Cylindrical Cavity - Expansion Theory，CCET）两种。

最先开展侵彻力学解析方法研究的是英国的 Bishop 等，1945 年他们提出了准静态的柱形和球形空穴膨胀方程，并用这些方程来估计锥形弹侵彻金属靶时弹头的受力。后来，Goodier 发展了该理论，于 1965 年运用球形空穴膨胀理论研究了刚性弹体对金属板高速撞击的侵彻问题。由于侵彻模型中包含靶的惯性效应，所以 Goodier 借助了 Hill 于 1948 年推导的动态球对称空穴膨胀方程。Bishop 提出的空穴膨胀方程是针对不可压缩材料进行推导的，他把这个理论应用于土壤介质，指出可以近似地将其用于研究球形弹侵入半无限厚介质的问题。后来，人们将其推广到可压缩材料和两层不同介质的情况。Bernard 和 Hanagud 在 1969—1976 年间就发表了一系列论文，把球形空穴膨胀理论应用到可压缩应变硬化材料的深侵彻问题中。他们考虑了目标介质的可压缩问题，并引入一个锁定密度的概念对材料的可压缩性进行描述。美国的钻地弹研究广泛使用了空穴膨胀理论。1969 年，Ross 等人应用球形空穴膨胀理论研究了地质材料的侵彻问题。1974 年，SNL 的研究人员提出利用柱形空穴膨胀理论研究类似问题，并以此为基础编制了一些计算地质材料侵彻问题的程序，如用于计算土壤材料侵彻问题的 PENAP 计算程序等。20 世纪 80 年代初，SNL 的 Forrestal 等人开始研究柱形空穴膨胀理论在岩石材料中的侵彻问题，并在此基础上建立了一系列描述岩石材料在侵彻时的相应模型。1992 年，Forrestal 和 Luk 针对土壤材料发展了一种球形空穴膨胀的模型，并与靶场试验结果进行了对比，发现其吻合程度相当高。而 1986 年针对干燥多孔岩石建立的柱形空穴膨胀模型就不是很理想。经过加速度数据对比发现，柱形空穴膨胀模型对初期的加速度估计过高，而对末期的加速度又估计过低。相比之下，球形空穴膨胀模型就相当理想。关于混凝土材料侵彻问题的研究开展得相对晚一些，始于 20 世纪 90 年代，Luk 和 Forrestal 针对混凝土的特性，提出把混凝土近似认为是具有恒定剪切强度的线性 - 锁定静水力的材料，得到了适合混凝土侵彻的分析模型。

球形空穴膨胀理论就是将靶体材料受弹体冲击侵彻时的响应区域和波的传播方向都看作

球对称的（图 6 –1）。从球形空穴膨胀过程中弹塑性波的传播和介质压缩一系列解析结果可获得弹头阻力与空穴膨胀速度的关系，将其应用于弹体的运动方程即可求得弹体侵彻过程中的侵彻规律。

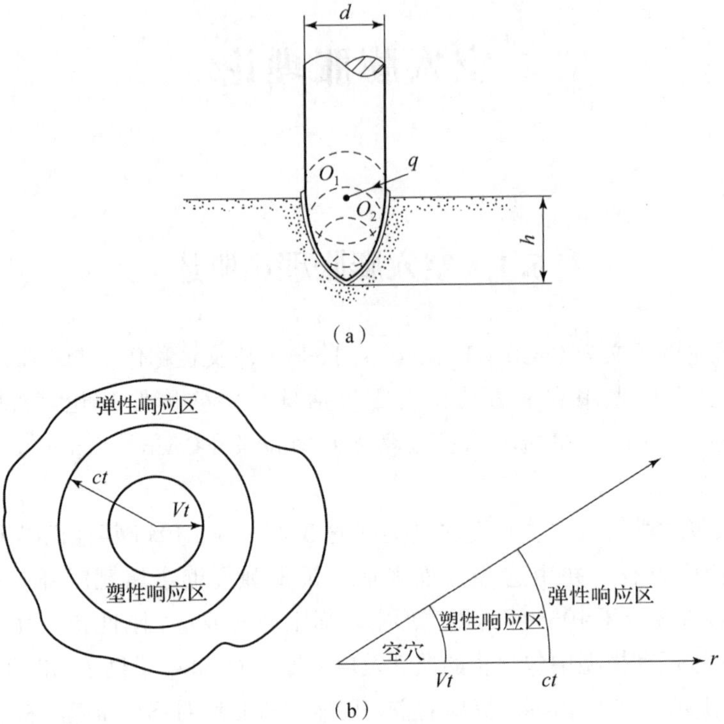

图 6 –1　球形空穴膨胀示意

柱形空穴膨胀理论就是将靶体分成许多相互独立的薄层（图 6 –2），每一层材料相互独立，运动互不影响，并且认为在弹体侵彻过程中靶体材料只有与侵彻方向垂直的运动，而没有与侵彻方向平行的运动，其运动是轴对称的径向运动。波的传播方向也是沿着薄层内的径向方向传播。在这种假设下，也可解出弹头阻力与空穴膨胀速度的关系，将其应用于弹体的运动方程即可求得弹体侵彻过程中的侵彻规律。

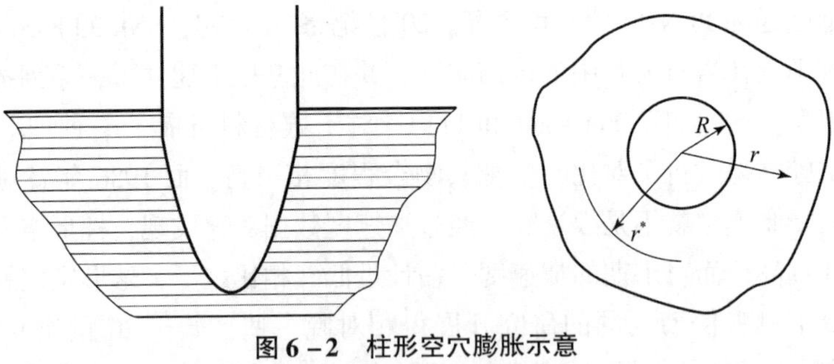

图 6 –2　柱形空穴膨胀示意

这里仅以球形空穴在不可压缩介质侵彻中的膨胀模型为例进行空穴膨胀理论介绍。

在球形空穴膨胀理论中，假设侵彻弹体的通道是由始发于运动弹体尖端的一系列球形空穴膨胀造成的。这些空穴的最终形状取决于弹体的几何形状，即这些空穴的包迹与弹头的形状相适应。如图 6－1(a) 所示，$t=0$ 时，弹尖触及靶表面，在 t 时间内，弹体在靶中的侵彻深度为 h，此刻以 O_1 为圆心的空穴半径为 q_1，以 O_2 为圆心的空穴半径为 q_2，……；当 $h=L$ 时（即等于弹头部长度），q_1 达到极大值 $d/2$，即弹身的半径，此时空穴停止膨胀。依此类推，最后形成图中与弹头形状一样的凹坑。

假设弹体侵彻时，球对称空穴从初始零半径处以速度 V 向外膨胀，这种膨胀在介质内产生了塑性响应区和弹性响应区，如图 6－1(b) 所示。塑性响应区以 $r=Vt$ 和 $r=ct$ 为边界，$r\geqslant ct$ 的区域为弹性响应区。其中，r 是欧拉空间坐标，t 是时间，c 为弹塑性界面速度。同时假设介质材料为均匀且各向同性，介质材料在弹、塑性状态下不可压缩，但在弹、塑性分界面上产生有限变形，各响应区是球对称的，弹体为刚性的。

在塑性响应区，材料的压力和体积应变满足线性关系，屈服准则可用 Mohr－Coulomb 屈服准则来描述，从而有

$$p=K\eta \tag{6.1.1a}$$

$$p=(\sigma_r+\sigma_\theta+\sigma_\varphi)/3,\ \sigma_\theta=\sigma_\varphi \tag{6.1.1b}$$

$$\sigma_r-\sigma_\theta=\lambda p+\tau,\ \tau=[(3-\lambda)/3]Y \tag{6.1.1c}$$

其中，p 为压力；η 为体积应变；K 为体积模量；σ_r，σ_θ，σ_φ 分别为径向、切向和子午向的柯西应力分量，受压缩时为正；τ 为剪切强度；λ 为材料强化模量；Y 为单轴抗压强度。

在弹性响应区，材料的应力－应变关系满足胡克定律，且由于环向拉应力远小于材料的抗拉强度，所以被忽略。

对于不可压缩的靶体材料，在欧拉球坐标（r，θ，φ）下介质的质量守恒方程和动量守恒方程分别为

$$\frac{\partial v}{\partial r}+\frac{2v}{r}=0 \tag{6.1.2a}$$

$$\frac{\partial \sigma_r}{\partial r}+\frac{2}{r}(\sigma_r-\sigma_\theta)=-\rho_0\left(\frac{\partial v}{\partial t}+v\frac{\partial v}{\partial r}\right) \tag{6.1.2b}$$

其中，v 为粒子速度，向外为正；σ_r，σ_θ 分别为径向和环向柯西应力分量，受压缩时为正；ρ_0，ρ 分别为材料的初始密度（未变形）和变形后的密度，这里针对不可压缩材料有 $\rho=\rho_0$。该质量守恒方程和动量守恒方程对于弹性响应区和塑性响应区都是适用的。

在塑性响应区，联立式（6.1.1）和式（6.1.2b），消去 σ_θ，动量守恒方程可化为

$$\frac{\partial \sigma_r}{\partial r}+\frac{\alpha\lambda\sigma_r}{r}+\frac{\alpha\tau}{r}=-\rho_0\left(\frac{\partial v}{\partial t}+v\frac{\partial v}{\partial r}\right) \tag{6.1.2c}$$

其中，

$$\alpha=\frac{6}{3+2\lambda} \tag{6.1.2d}$$

式（6.1.2a）和式（6.1.2c）为偏微分方程，直接求解方程比较困难。由于球形空穴膨胀理论认为空穴膨胀既是球对称的，其过程又是均匀的运动，因此可以通过相似变换和引进无量纲变量把偏微分方程转换成常微分方程来求解。首先定义下列无量纲变量：

$$S=\sigma_r/\tau,\ U=v/c,\ \varepsilon=V/c \tag{6.1.3a}$$

同时引入相似变换：

$$\xi=r/ct \tag{6.1.3b}$$

从式（6.1.3a）和式（6.1.3b）可以看出，ξ 表示径向坐标与塑性波运动之比，$\varepsilon<\xi<1$ 的区域为塑性响应区，$\xi=\varepsilon$ 为塑性响应区与膨胀腔的界面（即弹头表面），$\xi>1$ 的区域为弹性区，$\xi=1$ 处为弹－塑性界面；U 为粒子的相对速度；ε 为膨胀腔界面的相对速度；S 为介质中的相对径向应力。

这种相似变换可将原来的关于 r 和 t 的二元函数化为关于 ξ 的一元函数。对于任意函数 $f(r,t)=f(\xi(r,t))$，都应满足下列关系：

$$\frac{\partial}{\partial r}f(r,t)=\frac{1}{ct}\cdot\frac{\mathrm{d}}{\mathrm{d}\xi}f(\xi) \tag{6.1.4a}$$

$$\frac{\partial}{\partial t}f(r,t)=-\frac{r}{ct^2}\cdot\frac{\mathrm{d}}{\mathrm{d}\xi}f(\xi) \tag{6.1.4b}$$

利用式（6.1.4）所示的关系，式（6.1.2a）和式（6.1.2c）可化为

$$\frac{\mathrm{d}U}{\mathrm{d}\xi}+\frac{2U}{\xi}=0 \tag{6.1.5a}$$

$$\frac{\mathrm{d}S}{\mathrm{d}\xi}+\frac{\alpha\lambda S}{\xi}=-\frac{\alpha}{\xi}+\frac{\rho_0c^2}{\tau}(\xi-U)\frac{\mathrm{d}U}{\mathrm{d}\xi} \tag{6.1.5b}$$

塑性响应区有两个边界，一个是膨胀腔表面，另一个是弹塑性界面。膨胀腔表面的边界条件为

$$U(\xi=\varepsilon)=\varepsilon \tag{6.1.6}$$

解式（6.1.5a）所示的常微分方程，并利用式（6.1.6）所示的边界条件，得

$$U=\varepsilon^3/\xi^2 \tag{6.1.7}$$

将其代入式（6.1.5b），并将公式两边同乘 $\xi^{\alpha\lambda}$，且利用

$$\xi^{\alpha\lambda}\left[\frac{\mathrm{d}S}{\mathrm{d}\xi}+\alpha\lambda\frac{S}{\xi}\right]=\frac{\mathrm{d}}{\mathrm{d}\xi}[\xi^{\alpha\lambda}S] \tag{6.1.8}$$

则式（6.1.5b）可化为

$$\frac{\mathrm{d}}{\mathrm{d}\xi}[\xi^{\alpha\lambda}S]=-\alpha\xi^{\alpha\lambda-1}-\frac{2\rho_0c^2\varepsilon^3}{\tau}\xi^{\alpha\lambda-2}+\frac{2\rho_0c^2\varepsilon^6}{\tau}\xi^{\alpha\lambda-5} \tag{6.1.9}$$

对其积分得

$$S=-\frac{1}{\lambda}-\frac{2\rho_0c^2\varepsilon^3}{\tau(\alpha\lambda-1)}\frac{1}{\xi}+\frac{2\rho_0c^2\varepsilon^6}{\tau(\alpha\lambda-4)}\cdot\frac{1}{\xi^4}+C\xi^{-\alpha\lambda} \tag{6.1.10}$$

其中，C 为待定的积分常数。

在弹性响应区，对于球对称问题，应变位移关系为 $\varepsilon_r=\frac{\partial u}{\partial r}$，$\varepsilon_\theta=\varepsilon_\varphi=\frac{u}{r}$，将其代入应力－应变关系（胡克定律）$\sigma_{ij}=3K\left(\frac{1}{3}\varepsilon_{kk}\delta_{ij}\right)+2G\left(\varepsilon_{ij}-\frac{1}{3}\varepsilon_{kk}\delta_{ij}\right)$并注意这里的应力以受压缩时为正，可得

$$\sigma_r - \sigma_\theta = -\frac{E}{1+\upsilon}\left(\frac{\partial u}{\partial r} - \frac{u}{r}\right) \tag{6.1.11}$$

其中，u 为粒子径向位移，E 为杨氏模量，υ 为泊松比，K 为体积模量，G 为剪切模量。

将其代入动量守恒方程［式（6.1.2b）］，并考虑弹性变形很小，欧拉坐标与拉格朗日坐标相同，则得

$$\frac{\partial \sigma_r}{\partial r} - \frac{2E}{r(1+\upsilon)}\left(\frac{\partial u}{\partial r} - \frac{u}{r}\right) = -\rho_0 \frac{\partial v}{\partial t} \tag{6.1.12}$$

式（6.1.2a）、式（6.1.12）构成了弹性响应区的基本方程。由于新的方程中增加了位移变量 u，所以需要补充一个联系速度和位移的新方程。为此，利用随体导数的关系有

$$v = \frac{\mathrm{d}u}{\mathrm{d}t} = \frac{\partial u}{\partial t} + v\frac{\partial u}{\partial r} \tag{6.1.13}$$

并将其改变一下形式，得

$$v\left(1 - \frac{\partial u}{\partial r}\right) = \frac{\partial u}{\partial t} \tag{6.1.14}$$

式（6.1.2a）、式（6.1.12）和式（6.1.14）一起构成了弹性响应区的控制方程（3 个未知变量、3 个方程）。但由于其是偏微分方程，直接求解仍很困难，为此，仍通过相似变换和引进无量纲变量把偏微分方程转换成常微分方程来求解，其无量纲变量除式（6.1.3）外，还增加了一个新的无量纲变量：

$$\bar{u} = u/ct \tag{6.1.15}$$

对于 $\bar{u}$，利用式（6.1.4）所示的关系，并代入式（6.1.15），得

$$\frac{\partial u}{\partial r} = \frac{\mathrm{d}\bar{u}}{\mathrm{d}\xi} \tag{6.1.16a}$$

$$\frac{\partial u}{\partial t} = c\left(\bar{u} - \xi\frac{\mathrm{d}\bar{u}}{\mathrm{d}\xi}\right) \tag{6.1.16b}$$

从而可将式（6.1.11）化为

$$\sigma_r - \sigma_\theta = -\frac{E}{1+\upsilon}\left(\frac{\mathrm{d}\bar{u}}{\mathrm{d}\xi} - \frac{\bar{u}}{\xi}\right) \tag{6.1.17}$$

利用相似变换，可将式（6.1.2a）化成同式（6.1.5a）一样的形式：

$$\frac{\mathrm{d}U}{\mathrm{d}\xi} + \frac{2U}{\xi} = 0 \tag{6.1.18}$$

式（6.1.12）可以化为

$$\frac{\mathrm{d}S}{\mathrm{d}\xi} - \frac{2E}{1+\upsilon}\left(\frac{\mathrm{d}\bar{u}}{\mathrm{d}\xi} - \frac{\xi}{}\right)\frac{1}{\xi} = \frac{\rho_0 c^2}{\tau}\xi\frac{\mathrm{d}U}{\mathrm{d}\xi} \tag{6.1.19}$$

式（6.1.14）可化为

$$U\left(1 - \frac{\mathrm{d}\bar{u}}{\mathrm{d}\xi}\right) = \bar{u} - \xi\frac{\mathrm{d}\bar{u}}{\mathrm{d}\xi} \tag{6.1.20}$$

考虑到弹性响应区变形较小，$\frac{\mathrm{d}\bar{u}}{\mathrm{d}\xi} \ll 1$，因此有

$$U = \bar{u} - \xi \frac{\mathrm{d}\bar{u}}{\mathrm{d}\xi} \tag{6.1.21}$$

由式（6.1.18）解得

$$U = \frac{C_1}{\xi^2} \tag{6.1.22}$$

其中，C_1 为待定积分常数。

将其代入式（6.1.21），可解得

$$\bar{u} = \frac{C_1}{3\xi^2} \tag{6.1.23}$$

再将其代入式（6.1.17），得

$$\sigma_r - \sigma_\theta = \frac{C_1 E}{1+\upsilon} \cdot \frac{1}{\xi^3} \tag{6.1.24}$$

由 $\xi = 1$ 的塑性边界条件 $\sigma_r - \sigma_\theta = \tau$，可确定积分常数 $C_1 = \frac{(1+\upsilon)}{E}\tau$，从而有

$$U = \frac{(1+\upsilon)}{E} \cdot \frac{\tau}{\xi^2} \tag{6.1.25}$$

$$\bar{u} = \frac{(1+\upsilon)}{3E} \cdot \frac{\tau}{\xi^2} \tag{6.1.26}$$

式（6.1.19）可化为

$$\frac{\mathrm{d}S}{\mathrm{d}\xi} + \frac{2}{\xi^4} = -\frac{2\rho_0 c^2}{\tau}\xi \frac{1+\upsilon}{E} \cdot \frac{\tau}{\xi^3} \tag{6.1.27}$$

即

$$\frac{\mathrm{d}S}{\mathrm{d}\xi} = -\frac{2}{\xi^4} - \frac{2\rho_0 c^2 (1+\upsilon)}{E} \cdot \frac{1}{\xi^2} \tag{6.1.28}$$

对上式进行积分，并利用无限远时应力为零的边界条件（无限远处可视为弹性响应区的另一个边界），得

$$S = \frac{2}{3\xi^3} + \frac{2\rho_0 c^2 (1+\upsilon)}{E} \cdot \frac{1}{\xi} \tag{6.1.29}$$

取 $\upsilon = 0.5$，得

$$S = \frac{2}{3\xi^3} + \frac{3\rho_0 c^2}{E} \cdot \frac{1}{\xi} \tag{6.1.30}$$

$$U = \frac{3}{2E} \cdot \frac{\tau}{\xi^2} \tag{6.1.31}$$

$$\bar{u} = \frac{1}{2E} \cdot \frac{\tau}{\xi^2} \tag{6.1.32}$$

弹塑性界面是一个间断面，间断面两侧应满足前文中相应的质量和动量守恒关系，即在弹塑性界面 $\xi = 1$ 处，有

$$\rho_2 (c - v_2) = \rho_1 (c - v_1) \tag{6.1.33}$$

$$\sigma_2 + \rho_2 v_2 (c - v_2) = \sigma_1 + \rho_1 v_1 (c - v_1) \tag{6.1.34}$$

其中，下标1，2分别表示在弹塑性界面处（$\xi = 1$）弹性响应区和塑性响应区内的量。对于不可压缩材料，有 $\rho_2 = \rho_1 = \rho_0$，从而有

$$v_2 = v_1 \tag{6.1.35}$$

$$\sigma_2 = \sigma_1 \tag{6.1.36}$$

即在不可压缩材料的弹塑性界面两侧，粒子速度和应力都是连续的。

利用式（6.1.35）所示 $\xi = 1$ 处的速度连续条件，可由式（6.1.7）和式（6.1.31）得到

$$\varepsilon = \frac{V}{c} = \left(\frac{3\tau}{2E}\right)^{1/3} \tag{6.1.37}$$

$$c = \frac{V}{\varepsilon} = V\left(\frac{2E}{3\tau}\right)^{1/3} \tag{6.1.38}$$

利用式（6.1.36）所示 $\xi = 1$ 处的应力连续条件，可由式（6.1.10）和式（6.1.30）得到

$$-\frac{1}{\lambda} - \frac{2\rho_0 c^2 \varepsilon^3}{\tau(\alpha\lambda - 1)} + \frac{2\rho_0 c^2 \varepsilon^6}{\tau(\alpha\lambda - 4)} + C = \frac{2}{3} + \frac{3\rho_0 c^2}{E} \tag{6.1.39}$$

由式（6.1.39）并利用式（6.1.2d），可确定塑性响应区的积分常数为

$$C = \frac{2}{\alpha\lambda} + \frac{3\rho_0 c^2}{E} + \frac{2\rho_0 c^2 \varepsilon^3}{\tau(\alpha\lambda - 1)} - \frac{2\rho_0 c^2 \varepsilon^6}{\tau(\alpha\lambda - 4)} \tag{6.1.40}$$

将其代回式（6.1.10），得

$$\begin{aligned} S = {} & \frac{2}{\alpha\lambda}\xi^{-\alpha\lambda} - \frac{1}{\lambda} - \frac{2\rho_0 V^2}{\tau}\left[\frac{\varepsilon}{(\alpha\lambda - 1)} \cdot \frac{1}{\xi} - \frac{\varepsilon^4}{(\alpha\lambda - 4)} \cdot \frac{1}{\xi^4}\right] \\ & + \frac{\rho_0 c^2}{\tau}\left[\frac{3\tau}{E} + \frac{2\varepsilon^3}{(\alpha\lambda - 1)} - \frac{2\varepsilon^6}{(\alpha\lambda - 4)}\right]\xi^{-\alpha\lambda} \end{aligned} \tag{6.1.41}$$

侵彻模型中关心的应力是膨胀腔界面（即弹头表面）的应力，即 $\xi = \varepsilon$ 处的应力，在该处式（6.1.41）化为

$$S(\varepsilon) = \frac{2}{\alpha\lambda}\varepsilon^{-\alpha\lambda} - \frac{1}{\lambda} + \frac{\rho_0 V^2}{\tau}\left[\frac{6}{(1 - \alpha\lambda)(4 - \alpha\lambda)} - \frac{2\alpha\lambda\varepsilon^{1-\varepsilon\lambda}}{1 - \alpha\lambda} + \frac{2\varepsilon^{4-\alpha\lambda}}{\alpha\lambda - 4}\right] \tag{6.1.42}$$

进一步解得

$$\sigma_r = S(\varepsilon)\tau = \frac{2\tau}{\alpha\lambda}\varepsilon^{-\alpha\lambda} - \frac{\tau}{\lambda} + \rho_0 V^2\left[\frac{6}{(1 - \alpha\lambda)(4 - \alpha\lambda)} - \frac{2\alpha\lambda\varepsilon^{1-\varepsilon\lambda}}{1 - \alpha\lambda} + \frac{2\varepsilon^{4-\alpha\lambda}}{\alpha\lambda - 4}\right] \tag{6.1.43}$$

取 $A = \frac{2}{\alpha\lambda}\varepsilon^{-\alpha\lambda} - \frac{1}{\lambda}$ 及 $B = \frac{6}{(1 - \alpha\lambda)\ (4 - \alpha\lambda)} - \frac{2\alpha\lambda\varepsilon^{1-\varepsilon\lambda}}{1 - \alpha\lambda} + \frac{2\varepsilon^{4-\alpha\lambda}}{\alpha\lambda - 4}$，则上式可表示成

$$\sigma_r = A\tau + B\rho_0 V^2 \tag{6.1.44}$$

A 和 B 只和靶体材料性质有关，而与侵彻速度无关。可以看出，侵彻过程中弹体表面所受的目标介质压力由两部分组成，一部分是准静态力，另一部分是动态力。准静态力主要与靶体材料的强度有关，因此也叫作强度效应力。动态力主要与弹体的冲击速度有关，因此也叫作惯性效应力。

上述推导都是基于材料不可压缩的条件进行的，目的仅是阐述空穴膨胀理论的原理和方

法。实际中的材料在高速冲击作用下总会表现出一定的可压缩性，特别是混凝土这种本身就存在许多气孔的材料，可压缩性更加明显。因此，仅用上述不可压缩模型来分析混凝土材料受侵彻时的特性是不够准确的。针对混凝土这种特殊的材料，人们提出了许多相应的空穴膨胀模型。然而，弹体所受阻力（弹表面压力）的形式都是类似的，即都是如下形式：

$$\sigma_r = A\tau + B\rho_0 V^2 \tag{6.1.45}$$

只是不同空穴膨胀模型所得的材料系数 A 和 B 的表达式不同。鉴于推导过程比较复杂，这里不再赘述，可参见相关的文献。

6.2 弹体的空穴膨胀侵彻方程

由图 6－3 所示的几何关系可以得出弹体的侵彻深度 $z(t)$ 和空穴半径 $r(t)$ 分别为

$$z = L_N - R\cos\phi \tag{6.2.1}$$

$$r = R - \frac{R-a}{\sin\phi} \tag{6.2.2}$$

其中，$\phi = \cos^{-1}\frac{L_N - z}{R}$，$R = \frac{L_N^2 + a^2}{2a}$；$L_N$，$R$，$a$ 分别是弹头长度、弹头曲率半径和弹体半径。

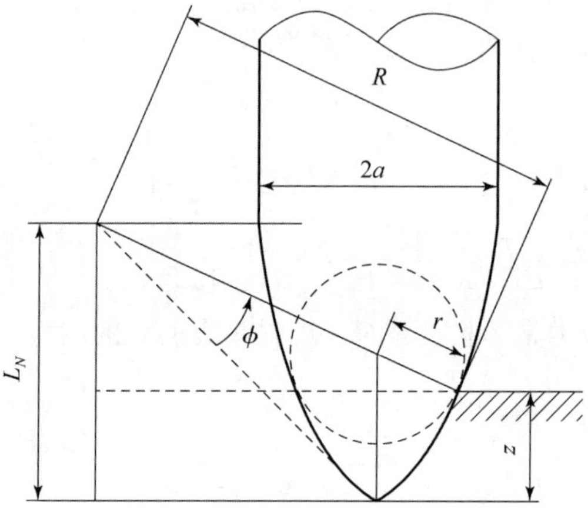

图 6－3　空穴与弹头的几何关系

弹体的侵彻速度 V_p 和空穴膨胀速度 V 分别为

$$V_p = \frac{\mathrm{d}z}{\mathrm{d}t} = R\sin\phi\frac{\mathrm{d}\phi}{\mathrm{d}t} \tag{6.2.3}$$

$$V = \frac{\mathrm{d}r}{\mathrm{d}t} = (R-a)\frac{\cos\phi}{\sin^2\phi}\cdot\frac{\mathrm{d}\phi}{\mathrm{d}t} \tag{6.2.4}$$

所以

$$V = \frac{R-a}{R}\cdot\frac{\cos\phi}{\sin^3\phi}V_p = \frac{R(R-a)(L_N - z)}{[R^2 - (L_N - z)^2]^{3/2}}V_p \tag{6.2.5}$$

又 $\mathrm{CRH} = \psi = \frac{R}{2a}$，$L_N = (4\psi - 1)^{1/2}a$，并令 $z = ka, 0 \leqslant k \leqslant (4\psi - 1)^{1/2}$，则式（6.2.5）为

$$V=\frac{2(2\psi-1)[(4\psi-1)^{1/2}-k]}{\{4\psi^2-[(4\psi-1)^{1/2}-k]^2\}^{3/2}}V_p \tag{6.2.6}$$

将式（6.2.6）代入式（6.1.45），得

$$\sigma_r=\tau A+\rho_0 B\left\{\frac{2(2\psi-1)[(4\psi-1)^{1/2}-k]}{\{4\psi^2-[(4\psi-1)^{1/2}-k]^2\}^{3/2}}V_p\right\}^2 \tag{6.2.7}$$

轴向阻力为

$$\begin{aligned}F_z&=\iint\sigma_r\cos\phi\mathrm{d}s=\iint rR\sigma_r\cos\phi\mathrm{d}\theta\mathrm{d}\phi\\&=\int_0^{2\pi}\mathrm{d}\theta\int_{\phi_0}^{\pi/2}\sigma_r R\left(R-\frac{R-a}{\sin\phi}\right)\cos\phi\mathrm{d}\phi=2\pi\int_{\phi_0}^{\pi/2}\sigma_r R\left(R-\frac{R-a}{\sin\phi}\right)\cos\phi\mathrm{d}\phi\end{aligned} \tag{6.2.8}$$

其中，积分下限 $\phi_0=\tan^{-1}\frac{R-a}{L_N}=\tan^{-1}\frac{2\psi-1}{(4\psi-1)^{1/2}}$，是弹尖处的 ϕ 角。有了轴向阻力，就可以写出弹体侵彻运动方程。

空穴膨胀理论给出了目标介质对侵彻弹体的完整的阻力解析表达式。通过阻力表达式，可以求得侵彻弹体侵彻过程中的速度–时间历程、加速度–时间历程及侵彻深度等。空穴膨胀理论的应用对于了解弹体的侵彻机理是非常重要的。

不同类型的空穴膨胀模型适应于不同的侵彻工况。柱形空穴膨胀理论假设目标介质由一系列连续的相互独立且垂直于弹体轴线的薄层组成，并且当弹体侵彻这些薄层时，目标介质只有与侵彻方向垂直的运动，即介质运动被限制在某一层里面，因此柱形空穴膨胀理论对细长头部弹体（如锥形弹头）比较适用；而球形空穴膨胀理论假设目标沿弹体表面法线方向运动，同时涉及靶板材料在垂直方向和横向的运动，故它更适用于具有较钝头部的弹体（如球形弹头、卵形弹头）。

6.3　基于空穴膨胀理论的侵彻方程及其求解

一般而言，不可变形弹体的侵彻过程主要与弹体的冲击速度、弹头的几何形状、弹体质量、靶体的材料特性以及弹体与靶体的摩擦阻力等有关。其中弹头的几何形状是很关键的因素。下面以不可变形弹体的头部几何形状为例，给出解析分析的过程。

如图 6–1 所示，具有任意弹头形状的不可变形弹体以速度 v_0 垂直侵彻靶体介质，由空穴膨胀理论得出如下弹头表面正应力 σ_n 和法向膨胀速度 v_n 之间的关系式：

$$\sigma_n=A\tau+B\rho v_n^2 \tag{6.3.1}$$

其中，τ 和 ρ 分别是极限应力和靶体材料的初始密度，A 和 B 为无量纲的材料常数。

由刚性弹体轴向速度 v 可导出弹头表面的法向速度分量，该速度分量将导致弹靶分界面上介质的质点速度为

$$v_n=v\cos\theta \tag{6.3.2}$$

弹靶分界面上介质对弹头表面的摩擦阻力（单位面积）为

$$\sigma_t=\mu_m\sigma_n \tag{6.3.3}$$

其中，μ_m 是冲击过程中的滑动摩擦系数。

靶体对弹头面积微元 ds 上的轴向阻力为

$$dF_x = \sigma_n \cos\theta ds + \mu_m \sigma_n \sin\theta ds = \sigma_n(\cos\theta + \mu_m \sin\theta) ds \tag{6.3.4}$$

靶体对弹头产生的总轴向阻力可通过弹头表面 A_n 上的曲面积分表示为

$$F_x = \frac{\pi d^2}{4}(A\tau N_1 + B\rho v^2 N_2) \tag{6.3.5}$$

其中，d 是弹体的直径；N_1 和 N_2 为与弹头形状和摩擦系数相关的无量纲参数，其表达式为

$$N_1 = 1 + \frac{4\mu_m \iint_{A_n} \sin\theta \, dA}{\pi d^2} \tag{6.3.6a}$$

$$N_2 = N^* + \frac{4\mu_m \iint_{A_n} \cos^2\theta \sin\theta dA}{\pi d^2} \tag{6.3.6b}$$

其中，

$$N^* = \frac{4\iint_{A_n} \cos^3\theta \, dA}{\pi d^2} \tag{6.3.6c}$$

上述所有积分都是在弹头表面 A_n 上进行的。A_n 可以理解为部分弹头面积，也可以理解为整个弹头面积。当弹头未完全侵入靶体时，A_n 为侵入部分的面积。当弹头完全侵入靶体时，A_n 为弹头整个的面积。当 $\mu_m = 0$ 时，$N_1 = 1$，而 $N_2 = N^*$，可见 N^* 只是反映弹头几何特性的一个参量。

任意的弹头形状都可以用弹头形状函数 $y = y(x)$ 来表示，则在弹头完全侵入靶体时有

$$N_1 = 1 + \frac{8\mu_m}{d^2}\int_0^h y dx \tag{6.3.7a}$$

$$N_2 = N^* + \frac{8\mu_m}{d^2}\int_0^h \frac{yy'^2}{1 + y'^2} dx \tag{6.3.7b}$$

$$N^* = \frac{8}{d^2}\int_0^h \frac{yy'^3}{1 + y'^2} dx \tag{6.3.7c}$$

其中，h 是弹头的长度。

常用的弹头形状包括卵形、圆锥形的和钝形等几种。为了描述弹头的基本特征，通常引入一个无量纲的量 ψ，其表达式为

$$\psi = \frac{s}{d} \tag{6.3.8}$$

其中，d 是弹体的直径，s 因弹形不同而有不同的含义。对于卵形弹头 ψ 称为头径比（Caliber - Radius - Head，CRH）。相应的公式化为

$$N_1 = 1 + 4\mu_m \psi^2 \left[\left(\frac{\pi}{2} - \phi_0\right) - \frac{\sin 2\phi_0}{2}\right] \tag{6.3.9a}$$

$$N_2 = N^* + \mu_m \psi^2 \left[\left(\frac{\pi}{2} - \phi_0\right) - \frac{1}{3}\left(\sin 2\phi_0 + \frac{\sin 4\phi_0}{4}\right)\right] \tag{6.3.9b}$$

$$N^* = \frac{1}{3\psi} - \frac{1}{24\psi^2},\ 0 < N^* \leqslant \frac{1}{2} \tag{6.3.9c}$$

其中，

$$\phi_0 = \sin^{-1}\left(1 - \frac{1}{2\psi}\right),\ \psi \geqslant \frac{1}{2} \tag{6.3.9d}$$

对于圆锥形弹头有

$$N_1 = 1 + 2\mu_m \psi \tag{6.3.10a}$$

$$N_2 = N^* + \frac{2\mu_m \psi}{1 + 4\psi^2} \tag{6.3.10b}$$

$$N^* = \frac{1}{1 + 4\psi^2},\ 0 < N^* \leqslant 1 \tag{6.3.10c}$$

对于钝形弹头有

$$N_1 = 1 + 2\mu_m \psi^2 (2\phi_0 - \sin 2\phi_0) \tag{6.3.11a}$$

$$N_2 = N^* + \mu_m \psi^2 \left(\phi_0 - \frac{\sin 4\phi_0}{4}\right) \tag{6.3.11b}$$

$$N^* = 1 - \frac{1}{8\psi^2},\ \frac{1}{2} < N^* \leqslant 1 \tag{6.3.11c}$$

$$\phi_0 = \sin^{-1}\left(\frac{1}{2\psi}\right),\ \psi \geqslant \frac{1}{2} \tag{6.3.11d}$$

对于截顶卵形弹头有

$$N_1 = 1 + 4\mu_m \psi^2 \left[\left(\frac{\pi}{2} - \phi_0\right) + \frac{\sin 2\phi_0}{2} - 2\left(1 - \frac{1}{2\psi}\right)\cos\phi_0\right] \tag{6.3.12a}$$

$$N_2 = N^* + \mu_m \psi^2 \left[\left(\frac{\pi}{2} - \phi_0\right) + \frac{\sin 4\phi_0}{4} - \frac{8}{3}\left(1 - \frac{1}{2\psi}\right)\cos^3\phi_0\right] \tag{6.3.12b}$$

$$N^* = \psi^2 \left[2\cos^4\phi_0 - \frac{8}{3}\left(1 - \frac{1}{2\psi}\right)(2 + \sin\phi_0)(1 - \sin\phi_0)^2\right] + \xi^2 \tag{6.3.12c}$$

其中，

$$\xi = \frac{d_1}{d} \tag{6.3.12d}$$

$$\phi_0 = \sin^{-1}\left[1 - \frac{1}{2\psi}(1 - \xi)\right],\ \psi \geqslant \frac{1}{2} \tag{6.3.12e}$$

对扁平弹头有 $N_1 = N_2 = N^* = 1$，对半球形弹头有 $N_1 = 1 + \frac{\mu_m \pi}{2}$，$N_2 = \frac{1}{2} + \frac{\mu_m \pi}{8}$，$N^* = \frac{1}{2}$。

通常，弹头参量 $N^*(\psi)$ 在 $0 < N^*(\psi) \leqslant 1$ 的范围内，而且 $N^*(\psi)$ 越小，弹头越尖。

当刚性弹体冲击一个半无限厚靶体时，在初始冲击阶段不考虑弹坑的前提下，由前述受力分析和牛顿第二定律，可将其运动方程写为

$$M\frac{\mathrm{d}v}{\mathrm{d}t} = -\frac{\pi d^2}{4}(A\tau N_1 + B\rho v^2 N_2) \tag{6.3.13}$$

其中，M 为弹体质量。

上式也可化为关于侵彻深度 S 的方程：

$$M\frac{\mathrm{d}v}{\mathrm{d}S}v=-\frac{\pi d^2}{4}(A\tau N_1+B\rho v^2N_2) \tag{6.3.14}$$

对其积分，并利用初始条件——$S=0$ 时，$v=v_0$，可得

$$S=\frac{2M}{\pi d^2B\rho N_2}\ln\left(\frac{A\tau N_1+B\rho N_2v_0^2}{A\tau N_1+B\rho N_2v^2}\right) \tag{6.3.15}$$

取 $v=0$，得最终的侵彻深度为

$$S_{\max}=\frac{2M}{\pi d^2B\rho N_2}\ln\left(1+\frac{B\rho N_2V^2}{A\tau N_1}\right) \tag{6.3.16}$$

第7章

可压缩混凝土介质法向膨胀侵彻模型

混凝土介质是一种脆性材料，它不像金属那样具有良好的韧性。混凝土材料具有很强的拉压不对称性，抗压性能很强而抗拉性能很弱。在高压力作用下，其密度会发生改变。

基于材料在高速高压冲击下的动态行为表现，可认为冲击波阵面具有弹头外表面的膨胀特征。基于这样的认识，通过建立一般冲击波阵面的相关动力学方程，可建立能给出弹体减速度-时间历程解析解的法向膨胀侵彻模型。在这个法向膨胀侵彻模型中，充分考虑混凝土材料行为，并借鉴已有的空穴膨胀理论和应力波理论。

7.1 基本假设

对于高速高压冲击，应力波峰值将大大超过材料的动态强度。此时，剪切应力相对静水压力可以忽略。

冲击波具有陡峭的波阵面。在冲击波阵面的两侧，粒子速度、压力和密度都是不连续的。

基于混凝土材料受弹体冲击时的这些动力学特性，结合已有的多次试验，可提出以下假设。

（1）冲击波阵面（波前）区域无明显厚度，是一个间断面。

（2）材料的剪切模量为0，在分析高压冲击波的响应时，可将其视为流体。

（3）忽略冲击波阵面上的体力（如重力）和热传导作用。

（4）忽略材料的弹塑性行为。

（5）材料不经历相学状态变换。

（6）在冲击过程中，混凝土响应介质区域将沿着弹体表面（主要是弹头表面）的外法线方向膨胀（扩散），响应介质的粒子速度和冲击波的波速是平行的，其方向都与弹头表面的外法线方向相同。

（7）在冲击过程中，拉应力与压应力相比可以忽略。

（8）在冲击过程中，相对靶体的变形性而言，弹体呈刚性的特征（即弹体不变形）。

需要说明的是，前5个假设对一般材料也适用，而后3个假设仅适用于冲击状态下的混凝土材料。

弹头表面的单位外法线方向（图7-1）可定义为

$$\boldsymbol{n}=\frac{1}{|\operatorname{grad}\psi|}\operatorname{grad}\psi \tag{7.1.1}$$

其中，$\psi(\boldsymbol{r})=0$ 表示弹头表面形状的几何关系（即弹头表面方程）；grad 表示某场函数的梯度，且有 $\operatorname{grad}\psi=\nabla\psi=\frac{\partial\psi}{\partial N}\boldsymbol{n}$，其中 N 是在曲面法向方向 $\boldsymbol{n}$ 的坐标，$\nabla=\frac{\partial}{\partial N}\boldsymbol{n}$ 为梯度微分算子。

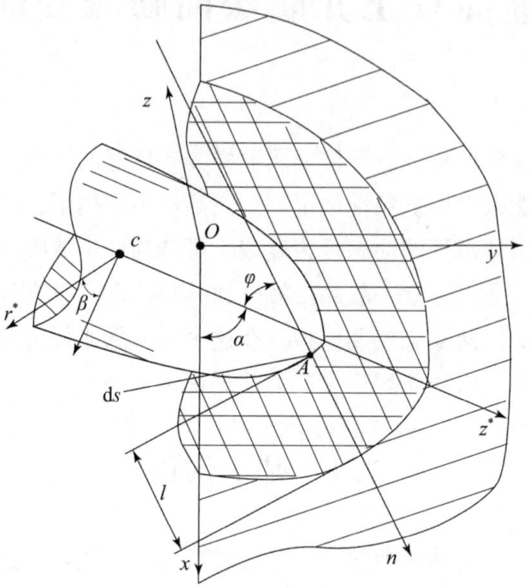

图 7－1　弹体侵彻混凝土靶的过程

7.2　连续介质力学控制方程

在冲击波阵面的后面区域，材料的所有物理量都是连续的，而不是间断的。根据连续介质力学，考虑非剪应力和非剪应变，笛卡儿坐标系下的质量守恒、动量守恒和能量守恒关系可写为

$$\frac{\mathrm{D}\rho}{\mathrm{D}t}+\rho\operatorname{div}\boldsymbol{v}=0 \tag{7.2.1}$$

$$\rho\frac{\mathrm{D}\boldsymbol{v}}{\mathrm{D}t}=-\operatorname{div}\boldsymbol{p} \tag{7.2.2}$$

$$\rho\frac{\mathrm{D}E}{\mathrm{D}t}=-p_{ik}\dot{\varepsilon}_{ik} \tag{7.2.3}$$

其中，$\frac{\mathrm{D}}{\mathrm{D}t}$是拉格朗日坐标系下的全微分符号，$\rho$ 是材料密度，div( )代表散度，$\boldsymbol{v}$ 和 $\boldsymbol{p}$ 分别是粒子速度的一阶张量和压力的二阶张量，E 是单位质量的内能，$\dot{\varepsilon}_{ik}=\frac{1}{2}\left(\frac{\partial v_i}{\partial x_k}+\frac{\partial v_k}{\partial x_i}\right)$是应变率张量分量。欧拉方程和拉格朗日方程的微分变换是$\frac{\mathrm{D}}{\mathrm{D}t}=\frac{\partial}{\partial t}+v_i\frac{\partial}{\partial x_i}$。

冲击波阵面是一个间断面，波阵面两侧的 $\boldsymbol{p}$，ρ 和 $\boldsymbol{v}$ 都是不连续的。因此，上述等式在波阵面处并不适用。但是，按照间断面的理论，或根据质量守恒、动量守恒和能量守恒的进一步分析，可得到下面的等式：

$$\Delta\rho v = 0 \tag{7.2.4}$$

$$\Delta\rho v\boldsymbol{v} - \boldsymbol{n}\cdot\Delta\boldsymbol{p} = 0 \tag{7.2.5}$$

$$\Delta\rho v\left(\frac{1}{2}\boldsymbol{v}\cdot\boldsymbol{v} + E\right) - \boldsymbol{n}\cdot\Delta(\boldsymbol{p}\cdot\boldsymbol{v}) = 0 \tag{7.2.6}$$

其中，Δ 代表冲击波阵面两侧前面和后面的物理量（张量）之差；“·”代表两个矢量的点积；$v = c_n - v_n$，$\boldsymbol{n}$ 是冲击波阵面法线方向上的单位张量，c_n 是冲击波波速。

7.3　法向膨胀侵彻模型

按照上面提到的假设，在冲击过程中，混凝土响应介质沿弹头外法线方向膨胀，粒子速度、冲击波膨胀速度与弹头表面法线方向相同，压力各向相同，因此有

$$\begin{cases} \boldsymbol{v} = v_n\boldsymbol{n} \\ \boldsymbol{c} = c_n\boldsymbol{n} \\ \boldsymbol{p} = p_n\boldsymbol{I}_n \end{cases} \tag{7.3.1}$$

其中，c 是波速的一阶张量，$\boldsymbol{I}_n$ 是二阶单位张量。

在这种情况下，速度矢量的散度和压力二阶张量的散度可以分别写为

$$\operatorname{div}\boldsymbol{v} = \nabla\cdot\boldsymbol{v} = \frac{\partial v_n}{\partial N} \tag{7.3.2a}$$

$$\operatorname{div}\boldsymbol{p} = \frac{\partial p_n}{\partial N}\boldsymbol{n} \tag{7.3.2b}$$

其中，N 是在方向 $\boldsymbol{n}$ 上的法向坐标。

对于冲击波阵面后面区域的介质，把式（7.3.2a）和式（7.3.2b）代入式（7.2.1）~式（7.2.3）得

$$\frac{\partial\rho}{\partial t} + \frac{\partial}{\partial N}(\rho v_n) = 0 \tag{7.3.3}$$

$$\rho\left(\frac{\partial v_n}{\partial t} + v_n\frac{\partial v_n}{\partial N}\right) = -\frac{\partial p_n}{\partial N} \tag{7.3.4}$$

$$\frac{\partial}{\partial t}\left[\left(E + \frac{1}{2}v_n^2\right)\rho\right] + \frac{\partial}{\partial N}\left[\rho\left(E + \frac{1}{2}v_n^2\right)v_n + p_n v_n\right] = 0 \tag{7.3.5}$$

在冲击波阵面上，式（7.3.3）~式（7.3.5）可写为

$$(\rho_{sf} - \rho_0)c_n - \rho_{sf}v_n^l = 0 \tag{7.3.6}$$

$$\rho_{sf}(c_n - v_n^l)v_n^l = p_n^l \tag{7.3.7}$$

$$\rho_{sf}(c_n - v_n^l)\left(E + \frac{1}{2}v_n^{l2}\right) - p_n^l v_n^l = 0 \tag{7.3.8}$$

其中，ρ_{sf}是冲击波阵面附近被压缩介质（即响应介质）的密度，ρ_0 是材料的初始密度，v_n^l

和 p_n^l 是冲击波阵面附近的响应介质的粒子速度和压力。

求解方程式（7.3.6）~式（7.3.8）得

$$c_n = \frac{\rho_{sf}}{\rho_{sf} - \rho_0} v_n^l \tag{7.3.9}$$

$$p_n^l = \rho_{sf}(c_n - v_n^l) v_n^l = \rho_0 c_n v_n^l \tag{7.3.10}$$

$$E = \frac{1}{2} v_n^{l2} \tag{7.3.11}$$

需要说明的是，当不考虑热力学作用（即绝热过程）时，能量守恒方程与动量守恒方程并不是独立的，因此，在分析求解过程中，只考虑动量守恒方程即可。

7.4 状态方程及其解

为了进一步得到式（7.3.9）~式（7.3.11）中速度的具体解，需要有效求解方程式（7.3.3）~式（7.3.5）。实际上对于绝热过程，只需求解方程式（7.3.3）、式（7.3.4）即可。由于这两个方程有 3 个未知数，为了形成封闭的方程组，还需要补充另一个状态方程。对于所考虑的混凝土材料，这里建议以下两种本构关系，一个是极限密度模型，另一个是改进的 Holmquist－Johnson 模型。在极限密度模型中，混凝土密度是阶跃变化的两个常量：在自由介质区，$\rho = \rho_0$；在介质受高压冲击的压缩区，$\rho = \rho^*$，ρ^* 是极限密度，其雨果尼奥曲线如图 7－2 所示。

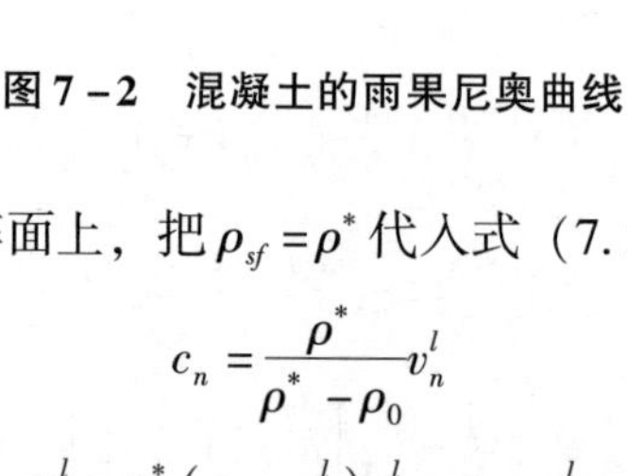

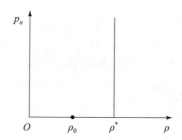

图 7－2　混凝土的雨果尼奥曲线

利用这个模型，在冲击波阵面上，把 $\rho_{sf} = \rho^*$ 代入式（7.3.9）~式（7.3.11）可得

$$c_n = \frac{\rho^*}{\rho^* - \rho_0} v_n^l \tag{7.4.1}$$

$$p_n^l = \rho^* (c_n - v_n^l) v_n^l = \rho_0 c_n v_n^l \tag{7.4.2}$$

$$E = \frac{1}{2} v_n^{l2} \tag{7.4.3}$$

在冲击波阵面的后面区域，把 $\rho_{sf} = \rho^*$ 代入式（7.3.3）~式（7.3.5）可得

$$v_n = v_n(t) \tag{7.4.4}$$

$$p_n = p_n^l + \rho^* \frac{\mathrm{d}v_n}{\mathrm{d}t}(l - N) \tag{7.4.5}$$

$$E = \frac{1}{2}v_n^2 \tag{7.4.6}$$

其中，l 是冲击波阵面（波前）相对于弹头表面的传播距离，N 是法向坐标。

在弹头表面有

$$v_n = v_n(t) \tag{7.4.7}$$

$$p_n = \rho_0 c_n v_n + \rho^* \frac{\mathrm{d}v_n}{\mathrm{d}t} l \tag{7.4.8}$$

$$E = \frac{1}{2}v_n^2 \tag{7.4.9}$$

此外，基于 Holmquist – Johnson 模型思想，在改进的 Holmquist – Johnson 模型中，密度是压力的线性函数，即 $\rho = \rho_{\mathrm{lock}}(1 + \varepsilon \bar{p}_n)$，如图 7 – 3 所示，其中，$\bar{p}_n = (p_n - p_n^l)/p_n^l$，$\rho_{\mathrm{lock}}$ 是混凝土材料的锁定密度，ε 是值很小的系数。

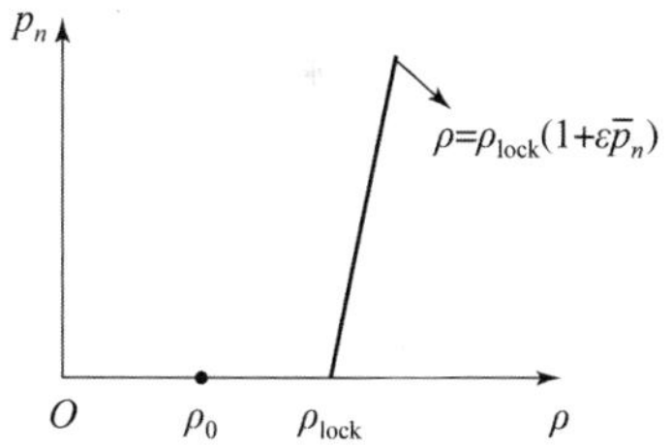

图 7 – 3　改进的 Holmquist – Johnson 模型的雨果尼奥曲线

在冲击波阵面上，有 $\rho = \rho_{\mathrm{lock}}$ 和 $\bar{p}_n = 0$，把它们代入式（7.3.9）~ 式（7.3.11），可得到在冲击波阵面（波前）上的解：

$$c_n = \frac{\rho_{\mathrm{lock}}}{\rho_{\mathrm{lock}} - \rho_0} v_n^l \tag{7.4.10}$$

$$p_n^l = \rho_{\mathrm{lock}}(c_n - v_n^l)v_n^l = \rho_0 c_n v_n^l \tag{7.4.11}$$

$$E = \frac{1}{2} v_n^{l2} \tag{7.4.12}$$

在冲击波阵面的后面区域，考虑到系数 ε 较小，利用摄动方法，物理量 ρ，p_n，v_n 和 E 对 ε 的一阶近似的展开式为

$$\rho = \rho_{\mathrm{lock}} + \varepsilon \rho_{\mathrm{lock}} \bar{p}_n^{(0)} \tag{7.4.13}$$

$$\bar{p}_n = \bar{p}_n^{(0)} + \varepsilon \bar{p}_n^{(1)} \tag{7.4.14}$$

（或者 $p_n = p_n^{(0)} + \varepsilon p_n^{(1)}$，其中，$p_n^{(0)} = (\bar{p}_n^{(0)} + 1) p_n^l$ 和 $p_n^{(1)} = \bar{p}_n^{(1)} p_n^l$）

$$v_n = v_n^{(0)} + \varepsilon v_n^{(1)} \tag{7.4.15}$$

$$E = E^{(0)} + \varepsilon E^{(1)} \tag{7.4.16}$$

其中，上标“0”和“1”分别表示展开式的对应 ε 的 0 阶和 1 阶量。

把它们代入式（7.3.3）~ 式（7.3.5），0 阶近似类似式（7.4.4）~ 式（7.4.6）的解，则有

ε^0：

$$v_n^{(0)} = v_n^{(0)}(t) \tag{7.4.17}$$

$$p_n^{(0)} = p_n^l + \rho_{\mathrm{lock}} \frac{\mathrm{d}v_n^{(0)}}{\mathrm{d}t}(l - N) \tag{7.4.18}$$

$$\left(或\ \bar{p}_n^{(0)} = \frac{\rho_{\mathrm{lock}}}{p_n^l} \cdot \frac{\mathrm{d}v_n^{(0)}}{\mathrm{d}t}(l - N)\right)$$

$$E^{(0)} = \frac{1}{2} v_n^{(0)2} \tag{7.4.19}$$

1 阶部分可解得

ε^1：

$$v_n^{(1)} = -\frac{\rho_{\mathrm{lock}}}{p_n^l} \cdot \frac{\mathrm{d}^2 v_n^{(0)}}{\mathrm{d}t^2}\left(lN - \frac{N^2}{2}\right) \tag{7.4.20}$$

$$\bar{p}_n^{(1)} = \frac{\rho_{\mathrm{lock}}^2}{p_n^{l2}}\left[\frac{\mathrm{d}^3 v_n^{(0)}}{\mathrm{d}t^3}\left(\frac{lN^2}{2} - \frac{N^3}{6}\right) + v_n^{(0)} \frac{\mathrm{d}^2 v_n^{(0)}}{\mathrm{d}t^2}\left(lN - \frac{N^2}{2}\right) - \left(\frac{\mathrm{d}v_n^{(0)}}{\mathrm{d}t}\right)^2\left(lN - \frac{N^2}{2}\right)\right] \tag{7.4.21}$$

$$E^{(1)} = \frac{p_n^l}{\rho_{\mathrm{lock}}} \bar{p}_n^{(0)}\left(\frac{\bar{p}_n^{(0)}}{2} + 1\right) \tag{7.4.22}$$

7.5 侵彻过程中弹体的动力学特性

利用式（7.4.8）所给的作用在弹头表面的压力，弹体的动力学方程可写为

$$m_P \ddot{\xi} = -\iint_{S_A} (\boldsymbol{p} + \boldsymbol{\sigma}_c) \cdot \boldsymbol{e}_{z^*} \mathrm{d}s \tag{7.5.1}$$

$$J_P \ddot{\alpha} = \iint_{S_A} [\boldsymbol{L}^* \times (\boldsymbol{p} + \boldsymbol{\sigma}_c)] \cdot (\boldsymbol{e}_{r^*} \times \boldsymbol{e}_{z^*}) \mathrm{d}s \tag{7.5.2}$$

其中，m_P 是弹体质量；σ_c 是静态极限挤压应力；J_P 是弹体相对于轴 r^* 的转动惯量；$\ddot{\xi}$ 是弹体质心轨迹的切向加速度，它的方向与弹轴 z^* 的方向一致；$\dot{\alpha}$ 是弹体相对于轴 r^* 的角速度；$\boldsymbol{L}^*$ 是弹体表面某点在坐标系 r^*cz^* 下的矢径矢量；$\boldsymbol{e}_{z^*}$ 和 $\boldsymbol{e}_{r^*}$ 分别是轴 z^* 和轴 r^* 上的单位矢量；S_A 是弹靶相互作用的曲面。

注意到 $\boldsymbol{p} = p_n \boldsymbol{n} = \left(\rho_0 c_n v_n + \rho^* \frac{\mathrm{d}v_n}{\mathrm{d}t} l\right)\boldsymbol{n}$，由此得出

$$(m_P + m_f)\ddot{\xi} - J_{\mathrm{add}}\ddot{\alpha} = -\iint_{S_A}\left(\frac{\rho^* \rho_0}{\rho^* - \rho_0} v_n^2 + \sigma_c\right)\cos\varphi \mathrm{d}s \tag{7.5.3}$$

$$(J_P + J_f)\ddot{\alpha} - \bar{m}_{\mathrm{add}}\ddot{\xi} = -\iint_{S_A}\left(\frac{\rho^* \rho_0}{\rho^* - \rho_0} v_n^2 + \sigma_c\right) \cdot (z^* \sin\varphi - r^* \cos\varphi)\cos\beta \mathrm{d}s \tag{7.5.4}$$

其中，

$$m_f = \iint_{S_A} \rho^* l\cos^2\varphi \mathrm{d}s$$

$$J_f = \iint_{S_A} \rho^* l\,(z^*\sin\varphi - r^*\cos\varphi)^2\cos^2\beta \mathrm{d}s$$

$$\bar{J}_{\mathrm{add}} = \iint_{S_A} \rho^* l\cos\varphi(z^*\sin\varphi - r^*\cos\varphi)\cos\beta \mathrm{d}s$$

$$\bar{m}_{\mathrm{add}} = \iint_{S_A} \rho^* l\cos\varphi(z^*\sin\varphi - r^*\cos\varphi)\cos\beta \mathrm{d}s$$

其他各参数如图 7－1 所示。

法向速度 v_n 和轴向速度 v_ξ、角速度 $\dot{\alpha}$ 的关系及其与加速度的关系如下：

$$v_n = v_\xi\cos\varphi - \dot{\alpha}(z^*\sin\varphi - r^*\cos\varphi)\cos\beta \tag{7.5.5}$$

$$\frac{\mathrm{d}v_n}{\mathrm{d}t} = \ddot{\xi}\cos\varphi - \ddot{\alpha}(z^*\sin\varphi - r^*\cos\varphi)\cos\beta \tag{7.5.6}$$

当用改进的 Holmquist－Johnson 模型时，用 ρ_{lock}代替 ρ^*。

利用上述方法，对抛物线形弹头垂直侵彻厚混凝土靶的问题进行计算，得出了减速度和侵彻深度等的侵彻特性，并与试验做了比较。采用抛物线形弹头做减速度和侵彻深度试验，抛物线形弹头的几何方程为

$$z^* = H\left(1 - \frac{r^{*2}}{a^2}\right) + b \quad (r^* \leqslant a) \tag{7.5.7}$$

其中，H，a 和 b 是几何参数。试验中使用了钝头弹和尖头弹两种弹体，如图 7－4 所示。

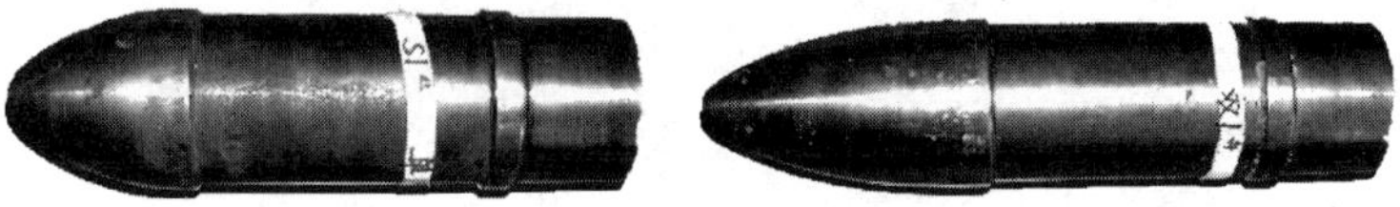

（a）　　　　（b）

图 7－4　试验用弹体照片

（a）钝头弹；（b）尖头弹

混凝土的密度 $\rho_0 = 2\ 400\ \mathrm{kg/m^3}$，极限抗压强度 $\sigma_c = 3.0\times10^7\ \mathrm{N/m^2}$，混凝土极限密度 $\rho^* = 2\ 460\ \mathrm{kg/m^3}$，表 7－1 给出了冲击速度 v 在 500～750 m/s 范围内的 6 次试验结果和计算结果。

表 7－1　试验结果和计算结果

编号	弹体质量 m/kg	H/m	a/m	b/m	冲击速度 $v/(\mathrm{m\cdot s^{-1}})$	侵彻深度（试验）d_t/m	侵彻深度（计算）d/m
02－0001	3.777	0.1	0.031	0.055	763	0.83	0.82
02－0002	3.034	0.07	0.031	0.057	577	0.34	0.38

续表

编号	弹体质量 m/kg	H/m	a/m	b/m	冲击速度 v/(m · s^{-1})	侵彻深度（试验）d_t/m	侵彻深度（计算）d/m
02 - 0003	3.747	0.07	0.031	0.057	666	0.56	0.62
02 - 0004	3.022	0.07	0.031	0.057	538	0.37	0.37
02 - 0005	3.154	0.07	0.031	0.057	630	0.46	0.41
02 - 0006	3.133	0.07	0.031	0.057	—	0.48	—

侵彻后的混凝土靶如图 7 - 5 所示。减速度和侵彻深度的关系曲线如图 7 - 6 所示，速度和侵彻深度的关系曲线如图 7 - 7 所示。编号为 02 - 0001 的试验结果和计算结果如图 7 - 8 所示。

图 7 - 5　侵彻后的混凝土靶

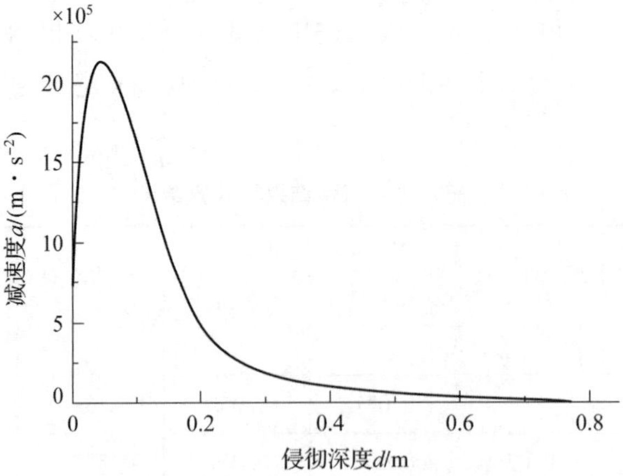

图 7 - 6　侵彻过程中减速度与侵彻深度的关系曲线

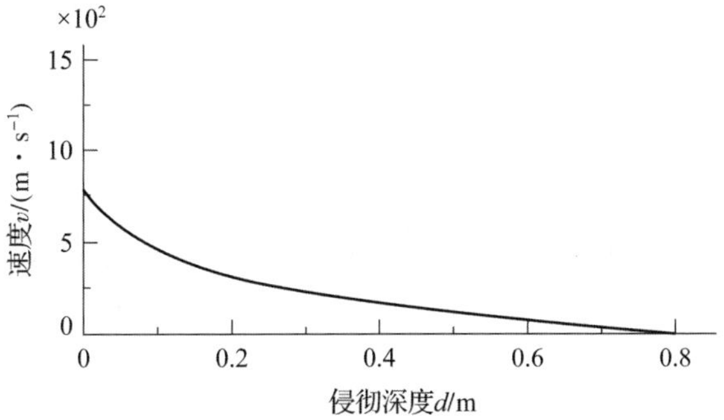

图 7-7　侵彻过程中速度与侵彻深度的关系曲线

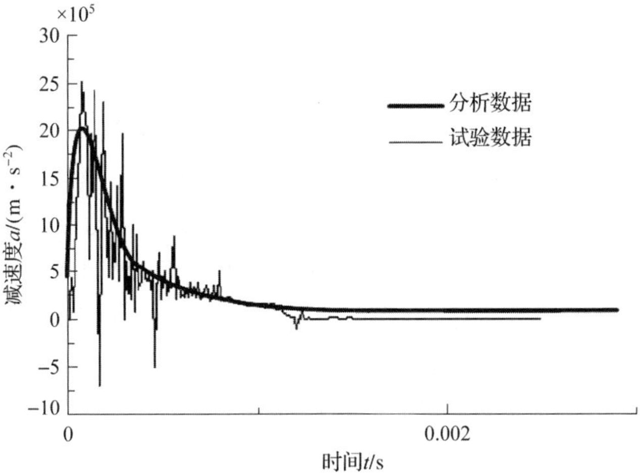

图 7-8　减速度的试验与计算结果

从结果可以看出，用此方法得到的计算结果与试验结果相比取得了较好的一致性。

第8章

基于法曲面坐标系的法向空穴膨胀理论

8.1 概述

前已述及，预测弹体侵彻混凝土靶体的动态过程一直都是研究的热点。过去100多年的研究所取得的大部分成果是关于侵彻深度、穿孔厚度和弹道极限的。近年来，研究的热点转到弹体侵彻靶体的阻力解析模型上。Forrestal等人的研究工作很具代表性和典型性。他们基于空穴膨胀理论，推导出了关于沙土、岩石、混凝土材料的阻力侵彻解析公式，Li等对这些解析公式也做了相关的归纳和总结。所有这些理论成果都是基于球形空穴膨胀理论或柱形空穴膨胀理论的。Forrestal的动态空穴膨胀理论假定了弹、塑性响应区分界面的传播速度和空穴膨胀速度是恒定的，并假定空穴形状是球对称的。上一章，在假设应力波传播、介质位移、粒子速度都与弹体表面的法向方向一致的基础上，给出了法向膨胀侵彻模型。在这个理论模型中，应力波的传播速度和空穴膨胀速度并不是恒定的，空穴形状也不是球对称的，能较好地适应实际情况，但并没有给出严格的坐标系分析，特别是散度和梯度等的表达式可能并不严格。要想有效地描述法向空穴膨胀理论，需要建立一个更完善的理论体系。理论体系的基础是构建一个法曲面坐标系（NCS）。在此基础上，建立相关的动力学方程。这样有助于进一步完善法向空穴膨胀理论。

如前一章所述，对于高速高压冲击，应力波峰值将大大超过材料的动态强度极限。此时，剪切应力与静水压力相比可以忽略。在冲击过程中还会产生冲击波，该冲击波具有陡峭的波阵面（波前），在冲击波阵面两侧，粒子速度、压力和密度都是不连续的。基于这样的认识，针对混凝土介质受高速高压冲击的情况，前一章已给出了一系列假设。下面的分析也主要是在这些假设的基础上进行的。简单重复一下这些假设，分别如下。

（1）冲击波阵面区域无明显厚度，是一个间断面。

（2）材料的剪切模量为0，在分析高压冲击波的响应时，可将其视为理想流体。

（3）在冲击过程中，拉应力与压应力相比可以忽略，无弹塑性行为。

（4）忽略冲击波阵面的体力（如重力）和热传导。

（5）材料不经历相变。

（6）在冲击过程中，混凝土响应介质将沿着弹体表面（主要是弹头表面）的外法线方向膨胀，响应介质的粒子速度和波速是平行的，其方向与弹体表面的外法线方向相同。

(7) 在冲击过程中，相对于靶体而言弹体呈刚性的特征（即弹体不变形）。除此之外，认为压力只沿法向有分量，其余分量忽略不计。

8.2　弹体法曲面坐标系及各物理量的分量表达式

为了适应粒子的法向膨胀和目标材料响应介质的应力波分析，构建图 8－1 所示的法曲面坐标系。在法曲面坐标系中，有两个角坐标和一个直线坐标。两个角坐标分别是圆周角坐标（类似极坐标）θ 和子午向角坐标 φ，与球坐标类似。所不同的是线坐标。该线坐标是法向坐标 x_n，是指弹体外表面的法向方向，即曲率半径方向。在图 8－1 中，$Ox_1x_2x_3$ 是笛卡儿直角坐标系，$\boldsymbol{e}_1$，$\boldsymbol{e}_2$，$\boldsymbol{e}_3$ 分别是对应的单位矢量（基矢量）。取混凝土靶体内任意一点 A，对应地在弹头表面（弹头子午线）上有一点 A'，R 为弹头表面的曲率半径。$\bar{R}$ 为曲率半径被 x_3 轴截断后的剩余部分。

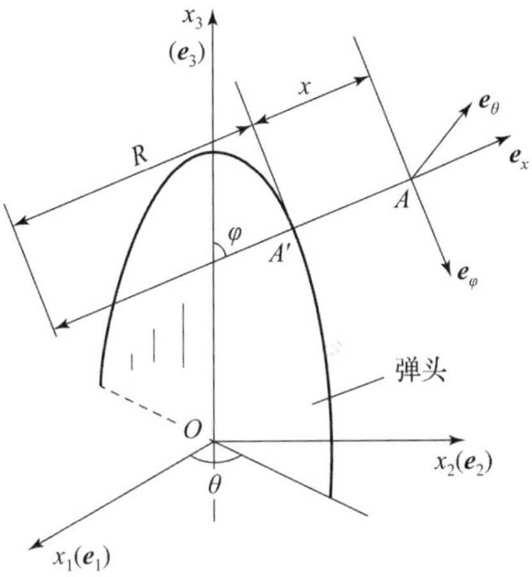

图 8－1　法曲面坐标系与直角坐标系

为了给出连续介质力学方程在法曲面坐标系下的形式，对方程中出现的各种量，需要导出它们在法曲面坐标系下的表达式。

在法曲面坐标系下，取 x_n，φ，θ 方向单位矢量 $\boldsymbol{e}_n$，$\boldsymbol{e}_\varphi$，$\boldsymbol{e}_\theta$ 作为基矢量。$\boldsymbol{e}_n$，$\boldsymbol{e}_\varphi$，$\boldsymbol{e}_\theta$ 互相正交，其长度为 1，方向随坐标而变，它们与 $\boldsymbol{e}_i$ 的关系为

$$\begin{cases}\boldsymbol{e}_n=\boldsymbol{e}_1\sin\varphi\cos\theta+\boldsymbol{e}_2\sin\varphi\sin\theta+\boldsymbol{e}_3\cos\varphi\\ \boldsymbol{e}_\varphi=\boldsymbol{e}_1\cos\varphi\cos\theta+\boldsymbol{e}_2\cos\varphi\sin\theta-\boldsymbol{e}_3\sin\varphi\\ \boldsymbol{e}_\theta=-\boldsymbol{e}_1\sin\theta+\boldsymbol{e}_2\cos\theta\end{cases} \tag{8.2.1}$$

对式（8.2.1）微分，可得基矢量随坐标的微分变化关系：

$$\begin{cases}\mathrm{d}\boldsymbol{e}_n=\boldsymbol{e}_\varphi\mathrm{d}\varphi+\boldsymbol{e}_\theta\sin\varphi\mathrm{d}\theta\\ \mathrm{d}\boldsymbol{e}_\varphi=-\boldsymbol{e}_n\mathrm{d}\varphi+\boldsymbol{e}_\theta\cos\varphi\mathrm{d}\theta\\ \mathrm{d}\boldsymbol{e}_\theta=-\boldsymbol{e}_n\sin\varphi d\theta-\boldsymbol{e}_\varphi\cos\varphi\mathrm{d}\theta\end{cases} \tag{8.2.2}$$

可以看出，与直角坐标系不同，基矢量的微分变化依赖坐标。该曲线坐标系的基矢量不是常量，而是依赖坐标的变化的量。

由空间几何关系，可将空间矢量的微分确定为

$$\mathrm{d}\boldsymbol{r}=\boldsymbol{e}_n\mathrm{d}x_n+\boldsymbol{e}_\varphi(R+x_n)\mathrm{d}\varphi+\boldsymbol{e}_\theta(\bar{R}+x_n)\sin\varphi\mathrm{d}\theta \tag{8.2.3}$$

即 $\mathrm{d}\boldsymbol{r}$ 的法曲面坐标分量为$(\mathrm{d}x_n,(R+x_n)\mathrm{d}\varphi,(\bar{R}+x_n)\sin\varphi\mathrm{d}\theta)$。

在该坐标系下，设标量 f 的梯度∇f 的法曲面坐标分量为$(\nabla f)_n$，$(\nabla f)_\varphi$，$(\nabla f)_\theta$，则由 $\mathrm{d}f=\nabla f\cdot\mathrm{d}\boldsymbol{r}$ 得

$$\frac{\partial f}{\partial x_n}\mathrm{d}x_n+\frac{\partial f}{\partial\varphi}\mathrm{d}\varphi+\frac{\partial f}{\partial\theta}\mathrm{d}\theta=(\nabla f)_n\mathrm{d}x_n+(\nabla f)_\varphi(R+x_n)\mathrm{d}\varphi+(\nabla f)_\theta(\bar{R}+x_n)\sin\varphi\mathrm{d}\theta \tag{8.2.4}$$

由坐标 x_n，φ，θ 表达的梯度分量为

$$(\nabla f)_n=\frac{\partial f}{\partial x_n},\ (\nabla f)_\varphi=\frac{1}{R+x_n}\cdot\frac{\partial f}{\partial\varphi},\ (\nabla f)_\theta=\frac{1}{(\bar{R}+x_n)\sin\varphi}\cdot\frac{\partial f}{\partial\theta} \tag{8.2.5}$$

或

$$\nabla=\mathrm{grad}=\left(\frac{\partial}{\partial x_n},\frac{1}{R+x_n}\cdot\frac{\partial}{\partial\varphi},\frac{1}{(\bar{R}+x_n)\sin\varphi}\cdot\frac{\partial}{\partial\theta}\right) \tag{8.2.6}$$

由式 $\boldsymbol{v}=v_n\boldsymbol{e}_n+v_\varphi\boldsymbol{e}_\varphi+v_\theta\boldsymbol{e}_\theta$ 得

$$(\boldsymbol{v}\cdot\nabla)=v_n\frac{\partial}{\partial x_n}+\frac{v_\varphi}{R+x_n}\cdot\frac{\partial}{\partial\varphi}+\frac{v_\theta}{(\bar{R}+x_n)\sin\varphi}\cdot\frac{\partial}{\partial\theta} \tag{8.2.7}$$

再利用关系$\frac{\mathrm{D}}{\mathrm{D}t}=\frac{\partial}{\partial t}+(\boldsymbol{v}\cdot\nabla)$，从而可得

$$\frac{\mathrm{D}f}{\mathrm{D}t}=\frac{\partial f}{\partial t}+v_n\frac{\partial f}{\partial x_n}+\frac{v_\varphi}{R+x_n}\cdot\frac{\partial f}{\partial\varphi}+\frac{v_\theta}{(\bar{R}+x_n)\sin\varphi}\cdot\frac{\partial f}{\partial\theta} \tag{8.2.8}$$

由于速度矢量既与分量有关，又与基矢量有关，而基矢量又是随坐标变化的，所以矢量 $\boldsymbol{v}$ 的随体微商$\frac{\mathrm{D}v}{\mathrm{D}t}$不能仿造上式给出，而应该写为

$$\frac{\mathrm{D}\boldsymbol{v}}{\mathrm{D}t}=\boldsymbol{e}_n\frac{\mathrm{D}v_n}{\mathrm{D}t}+v_n\frac{\mathrm{D}\boldsymbol{e}_n}{\mathrm{D}t}+\boldsymbol{e}_\varphi\frac{Dv_\varphi}{\mathrm{D}t}+v_\varphi\frac{\mathrm{D}\boldsymbol{e}_\varphi}{\mathrm{D}t}+\boldsymbol{e}_\theta\frac{\mathrm{D}v_\theta}{\mathrm{D}t}+v_\theta\frac{\mathrm{D}\boldsymbol{e}_\theta}{\mathrm{D}t} \tag{8.2.9}$$

由于 $\boldsymbol{e}_n$，$\boldsymbol{e}_\varphi$ 只与 φ，θ 有关，而 $\boldsymbol{e}_\theta$ 只与 θ 有关，因此有

$$\begin{cases}\dfrac{\mathrm{D}\boldsymbol{e}_n}{\mathrm{D}t}=\dfrac{v_\varphi}{R+x_n}\cdot\dfrac{\partial\boldsymbol{e}_n}{\partial\varphi}+\dfrac{v_\theta}{(\bar{R}+x_n)\sin\varphi}\cdot\dfrac{\partial\boldsymbol{e}_x}{\partial\theta}=\dfrac{v_\varphi\boldsymbol{e}_\varphi}{R+x_n}+\dfrac{v_\theta\boldsymbol{e}_\theta}{R+x_n}\\[2ex] \dfrac{\mathrm{D}\boldsymbol{e}_\varphi}{\mathrm{D}t}=\dfrac{v_\varphi}{R+x_n}\cdot\dfrac{\partial\boldsymbol{e}_\varphi}{\partial\varphi}+\dfrac{v_\theta}{(\bar{R}+x_n)\sin\varphi}\cdot\dfrac{\partial\boldsymbol{e}_\varphi}{\partial\theta}=-\dfrac{v_\varphi\boldsymbol{e}_n}{R+x_n}+\dfrac{v_\theta\cot\varphi\boldsymbol{e}_\theta}{\bar{R}+x_n}\\[2ex] \dfrac{\mathrm{D}\boldsymbol{e}_\theta}{\mathrm{D}t}=\dfrac{v_\theta}{(\bar{R}+x_n)\sin\varphi}\cdot\dfrac{\partial\boldsymbol{e}_\theta}{\partial\theta}=-\dfrac{1}{\bar{R}+x_n}(v_\theta\boldsymbol{e}_n+v_\theta\cot\varphi\boldsymbol{e}_\varphi)\end{cases} \tag{8.2.10}$$

将式（8.2.10）代入式（8.2.9），得

$$\begin{cases}\left(\dfrac{\mathrm{D}\boldsymbol{v}}{\mathrm{D}t}\right)_n=\dfrac{\mathrm{D}v_n}{\mathrm{D}t}-\dfrac{v_\varphi^2}{R+x_n}-\dfrac{v_\theta^2}{\bar{R}+x_n}\\ \left(\dfrac{\mathrm{D}\boldsymbol{v}}{\mathrm{D}t}\right)_\varphi=\dfrac{\mathrm{D}v_\varphi}{\mathrm{D}t}+\dfrac{v_nv_\varphi}{R+x_n}-\dfrac{v_\theta^2\cot\varphi}{\bar{R}+x_n}\\ \left(\dfrac{\mathrm{D}\boldsymbol{v}}{\mathrm{D}t}\right)_\theta=\dfrac{\mathrm{D}v_\theta}{\mathrm{D}t}+\dfrac{v_nv_\theta}{R+x_n}+\dfrac{v_\varphi v_\theta\cot\varphi}{\bar{R}+x_n}\end{cases}\tag{8.2.11}$$

矢量 $\boldsymbol{v}$ 的梯度 $\nabla\boldsymbol{v}$ 是一个二阶张量。

利用 $\mathrm{d}\boldsymbol{v}=(\mathrm{d}v_n)\boldsymbol{e}_n+v_n\mathrm{d}\boldsymbol{e}_n+(\mathrm{d}v_\varphi)\boldsymbol{e}_\varphi+v_\varphi\mathrm{d}\boldsymbol{e}_\varphi+(\mathrm{d}v_\theta)\boldsymbol{e}_\theta+v_\theta\mathrm{d}\boldsymbol{e}_\theta$ 及式（8.2.2），得

$$\begin{cases}(\mathrm{d}\boldsymbol{v})_n=\dfrac{\partial v_n}{\partial x_n}\mathrm{d}x_n+\left(\dfrac{\partial v_n}{\partial\varphi}-v_\varphi\right)\mathrm{d}\varphi+\left(\dfrac{\partial v_n}{\partial\theta}-v_\theta\sin\varphi\right)\mathrm{d}\theta\\ (\mathrm{d}\boldsymbol{v})_\varphi=\dfrac{\partial v_\varphi}{\partial x_n}\mathrm{d}x_n+\left(\dfrac{\partial v_\varphi}{\partial\varphi}+v_n\right)\mathrm{d}\varphi+\left(\dfrac{\partial v_\varphi}{\partial\theta}-v_\theta\cos\varphi\right)\mathrm{d}\theta\\ (\mathrm{d}\boldsymbol{v})_\theta=\dfrac{\partial v_\theta}{\partial x_n}\mathrm{d}x_n+\dfrac{\partial v_\theta}{\partial\varphi}\mathrm{d}\varphi+\left(\dfrac{\partial v_\theta}{\partial\theta}+v_n\sin\varphi+v_\varphi\cos\varphi\right)\mathrm{d}\theta\end{cases}\tag{8.2.12}$$

利用 $(\nabla\boldsymbol{v}\cdot\mathrm{d}\boldsymbol{r})_i=(\nabla\boldsymbol{v})_{ij}(\mathrm{d}\boldsymbol{r})_j$，并将式（8.2.3）代入，得

$$\begin{cases}(\nabla\boldsymbol{v}\cdot\mathrm{d}\boldsymbol{r})_n=(\nabla\boldsymbol{v})_{nn}\mathrm{d}x_n+(\nabla\boldsymbol{v})_{n\varphi}(R+x_n)\mathrm{d}\varphi+(\nabla\boldsymbol{v})_{n\theta}(\bar{R}+x_n)\sin\varphi\mathrm{d}\theta\\ (\nabla\boldsymbol{v}\cdot\mathrm{d}\boldsymbol{r})_\varphi=(\nabla\boldsymbol{v})_{\varphi n}\mathrm{d}x_n+(\nabla\boldsymbol{v})_{\varphi\varphi}(R+x_n)\mathrm{d}\varphi+(\nabla\boldsymbol{v})_{\varphi\theta}(\bar{R}+x_n)\sin\varphi\mathrm{d}\theta\\ (\nabla\boldsymbol{v}\cdot\mathrm{d}\boldsymbol{r})_\theta=(\nabla\boldsymbol{v})_{\theta n}\mathrm{d}x_n+(\nabla\boldsymbol{v})_{\theta\varphi}(R+x_n)\mathrm{d}\varphi+(\nabla\boldsymbol{v})_{\theta\theta}(\bar{R}+x_n)\sin\varphi\mathrm{d}\theta\end{cases}\tag{8.2.13}$$

由于 $\mathrm{d}\boldsymbol{v}=\nabla v\cdot\mathrm{d}\boldsymbol{r}$，并比较式（8.2.12）、式（8.2.13），可得到如下关系式：

$$\nabla\boldsymbol{v}=\begin{pmatrix}(\nabla\boldsymbol{v})_{nn} & (\nabla\boldsymbol{v})_{n\varphi} & (\nabla\boldsymbol{v})_{n\theta}\\ (\nabla\boldsymbol{v})_{\varphi n} & (\nabla\boldsymbol{v})_{\varphi\varphi} & (\nabla\boldsymbol{v})_{\varphi\theta}\\ (\nabla\boldsymbol{v})_{\theta n} & (\nabla\boldsymbol{v})_{\theta\varphi} & (\nabla\boldsymbol{v})_{\theta\theta}\end{pmatrix}$$

$$=\begin{pmatrix}\dfrac{\partial v_n}{\partial x_n} & \dfrac{1}{R+x_n}\left(\dfrac{\partial v_n}{\partial\varphi}-v_\varphi\right) & \dfrac{1}{(\bar{R}+x_n)\sin\varphi}\left(\dfrac{\partial v_n}{\partial\theta}-v_\theta\sin\varphi\right)\\ \dfrac{\partial v_\varphi}{\partial x_n} & \dfrac{1}{R+x_n}\left(\dfrac{\partial v_\varphi}{\partial\varphi}+v_n\right) & \dfrac{1}{(\bar{R}+x_n)\sin\varphi}\left(\dfrac{\partial v_\varphi}{\partial\theta}-v_\theta\cos\varphi\right)\\ \dfrac{\partial v_\theta}{\partial x_n} & \dfrac{1}{R+x_n}\cdot\dfrac{\partial v_\theta}{\partial\varphi} & \dfrac{1}{(\bar{R}+x_n)\sin\varphi}\left(\dfrac{\partial v_\theta}{\partial\theta}+v_n\sin\varphi+v_\varphi\cos\varphi\right)\end{pmatrix}\tag{8.2.14}$$

为求矢量 $\boldsymbol{v}$ 的散度 $\mathrm{div}\,\boldsymbol{v}$，可利用关系式 $\mathrm{div}\,v=\nabla\cdot\boldsymbol{v}=\mathrm{tr}\,(\nabla\boldsymbol{v})$，在正交坐标系下 $\mathrm{tr}(\boldsymbol{N})$ 为 $\boldsymbol{N}$ 的对角线分量之和，从而可得

$$\mathrm{div}\,\boldsymbol{v}=\frac{\partial v_n}{\partial x_n}+\frac{v_n}{R+x_n}+\frac{v_n}{\bar{R}+x_n}+\frac{1}{R+x_n}\cdot\frac{\partial v_\varphi}{\partial\varphi}+\frac{v_\varphi\cot\varphi}{\bar{R}+x_n}+\frac{1}{(\bar{R}+x_n)\sin\varphi}\cdot\frac{\partial v_\theta}{\partial\theta}\tag{8.2.15}$$

连续介质连续的基本方程中还涉及应力的散度，应力属于二阶张量，一般二阶张量 $\boldsymbol{A}$

的分量形式可表示为

$$\boldsymbol{A}=\begin{pmatrix}A_{nn} & A_{n\varphi} & A_{n\theta}\\ A_{\varphi n} & A_{\varphi\varphi} & A_{\varphi\theta}\\ A_{\theta n} & A_{\theta\varphi} & A_{\theta\theta}\end{pmatrix} \tag{8.2.16}$$

为了求其散度 div$\boldsymbol{A}$，可利用关系式$(\mathrm{div}\boldsymbol{A})\cdot\boldsymbol{a}=\mathrm{div}(\boldsymbol{A}\cdot\boldsymbol{a})-\mathrm{tr}[\boldsymbol{A}\cdot(\nabla\boldsymbol{a})]$，其中，$\boldsymbol{a}$ 为任一矢量。

二阶张量 $\boldsymbol{A}$ 的散度 div$\boldsymbol{A}$ 是一个矢量，其分量可表示为

$$\begin{cases}(\mathrm{div}\boldsymbol{A})_n=(\mathrm{div}\boldsymbol{A})\cdot\boldsymbol{e}_n=\mathrm{div}(\boldsymbol{A}\cdot\boldsymbol{e}_n)-\mathrm{tr}[\boldsymbol{A}\cdot(\nabla\boldsymbol{e}_n)]\\ (\mathrm{div}\boldsymbol{A})_\varphi=(\mathrm{div}\boldsymbol{A})\cdot\boldsymbol{e}_\varphi=\mathrm{div}(\boldsymbol{A}\cdot e_\varphi)-\mathrm{tr}[\boldsymbol{A}\cdot(\nabla\boldsymbol{e}_\varphi)]\\ (\mathrm{div}\boldsymbol{A})_\theta=(\mathrm{div}\boldsymbol{A})\cdot\boldsymbol{e}_\theta=\mathrm{div}(\boldsymbol{A}\cdot e_\theta)-\mathrm{tr}[\boldsymbol{A}\cdot(\nabla\boldsymbol{e}_\theta)]\end{cases} \tag{8.2.17}$$

将式（8.2.1）所示 $\boldsymbol{e}_n$，$\boldsymbol{e}_\varphi$，$\boldsymbol{e}_\theta$ 的分量分别代入式（8.2.14），可得

$$\nabla\boldsymbol{e}_\varphi=\begin{pmatrix}0 & 0 & 0\\ 0 & \dfrac{1}{R+x_n} & 0\\ 0 & 0 & \dfrac{1}{\bar{R}+x_n}\end{pmatrix} \tag{8.2.18}$$

$$\nabla\boldsymbol{e}_\varphi=\begin{pmatrix}0 & -\dfrac{1}{R+x_n} & 0\\ 0 & 0 & 0\\ 0 & 0 & \dfrac{\cot\varphi}{\bar{R}+x_n}\end{pmatrix} \tag{8.2.19}$$

$$\nabla\boldsymbol{e}_\theta=\begin{pmatrix}0 & 0 & -\dfrac{1}{\bar{R}+x_n}\\ 0 & 0 & -\dfrac{\cot\varphi}{\bar{R}+x_n}\\ 0 & 0 & 0\end{pmatrix} \tag{8.2.20}$$

从而有

$$\begin{cases}\mathrm{tr}[\boldsymbol{A}\cdot(\nabla\boldsymbol{e}_n)]=\dfrac{A_{\varphi\varphi}}{R+x_n}+\dfrac{A_{\theta\theta}}{\bar{R}+x_n}\\ \mathrm{tr}[\boldsymbol{A}\cdot(\nabla\boldsymbol{e}_\varphi)]=-\dfrac{A_{\varphi n}}{R+x_n}+\dfrac{A_{\theta\theta}\cot\varphi}{\bar{R}+x_n}\\ \mathrm{tr}[\boldsymbol{A}\cdot(\nabla\boldsymbol{e}_\theta)]=-\dfrac{1}{\bar{R}+x_n}(A_{\theta n}+A_{\theta\varphi}\cot\varphi)\end{cases} \tag{8.2.21}$$

由于$(\boldsymbol{A}\cdot\boldsymbol{e}_k)_i=A_{ik}$，所以有

$$\begin{cases}\boldsymbol{A}\cdot\boldsymbol{e}_n=A_{nn}\boldsymbol{e}_n+A_{\varphi n}\boldsymbol{e}_\varphi+A_{\theta n}\boldsymbol{e}_\theta\\ \boldsymbol{A}\cdot\boldsymbol{e}_\varphi=A_{n\varphi}\boldsymbol{e}_n+A_{\varphi\varphi}\boldsymbol{e}_\varphi+A_{\theta\varphi}\boldsymbol{e}_\theta\\ \boldsymbol{A}\cdot\boldsymbol{e}_\theta=A_{n\theta}\boldsymbol{e}_n+A_{\varphi\theta}\boldsymbol{e}_\varphi+A_{\theta\theta}\boldsymbol{e}_\theta\end{cases} \tag{8.2.22}$$

将式（8.2.21）、式（8.2.22）代入式（8.2.17），并利用式（8.2.15），得

$$(\operatorname{div}\boldsymbol{A})_n=\frac{\partial A_{nn}}{\partial x_n}+\frac{1}{R+x_n}\cdot\frac{\partial A_{\varphi n}}{\partial\varphi}+\frac{1}{(\bar{R}+x_n)\sin\varphi}\cdot\frac{\partial A_{\theta n}}{\partial\theta}+\frac{1}{R+x_n}(A_{nn}-A_{\varphi\varphi})$$
$$+\frac{1}{\bar{R}+x_n}(A_{nn}-A_{\theta\theta}+A_{\varphi n}\cot\varphi)\tag{8.2.23}$$

$$(\operatorname{div}\boldsymbol{A})_\varphi=\frac{\partial A_{n\varphi}}{\partial x_n}+\frac{1}{R+x_n}\cdot\frac{\partial A_{\varphi\varphi}}{\partial\varphi}+\frac{1}{(\bar{R}+x)\sin\varphi}\cdot\frac{\partial A_{\theta\varphi}}{\partial\theta}+\frac{1}{R+x_n}(A_{n\varphi}+A_{\varphi n})$$
$$+\frac{1}{\bar{R}+x_n}[A_{n\varphi}+(A_{\varphi\varphi}-A_{\theta\theta})\cot\varphi]\tag{8.2.24}$$

$$(\operatorname{div}\boldsymbol{A})_\theta=\frac{\partial A_{n\theta}}{\partial x_n}+\frac{1}{R+x_n}\cdot\frac{\partial A_{\varphi\theta}}{\partial\varphi}+\frac{1}{(\bar{R}+x)\sin\varphi}\cdot\frac{\partial A_{\theta\theta}}{\partial\theta}+\frac{1}{R+x_n}(A_{n\theta}+A_{\theta n})$$
$$+\frac{1}{\bar{R}+x_n}[A_{n\theta}+(A_{\theta\varphi}+A_{\varphi\theta})\cot\varphi]\tag{8.2.25}$$

8.3　法曲面坐标系下的连续介质力学控制方程

在冲击波阵面的后面区域，材料的所有物理量都是连续的，而不是间断的。根据连续介质力学理论，对于无剪应力和剪应变的情况，质量守恒、动量守恒和能量守恒关系可写为

$$\frac{\mathrm{D}\rho}{\mathrm{D}t}+\rho\operatorname{div}\boldsymbol{v}=0\tag{8.3.1}$$

$$\rho\frac{\mathrm{D}v}{\mathrm{D}t}=-\operatorname{div}\boldsymbol{p}\tag{8.3.2}$$

$$\rho\frac{\mathrm{D}E}{\mathrm{D}t}=-p_{ik}\dot{\varepsilon}_{ik}\tag{8.3.3}$$

其中，$\frac{\mathrm{D}}{\mathrm{D}t}$是拉格朗日坐标系下的全微分符号，$\rho$ 是材料密度，div( )代表张量场的散度，$\boldsymbol{v}$ 和 $\boldsymbol{p}$ 分别是粒子速度张量和二阶压力张量，E 是单位质量的内能，$\dot{\varepsilon}_{ik}=\frac{1}{2}[\nabla\boldsymbol{v}+(\nabla\boldsymbol{v})^{\mathrm{T}}]$是应变率张量分量。欧拉方程和拉格朗日方程的微分变换是$\frac{\mathrm{D}}{\mathrm{D}t}=\frac{\partial}{\partial t}+v_i\frac{\partial}{\partial x_i}$。

冲击波阵面是一个间断面，两侧的 $\boldsymbol{p}$，ρ 和 $\boldsymbol{v}$ 都是不连续的。按间断面的理论，可得到下面的质量守恒、动量守恒和能量守恒的阶跃等式：

$$\Delta(\rho v)=0\tag{8.3.4}$$

$$\Delta(\rho v v) - \boldsymbol{e}_n \cdot \Delta \boldsymbol{p} = 0 \tag{8.3.5}$$

$$\Delta\left[\rho v\left(\frac{1}{2}\boldsymbol{v} \cdot \boldsymbol{v} + E\right)\right] - \boldsymbol{e}_n \cdot \Delta(\boldsymbol{p} \cdot \boldsymbol{v}) = 0 \tag{8.3.6}$$

其中，Δ 代表冲击波阵面的前面和后面的物理量（张量）之差，“·”代表两个矢量的点积，$\boldsymbol{v} = c_n - v_n$，$\boldsymbol{e}_n$ 是冲击波阵面法线方向上的单位矢量，c_n 是波速。

8.4　法向空穴膨胀理论

按照上面提到的假设，在冲击过程中，混凝土响应介质沿弹头外法线方向膨胀，粒子速度、膨胀速度和压力与弹头表面法线方向相同，因此有

$$\begin{aligned} \boldsymbol{v} &= v_n \boldsymbol{e}_n \\ \boldsymbol{c} &= c_n \boldsymbol{e}_n \\ \boldsymbol{p} &= \begin{bmatrix} p_n & 0 & 0 \\ 0 & 0 & 0 \\ 0 & 0 & 0 \end{bmatrix} \end{aligned} \tag{8.4.1}$$

其中，$\boldsymbol{c}$ 是波速矢量。这里的压力只涉及法向分量，而忽略了子午向和环向分量的作用。

在这种情况下，密度和速度的随体导数为

$$\begin{cases} \dfrac{\mathrm{D}\rho}{\mathrm{D}t} = \dfrac{\partial \rho}{\partial t} + v_n \dfrac{\partial \rho}{\partial x_n} \\ \dfrac{\mathrm{D}\boldsymbol{v}}{\mathrm{D}t} = \left(\dfrac{\partial v_n}{\partial t} + v_n \dfrac{\partial v_n}{\partial x_n}, 0, 0\right) \end{cases} \tag{8.4.2}$$

速度和压力的散度为

$$\begin{cases} \operatorname{div} \boldsymbol{v} = \dfrac{\partial v_n}{\partial x_n} + \dfrac{v_n}{R + x_n} + \dfrac{v_n}{\bar{R} + x_n} \\ \operatorname{div} \boldsymbol{p} = \left(\dfrac{\partial p_n}{\partial x_n} + \dfrac{p_n}{R + x_n} + \dfrac{p_n}{\bar{R} + x_n}, 0, 0\right) \end{cases} \tag{8.4.3}$$

对于冲击波阵面后面区域的介质，把式（8.4.2）中各式和式（8.4.3）中各式对应代入式（8.3.1）~式（8.3.3）得

$$\frac{\partial \rho}{\partial t} + \frac{\partial(\rho v_n)}{\partial x_n} + \frac{\rho v_n}{R + x_n} + \frac{\rho v_n}{\bar{R} + x_n} = 0 \tag{8.4.4}$$

$$\rho\left(\frac{\partial v_n}{\partial t} + v_n \frac{\partial v_n}{\partial x_n}\right) = -\left(\frac{\partial p_n}{\partial x_n} + \frac{p_n}{R + x_n} + \frac{p_n}{\bar{R} + x_n}\right) \tag{8.4.5}$$

$$\rho \frac{\mathrm{D}E}{\mathrm{D}t} = -\boldsymbol{p} : \frac{1}{2}\left[\nabla \boldsymbol{v} + (\nabla \boldsymbol{v})^{\mathrm{T}}\right] \tag{8.4.6}$$

其中，“:”代表双点积，二阶张量的双点积为一个标量。

在冲击波阵面上，式（8.4.4）~式（8.4.6）可写为

$$(\rho_{sf}-\rho_0)c_n-\rho_{sf}v_n^l=0 \tag{8.4.7}$$

$$\rho_{sf}(c_n-v_n^l)v_n^l=p_n^l \tag{8.4.8}$$

$$\rho_{sf}(c_n-v_n^l)\left(E+\frac{1}{2}v_n^{l\ 2}\right)-p_n^l v_n^l=0 \tag{8.4.9}$$

其中，ρ_{sf}是冲击波阵面（波前）附近被压缩介质（即响应介质）的密度，ρ_0 是材料的初始密度，v_n^l 和 p_n^l 是冲击波阵面（波前）附近的响应区介质的粒子速度和压力。

8.5　状态方程及其解

为了进一步得到式（8.4.7）~式（8.4.9）的解并有效式求解方程式（8.4.4）~式（8.4.6），还需要另一个状态方程。对于这里所考虑的混凝土材料，采用极限密度模型，混凝土密度为阶跃变化的两个常量，在自由介质区 $\rho=\rho_0$，在介质受高压冲击的压缩区 $\rho=\rho^*$，ρ^* 是极限密度，其雨果尼奥曲线如图 7-2 所示。

利用这个模型，在冲击波阵面处，把 $\rho_{sf}=\rho^*$ 代入式（8.4.7）~式（8.4.9）可得

$$c_n=\frac{\rho^*}{\rho^*-\rho_0}v_n^l \tag{8.5.1}$$

$$p_n^l=\rho^*(c_n-v_n^l)v_n^l=\rho_0 c_n v_n^l \tag{8.5.2}$$

$$E=\frac{1}{2}v_n^{l2} \tag{8.5.3}$$

在冲击波阵面后面的区域，把 $\rho_{sf}=\rho^*$ 代入式（8.4.4）~式（8.4.6）可得

$$v_n(x_n,t)=\frac{R\bar{R}}{(R+x_n)(\bar{R}+x_n)}v_n \tag{8.5.4}$$

$$p_n(x_n,t)=\frac{\rho^* R\bar{R}}{(R+x_n)(\bar{R}+x_n)}\times\left\{\left[\frac{\rho^*}{\rho^*-\rho_0}\cdot\frac{R\bar{R}}{(R+l)(\bar{R}+l)}-\frac{R\bar{R}}{(R+x_n)(\bar{R}+x_n)}\right]v_n^2+(l-x_n)\frac{\mathrm{d}v_n}{\mathrm{d}t}\right\} \tag{8.5.5}$$

$$\rho^*\frac{\mathrm{D}E}{\mathrm{D}t}=-p_n\frac{\partial v_n}{\partial x_n} \tag{8.5.6}$$

其中，l 是波阵面相对于弹头表面的传播距离。

在弹头表面即 $x_n=0$ 处，有

$$v_n=v_n(0,t) \tag{8.5.7}$$

$$p_n=A_P v_n^2+B_P\frac{\mathrm{d}v_n}{\mathrm{d}t} \tag{8.5.8}$$

其中，$A_P=\rho^*\left[\frac{\rho^*}{\rho^*-\rho_0}\cdot\frac{R\bar{R}}{(R+l)(\bar{R}+l)}-1\right]$，$B_P=\rho^* l$。

$$E=\frac{1}{2}v_n^2 \tag{8.5.9}$$

8.6 弹体侵彻过程的动态特性

利用式（8.5.8）所示作用在弹头表面的压力，弹体的动力学方程可写为

$$(m_P + m_f)\ddot{\xi} - \bar{J}_{\text{add}}\ddot{\alpha} = -\iint_{S_A}(A_P v_n^2 + \sigma_c)\cos\varphi \mathrm{d}s \tag{8.6.1}$$

$$(J_P + J_f)\ddot{\alpha} - \bar{m}_{\text{add}}\ddot{\xi} = \iint_{S_A}(A_P v_n^2 + \sigma_c)\cdot(z^*\sin\varphi - r^*\cos\varphi)\cos\beta \mathrm{d}s \tag{8.6.2}$$

其中，m_P 是弹体质量；σ_c 是静态极限挤压应力；J_P 是弹体相对于轴 r^* 的转动惯量；$\ddot{\xi}$ 是弹体质心轨迹的切向加速度，它的方向与弹轴 z^* 的方向一致；$\ddot{\alpha}$ 是弹体相对于轴 r^* 的角速度；S_A 是弹靶相互作用的曲面。式中，

$$m_f = \iint_{S_A} B_P\cos^2\varphi \mathrm{d}s$$

$$J_f = \iint_{S_A} B_P\ (z^*\sin\varphi - r^*\cos\varphi)^2\cos^2\beta \mathrm{d}s$$

$$\bar{J}_{\text{add}} = \iint_{S_A} B_P\cos\varphi(z^*\sin\varphi - r^*\cos\varphi)\cos\beta \mathrm{d}s$$

$$\bar{m}_{\text{add}} = \iint_{S_A} B_P\cos\varphi(z^*\sin\varphi - r^*\cos\varphi)\cos\beta \mathrm{d}s$$

其他参数如图 7－1 所示。

法向速度 v_n 和轴向速度 v_ξ（亦即 $\dot{\xi}$）、角速度 $\dot{\alpha}$ 的关系及其与加速度的关系如下：

$$v_n = v_\xi\cos\varphi - \dot{\alpha}(z^*\sin\varphi - r^*\cos\varphi)\cos\beta \tag{8.6.3}$$

$$\frac{\mathrm{d}v_n}{\mathrm{d}t} = \ddot{\xi}\cos\varphi - \ddot{\alpha}(z^*\sin\varphi - r^*\cos\varphi)\cos\beta \tag{8.6.4}$$

利用上述方法，采用卵形弹体做了减速度和侵彻深度试验与计算比较，弹体特征如图 8－2 所示。弹体垂直侵入混凝土靶，其中 R 是弹头曲率半径，$2r$ 是弹体（弹身）直径，$\psi = R/2r$ 是弹头系数（CRH）。进行卵形钢弹减速度和侵彻深度试验，试验中使用了尖头弹和钝头弹两类卵形弹。

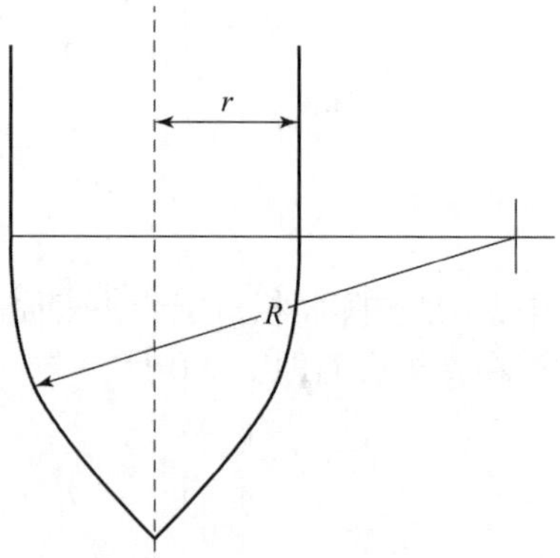

图 8－2　试验弹头

混凝土的密度 $\rho_0 = 2\ 400\ \text{kg/m}^3$，极限抗压强度 $\sigma_c = 3.0\times10^7\ \text{N/m}^2$，混凝土极限密度 $\rho^* = 2\ 460\ \text{kg/m}^3$，表 8－1 给出了冲击速度 v 在 538～763 m/s 范围内的 6 次试验结果和计算结果。

表 8-1　试验结果和计算结果

编号	弹体质量 m/kg	R/m	r/m	ψ	冲击速度 v/(m·s^{-1})	侵彻深度（试验）d_t/m	侵彻深度（计算）d/m
02-0001	3.777	0.176 79	0.031	2.85	763	0.83	0.82
02-0002	3.034	0.094 53	0.031	1.53	577	0.34	0.38
02-0003	3.747	0.094 53	0.031	1.53	666	0.56	0.62
02-0004	3.022	0.094 53	0.031	1.53	538	0.37	0.37
02-0005	3.154	0.094 53	0.031	1.53	630	0.46	0.41
02-0006	3.133	0.094 53	0.031	1.53	—	0.48	—

试验测试的数据与算法处理的数据如图 8-3 所示，从结果可以看出，该方法得到的计算结果与试验结果相比取得了较好的一致性。

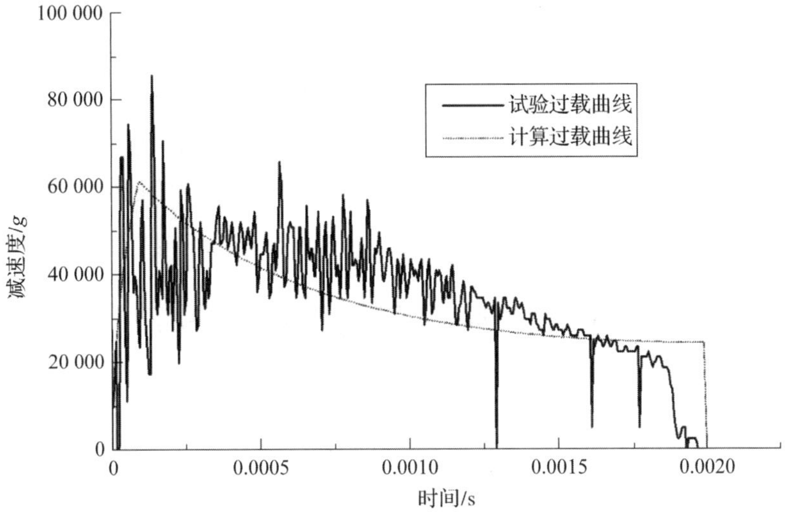

图 8-3　试验过载曲线与计算过载曲线

第 9 章

模糊侵彻模型

许多试验表明，当弹体的冲击速度不同时，混凝土靶体的抗力会表现出不同的模式。为此，人们针对不同的冲击速度提出了许多侵彻模型，如准静态模型、基于空穴膨胀理论的解析模型、高压高应变率模型、流体模型等。这些模型都是以不同的冲击速度为前提的。低中速冲击时，混凝土材料表现出一般固体的特征，其强度特性与应变率无关，惯性特性也属于一般固体的特性。高速冲击时，混凝土材料则表现出特殊固体的特征，其强度不仅依赖应变率，还和损伤情况有关，惯性特性不仅类似流体的特性，还表现出明显的可压缩性，密度变化十分显著。因此，针对不同的冲击速度，应该运用不同的侵彻模型。这是针对不同的初始冲击速度而言的。实际上，针对半无限厚靶体，即使初始冲击速度很高，也有一个速度衰减的过程。因此，所谓低速/高速，不仅是针对不同次的冲击侵彻，也针对同一次冲击侵彻的不同阶段。那么，什么速度属于低速，什么速度属于中速，什么速度又属于高速，却是个模糊的概念。为了有效统一各种模型，建立一种适应不同冲击速度的侵彻模型，人们提出了一种基于冲击速度的模糊侵彻模型。

9.1　影响弹头阻力的因素分析

冲击速度不同时，混凝土材料会表现出不同的强度特性和动态惯性特性。按照前人的分析，侵彻时靶体作用在弹头的阻力通常由两部分构成，一部分是靶体材料强度引起的阻力，即强度阻力，另一部分是靶体质量（密度）和速度引起的阻力，即惯性阻力。强度阻力取决于目标的强度（包括静态强度和动态强度），惯性阻力取决于弹体的实时冲击速度和目标材料的质量密度。许多工程试验表明，当冲击速度小于 100 m/s 时，强度阻力起主导作用；当冲击速度大于 500 m/s 时，惯性阻力起主导作用；当冲击速度介于两者之间时，强度效应和惯性效应会同时影响阻力。可见，冲击速度不同，强度效应和惯性效应的作用程度也不同。随着冲击速度的提高，惯性效应的作用越来越显著，强度效应的作用越来越微弱；而随着冲击速度的降低，强度效应的作用越来越明显，相对惯性效应的作用来说不仅变得越来越重要，而且更接近静态强度的作用。强度效应的作用虽然在一般情况下只和靶体材料有关而和冲击速度无关，但当冲击速度达到一定值时，也会表现出应变率的相关性，即表现出动强度的特征。在惯性效应的作用中，除冲击速度的直接影响外，在高速状态下，材料的可压缩性和流动性表现得也很突出。为了便于分析和讨论，同时也考虑军事工程中通常的说法，定义冲击速度介于 800~1 500 m/s 为高速侵彻，100~800 m/s 为中速侵彻，小于 100 m/s 为低速侵彻。这里的冲击速度变化范围为 0 ~ 1 500 m/s，冲击速度超过 1 500 m/s 属于超高速侵彻，这里暂不讨论。

混凝土是一种脆性材料，有很高的抗压强度和较低的抗拉强度，这是和各向同性韧性材料不同的。在高压高速冲击的情况下，由于混凝土材料中存在固有的空气间隙，所以混凝土的可压缩性对材料的破坏起决定性作用。研究人员的大量理论和试验表明，冲击速度较高时，混凝土材料的特性类似理想可压缩流体，冲击速度中等时，类似理想或者应变强化塑性固体，冲击速度较低时，类似普通弹塑性体。因此，下面综合这些特性和已有的相关不同模型，建立一种适应不同冲击速度的模糊侵彻模型。

9.2　模糊侵彻模型的基本描述

在侵彻过程中，靶体作用在弹头的阻力主要是直接的法向压应力阻力和由此产生的滑动摩擦阻力。综合前人针对不同速度的各种侵彻模型，作用在弹头表面的法向压应力因素可概括为 4 项，分别是静态强度项、动态强度项、固体惯性项和流体惯性项。可将其表示成如下通用形式：

$$\sigma_{sum}=\sigma_{ss}\oplus\sigma_{ds}\oplus\sigma_{si}\oplus\sigma_{fi} \tag{9.2.1}$$

其中，σ_{ss}是静态强度项，σ_{ds}是动态强度项，σ_{si}是固体惯性项，σ_{fi}是流体惯性项，符号$\oplus$不是简单的算术和，而代表一种逻辑求和。因为σ_{ss}，σ_{ds}，σ_{si}和σ_{fi}来源于不同的模型，不能将其简单地累加起来，即不能将混凝土材料既看作固体又看作液体。为了得到一个相对准确的压应力模型，人们提出混凝土材料模糊动态特性的概念。应用模糊数学中的方法，定义一个变量μ作为混凝土材料的隶属度，它包含 4 项，即μ_{ss}，μ_{ds}，μ_{si}和μ_{fi}。这些变量分别代表侵彻过程中的各种阻力因素的影响程度。引入混凝土材料的隶属度后，式（9.2.1）就可以写为

$$\sigma_{sum}=\mu_{ss}\sigma_{ss}+\mu_{ds}\sigma_{ds}+\mu_{si}\sigma_{si}+\mu_{fi}\sigma_{fi} \tag{9.2.2}$$

其中，μ_{ss}，μ_{ds}，μ_{si}和μ_{fi}分别是混凝土材料受侵彻而产生变形、损伤和破坏时其强度隶属于静态弹塑性固体强度的程度、隶属于动态弹塑性固体强度的程度、隶属于动态弹塑性固体惯性的程度和隶属于动态流体惯性的程度。它们满足下面的关系式：

$$\mu_{ss}+\mu_{ds}=1 \tag{9.2.3a}$$

$$\mu_{si}+\mu_{fi}=1 \tag{9.2.3b}$$

按照上述分析，隶属度$\mu=\{\mu_{ss},\mu_{ds},\mu_{si},\mu_{fi}\}$主要取决于冲击速度。高速侵彻时，可以将混凝土材料看作理想可压缩流体，此时隶属度可描述为

$$\mu=\{0.0,1.0,0.0,1.0\} \tag{9.2.4a}$$

低速侵彻时，可以将混凝土材料看作通常的弹塑性固体，其侵彻阻力中准静态强度起很重要的作用，此时的隶属度可表示为

$$\mu=\{1.0,0.0,1.0,0.0\} \tag{9.2.4b}$$

中速侵彻时，混凝土材料既不能被简单地看作理想可压缩流体，也不能被简单地看作弹塑性固体。因此，有必要将其视为一种模糊材料。此时的隶属度需要表示为

$$\mu = \{\mu_{ss}, \mu_{ds}, \mu_{si}, \mu_{fi}\} \tag{9.2.5}$$

其中的元素满足式（9.2.3a）和式（9.2.3b）中的归一化关系。

隶属度 μ 可描述不同冲击速度时混凝土材料的不同特性。式（9.2.4a）和式（9.2.4b）分别给出了高速和低速冲击时的极端情况，而对于中速冲击（100~800 m/s）的情形，通常需要用式（9.2.5）的一般形式来描述。

9.3 模糊侵彻模型

9.3.1 弹头表面法向压应力的分析

为了建立弹体侵彻混凝土目标的侵彻阻力模型，前人已经做了很多工作。经典的侵深经验公式（如 Petry 公式、ACE 公式、NDRC 公式、BRL 公式）中就有许多对阻力的描述。Young 还给出了用侵彻深度公式预测侵彻过程中减速度的近似方法。后来发展的空穴膨胀理论更是清晰地给出了侵彻阻力的关系式。近几年，Forrestal、Luk、Frew、Li 和 Chen 等基于空穴膨胀理论和靶场试验不断完善了侵彻阻力模型。这些侵彻阻力模型的公式形式都很相似，它们都包含两大项，一项是准静态强度项，另一项是固体惯性项。大多数半经验公式和基于空穴膨胀理论的解析公式给出的也都是这样的阻力形式。但这种模型一般只适用于低速或低中速冲击的情况。当高速冲击时，考虑到混凝土材料的可压缩性，人们提出了法向空穴膨胀理论，在这个理论中，空穴边界不是球形或柱形，而是一般的旋转曲面，介质中冲击波的传播速度是非恒定的。大部分压力来源于流体静水压力，混凝土靶体材料的主要变形是因为混凝土中的空气间隙逐渐被压缩而引起的体积应变。与此同时，高速冲击时，因大应变、高应变率和高压引起的材料动强度变化也是值得考虑的问题，为此，Holmquist、Johnson 和 Cook 提出了混凝土的动态强度模型。

1. 固体阻力模型

描述弹头的轴向阻力的解析或半经验公式有很多。其中典型的一个，是由 Forrestal 首先提出的公式，其形式如下：

$$\sigma_n = \tau_0 A + B\rho v^2 \cos^2\varphi \tag{9.3.1}$$

其中，φ 是弹头表面的轴线与法线方向的夹角，v 是弹体的实时冲击速度，ρ 是混凝土靶体材料的质量密度，τ_0 是混凝土目标材料的剪切应力强度，A 和 B 是仅与材料参数有关的常数。

式（9.3.1）是由 Forrestal 的动态空穴膨胀理论导出的原始形式，称其为原始的固体阻力模型。它能直接用于处理极低速冲击侵彻问题，但需要把静态强度换成准静态强度。但对于低中速冲击，它并不适宜直接使用，因为由它计算出的法向应力 σ_n 的数值比中速冲击时试验所获得的数值要小。为了解决这种不一致性的问题，Forrestal 分析时没有直接使用这一公式，而是引进了一个经验参数 $R = Sf_c = \tau_0 A$，其中，R 和 S 是由打靶试验确定的经验常数，f_c 是自由抗压强度。这个模型可称为改进的解析模型或 Forrestal 模型。

式（9.3.1）的右端由两项组成：静态强度项和固体惯性项。这两项分别代表静态强度应力和固体惯性压缩应力。

容易看出，在原始的固体阻力模型中，混凝土材料被视为弹塑性体，此时只考虑了静态强度和固体惯性。

2. 流体阻力模型

Forrestal 的改进模型能够有效处理低速或中速冲击侵彻问题，因为这类问题的加速度峰值比较平坦，变化并不剧烈。然而，它不能处理侵彻加速度峰值比较尖锐的问题。高速冲击时，应该将混凝土材料视为准理想可压缩流体，基于此，人们提出了法向膨胀模型，该模型将波速和弹体质量都视为变量。弹头表面的法向压应力表示为

$$\sigma_n = \sigma_c + \frac{\rho^* \rho_0}{\rho^* - \rho_0} v^2 \lambda(l) \cos^2\varphi + \rho^* \frac{\mathrm{d}v}{\mathrm{d}t} l \cos\varphi \tag{9.3.2}$$

其中，σ_c 是混凝土的抗压强度，ρ_0 是混凝土材料的初始密度，ρ^* 是混凝土材料的极限密度，$\lambda(l)$ 是曲面的系数，l 是响应介质波的传播距离。

3. 动强度阻力模型

在大应变、大应变率、高压的情况下，混凝土材料的强度会与静态情况有很大的不同。为此，Holmquist 和 Johnson 等提出了一个混凝土在大应变、大应变率、高压条件下的计算模型，在这个模型中，弹头表面的法向动态强度阻力可表示为

$$\sigma_n = f_c [A_1(1 - D) + B_1 P^{*N_1}][1 + C_1 \ln \dot{\varepsilon}^*] \tag{9.3.3}$$

其中，f_c 和 σ_c 一样，是静态抗压强度；D 是损伤因子（$0 \leqslant D \leqslant 1.0$）；$P^* = P/f_c$，是归一化的压力（$P$ 是真实的压力）；$\dot{\varepsilon}^* = \dot{\varepsilon}/\dot{\varepsilon}_0$，是无量纲的应变率（$\dot{\varepsilon}$ 是真实的应变率，$\dot{\varepsilon}_0 = 1.0\ \mathrm{s}^{-1}$ 是参考应变率）；A_1，B_1，N_1 和 C_1 是材料的常数（A_1 是归一化的凝聚强度，B_1 是归一化的压力硬化系数，N_1 是压力硬化项的指数，C_1 是应变率系数）。

9.3.2　模糊轴向阻力模型

综合分析上面各模型和公式的特性，根据其对靶体材料性质的不同描述及对冲击速度的不同依赖程度，可将弹头表面阻力的不同成分分别表示为

$$\sigma_{ss} = \sigma_{qs} \tag{9.3.4a}$$

$$\sigma_{ds} = f_c [A_1(1 - D) + B_1 P^{*N_1}][1 + C_1 \ln \dot{\varepsilon}^*] \tag{9.3.4b}$$

$$\sigma_{si} = B\rho v^2 \cos^2\varphi \tag{9.3.4c}$$

$$\sigma_{fi} = \frac{\rho^* \rho_0}{\rho^* - \rho_0} v^2 \lambda(l) \cos^2\varphi + \rho^* \frac{\mathrm{d}v}{\mathrm{d}t} l \cos\varphi \tag{9.3.4d}$$

将其代入式（9.2.2），可得弹头表面法向压应力的模糊表达式为

$$\begin{aligned}\sigma_{\mathrm{sum}} &= \mu_{ss}\sigma_{qs} + \mu_{ds} f_c [A_1(1 - D) + B_1 P^{*N_1}][1 + C_1 \ln \dot{\varepsilon}^*] \\ &\quad + \mu_{si} B\rho v^2 \cos^2\varphi + \mu_{fi}\left[\frac{\rho^* \rho_0}{\rho^* - \rho_0} v^2 \lambda(l) \cos^2\varphi + \rho^* \frac{\mathrm{d}v}{\mathrm{d}t} l \cos\varphi\right]\end{aligned} \tag{9.3.5}$$

其中，$\sigma_{qs} = Sf_c = \tau_0 A$，是低速冲击时的准静态强度。

弹头所受的轴向总阻力为

$$F_z = \iint_{S_A} \sigma_{\text{sum}} (\cos\varphi + \eta_f \sin\varphi) \, ds \tag{9.3.6}$$

其中，η_f 是动态摩擦系数，S_A 为弹体已经侵入靶体部分的曲面。

9.4 基于冲击速度的隶属度

由于隶属度 μ 主要取决于冲击速度，所以确定隶属度主要是建立隶属度与实时冲击速度的关系。这些关系可以是线性的，也可以是非线性的。这种关系称为隶属度函数。线性函数描述为

$$\mu_{ss} = \mu_{si} = \frac{8}{7} - \frac{v}{700}$$

当 100 m/s≤v≤800 m/s 时， (9.4.1a)

$$\mu_{ds} = \mu_{fi} = \frac{v}{700} - \frac{1}{7}$$

二次（非线性）函数可描述为

$$\mu_{ss} = \mu_{si} = \frac{64}{63} - \frac{v^2}{630\,000}$$

当 100 m/s≤v≤800 m/s 时， (9.4.1b)

$$\mu_{ds} = \mu_{fi} = \frac{v^2}{630\,000} - \frac{1}{63}$$

其中，v 是弹体的实时冲击速度。

9.5 试验及模型计算的数据比较

采用模糊模型，人们计算出了弹体侵彻有限厚混凝土目标的侵彻加速度。为了与试验数据对比，我们做了几次打靶试验，测得了卵形弹头、钢质弹体的侵彻加速度。由于这种试验费用较高，所以只得到了几组有效的试验数据。为了有效地验证模糊侵彻模型，我们也将 Forrestal 等人的试验数据一并列入，所有试验均使用卵形弹丸，如图 8－2 所示。

弹体的几何参数、质量、冲击速度、靶体的抗压强度、试验测得的侵彻深度及用上述模糊侵彻模型计算的侵彻深度都列于表 9－1 中。表中 G×× － ×××× 是我们的打靶试验数据，F×× － ××/ × 是 Forrestal 等人的打靶试验数据。

表 9－1 弹体侵彻数据总结和试验及计算的结果

编号	弹体质量 /kg	R/m	r/m	ψ	冲击速度 /(m·s^{-1})	靶体抗压强度/MPa	实测侵彻深度 /m	计算侵彻深度 /m
G02－0001	3.777	0.17679	0.031	2.85	763	30	0.83	0.82
G02－0002	3.034	0.094 53	0.031	1.53	577	30	0.34	0.38

续表

编号	弹体质量/kg	R/m	r/m	ψ	冲击速度/(m·s⁻¹)	靶体抗压强度/MPa	实测侵彻深度/m	计算侵彻深度/m
G02－0003	3.747	0.176 79	0.031	2.85	666	30	0.56	0.57
G02－0004	3.022	0.094 53	0.031	1.53	538	30	0.37	0.37
G02－0005	3.154	0.094 53	0.031	1.53	630	30	0.46	0.41
G02－0006	3.133	0.094 53	0.031	1.53	—	30	0.48	—
F00－06/2	13.043	0.228 6	0.0381	3.0	139.3	23	0.24	0.236 6
F00－03/1	13.037	0.228 6	0.038 1	3.0	200.0	23	0.42	0.408 2
F00－02/2	13.085	0.228 6	0.038 1	3.0	250.0	23	0.62	0.597
F00－09/1	12.910	0.228 6	0.038 1	3.0	314.0	39	0.45	0.461 4
F00－10/2	12.914	0.228 6	0.038 1	3.0	369.5	39	0.53	0.608 4
F00－16/3	12.909	0.457 2	0.038 1	6.0	448.5	39	0.99	0.864

混凝土目标的初始密度 $\rho_0=2\ 400\ \mathrm{kg/m^3}$，极限密度 $\rho^*=2\ 640\ \mathrm{kg/m^3}$，动态摩擦系数 $\eta_f=0.1$。针对高压、高应变率的动强度，在参考 Holmquist 等人研究成果的基础上，所选取的相关参数如下：$A_1=0.79$，$B_1=1.60$，$N_1=0.61$，$C_1=0.007$ 和 $D=0$。实际应变率 $\dot{\varepsilon}^*=\dfrac{\dot{\varepsilon}}{1.0}=\dfrac{\varepsilon_0 v_0}{S_H}=0.1\cdot v_0$，其中，$S_H$ 是特征深度，$S_H\approx 1.0\mathrm{m}$，ε_0 是极限应变，$\varepsilon_0=0.1$，v_0 是弹体的初始冲击速度。对式（9.3.3）取 $p^*=1$，$A_1=1$，$B_1=1.60$，$D=0$ 和 $\dot{\varepsilon}^*=1$，可确定准静态强度 $\sigma_{qs}=2.6f_c$。经过计算，分别应用式（9.4.1a）和式（9.4.1b）时，其对结果的影响不明显，因此可以采用式（9.4.1a）所示的线性隶属度函数。

试验 G02－0001 和 G02－0003 数据中的减速度曲线如图 9－1 和图 9－2 所示，试验 F00－06/2、F00－03/1、F00－02/2、F00－09/1、F00－10/2、F00－16/3 的减速度曲线如图 9－3～图 9－8 所示。每幅图中都有 5 条曲线，一条是试验数据曲线，其他 4 条分别是本书描述的模糊侵彻模型、理想可压缩流体模型、原始固体阻力模型和 Forrestal 模型的曲线。容易看出，高速冲击时理想可压缩流体模型是比较理想的，低速冲击时原始阻力固体模型更合适。从弹体着靶到侵彻结束，实时冲击速度从初始速度降为零。高速冲击时，冲击速度的变化范围是很大的，上面提到的模型中没有一个能够符合整个侵彻过程。因此，需要用模糊侵彻模型来处理。本书提出的模糊侵彻模型适用于整个侵彻过程。同时，在图中可以看出模糊侵彻模型的计算结果与试验结果吻合得很好。

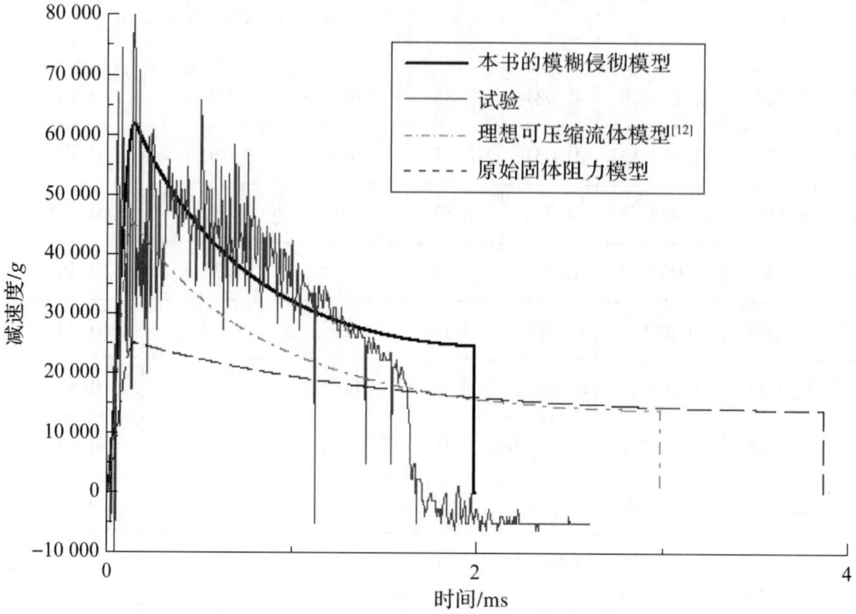

图 9－1　试验 G02－0003 的结果曲线

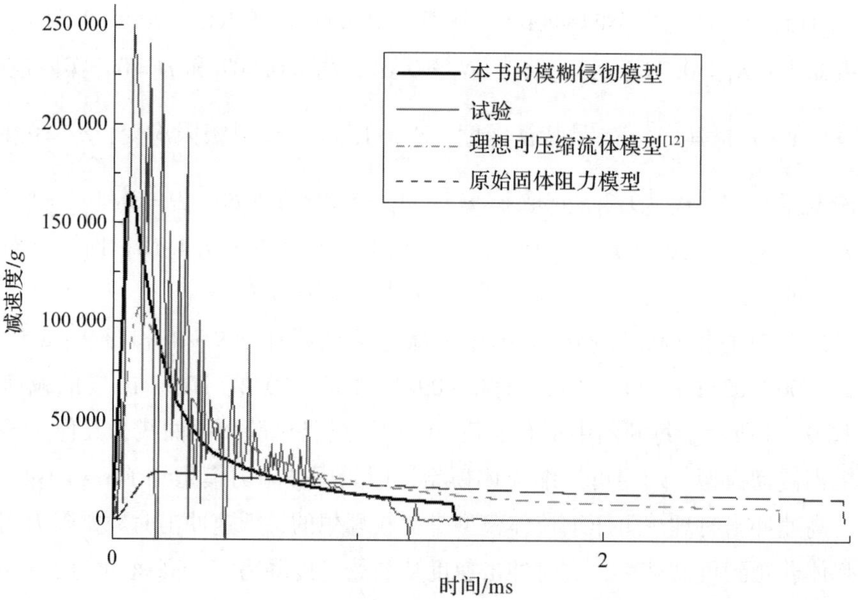

图 9－2　试验 G02－0001 的结果曲线

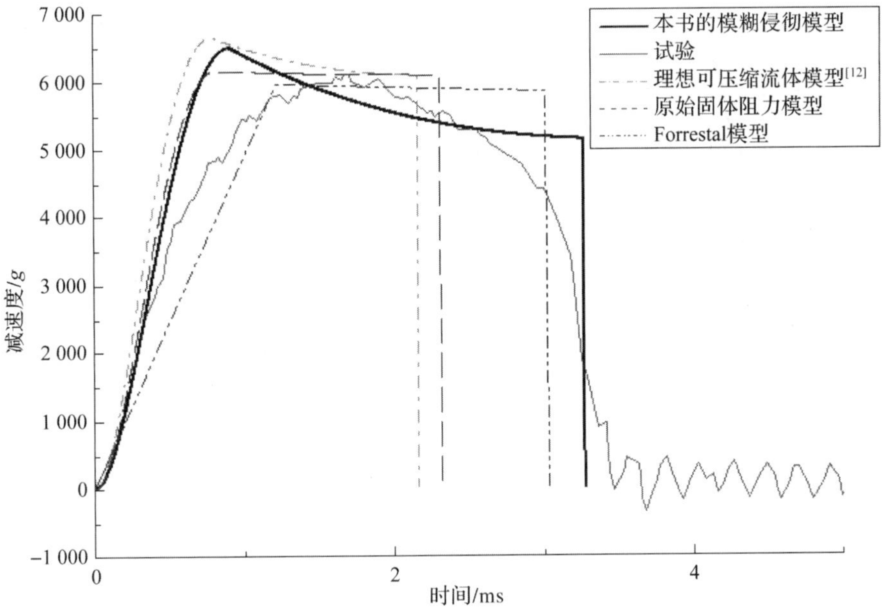

图 9－3　试验 F00－06/2 的结果曲线

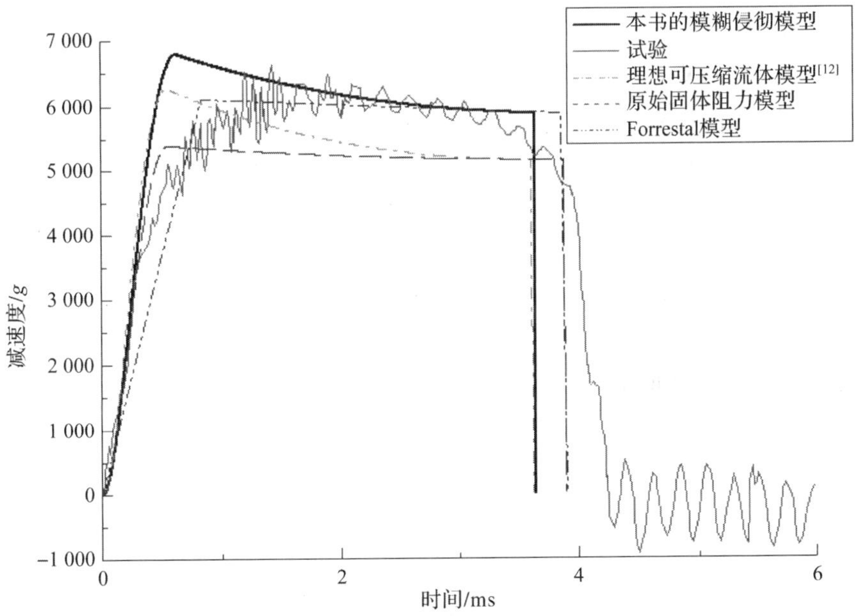

图 9－4　试验 F00－03/1 的结果曲线

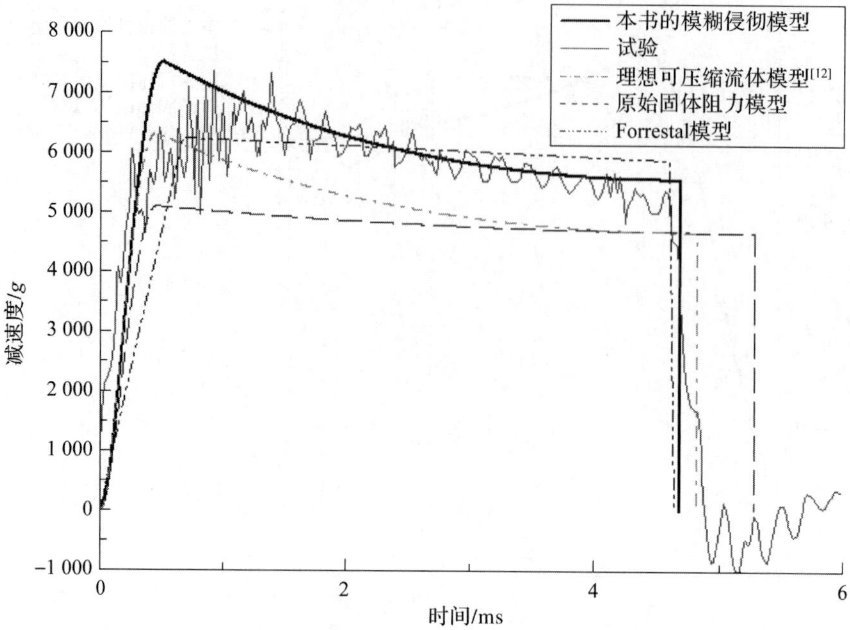

图 9－5　试验 F00－02/2 的结果曲线

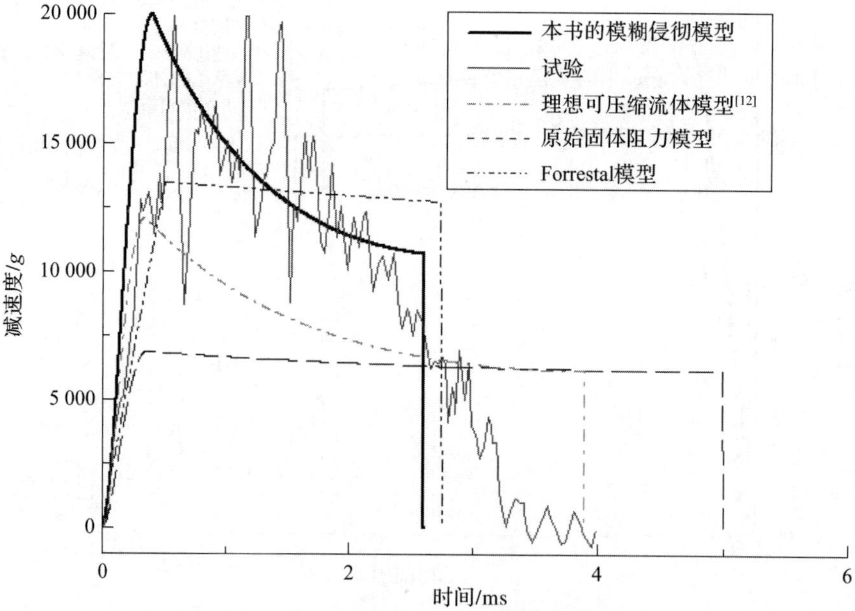

图 9－6　试验 F00－09/1 的结果曲线

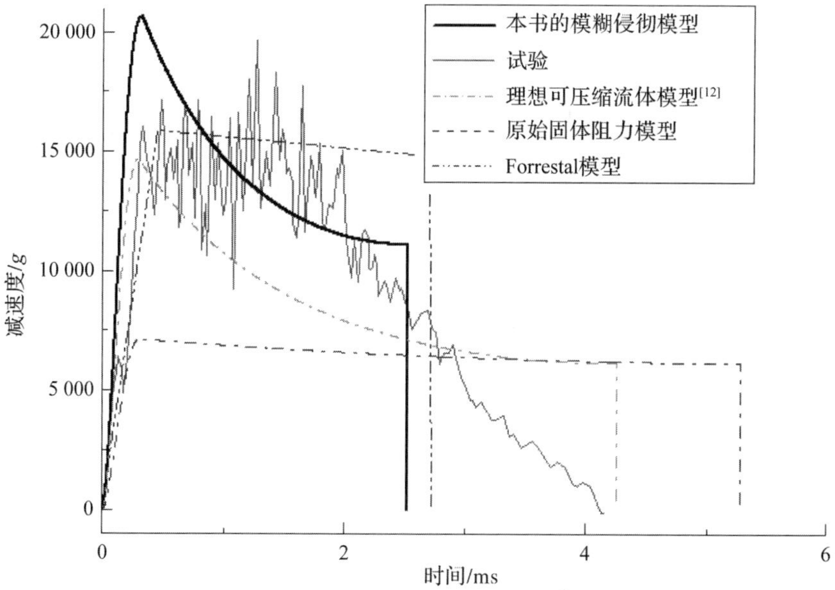

图 9－7　试验 F00－10/2 的结果曲线

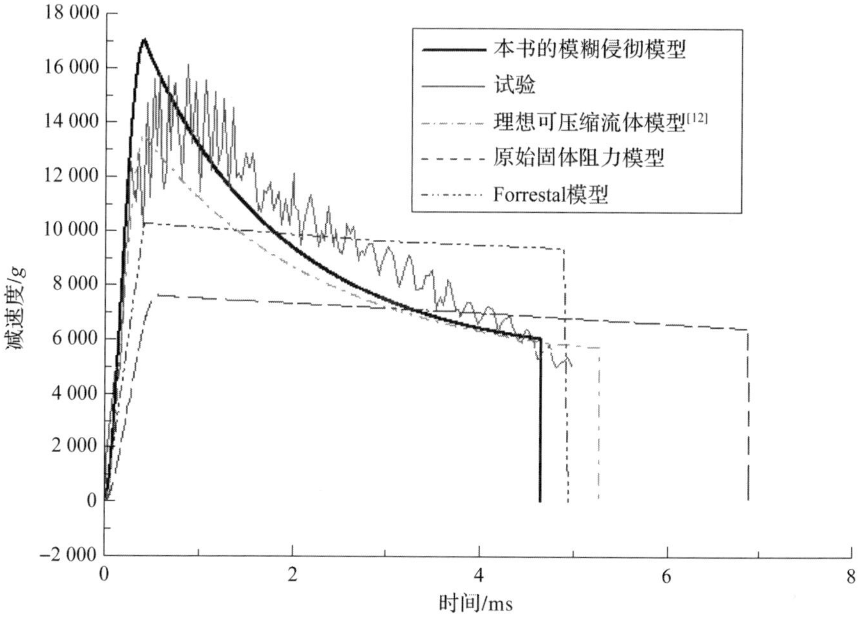

图 9－8　试验 F00－16/3 的结果曲线

通过对比试验结果和计算结果发现，在原始固体阻力模型中，静态强度效应的作用被过分夸大了，因此加速度曲线的峰值不明显，呈平坦态势；而在理想可压缩流体模型中，材料的惯性效应的作用被夸大了，因此计算得到的侵彻深度总是比真实的侵彻深度大。为了弥补这些不足，此处提出的模糊侵彻模型可以有效平衡这些因素，并用来准确地分析整个侵彻过程。

现有的 Holmquist 动态强度模型涉及的参数较多，计算起来比较困难，因为它不是一个解析结构的模型，而是一个用于数值计算的模型。因此，建立一种相对简化的动强度模型是十分必要的。

第 10 章

弹体侵彻混凝土靶的靶面成坑机理

10.1 引言

在过去的 100 多年里，研究人员对弹体冲击、侵彻及破坏混凝土靶的动态响应问题进行了很多研究，但很少涉及靶面成坑。当弹体侵彻脆性材料的混凝土靶时，在它的前表面必然形成弹坑。弹坑的大小通常取决于冲击速度、弹头形状、弹体尺寸及混凝土材料的力学特性。靶面成坑的过程是整个侵彻过程最初始的一部分（整个过程中的一个子过程）。靶面成坑在力学分析上是比较困难的，一方面，靶面成坑的形成过程比较短暂，随机因素较多；另一方面，靶面成坑的形成过程也很复杂，不能用一般的分析方法或数值模拟方法来精确计算。直到现在，对于靶面成坑机理还没有一个很好的解释。在这个子过程中，弹体所受目标的阻力还没有一个解析表达式。根据一些混凝土靶的测试，Forrestal 等人给出了靶面成坑过程的一个近似的经验阻力模型。Forrestal 等人认为，弹体侵彻后的靶面成坑表面形状为近似的锥形，其深度大约是弹体直径的 2 倍，随后的穿孔是圆柱形，其直径大小近似等于弹身直径。但是他们并没有对靶面成坑机理进行进一步分析。为了更好地理解靶面成坑是怎么形成的和靶面成坑与哪些参数有关，对靶面成坑机理的研究是很有必要的。

根据一系列的弹体侵彻混凝土靶的试验和理论分析（包括接触力学和断裂力学），人们提出靶面成坑的“四阶段”模型，在这个模型中靶面成坑的形成过程被分为 4 个阶段。第一阶段是弹性接触阶段，在这一阶段，受刚性弹头压力的作用，混凝土靶体将发生弹性变形。第二个阶段是径向碎裂阶段，期间在混凝土靶的自由表面上会形成一系列环状裂纹。与此同时，在弹头前方形成许多交叉的裂纹，在弹头表面附近，混凝土介质被粉碎。第三阶段是周向碎裂阶段，在此阶段，一系列径向裂纹形成并发展，这样一来，在混凝土靶的自由表面附近就会形成许多交叉裂纹（裂纹群），出现很多碎片。在高速弹头的压力作用下，这些碎片被抛出。同时，弹头表面附近的被压碎介质区域在不断扩展。弹尖前的交叉裂纹也不断扩展并形成粉碎核。第四阶段是靶面成坑阶段，在此阶段，混凝土靶自由表面附近的交叉裂纹进一步扩展，弹尖前的粉碎核也迅速生长，两者相遇形成弹坑。

10.2 基于受力分析的靶面成坑机理

在弹体侵彻半无限厚混凝土靶的过程中，弹头表面附近的介质将被压碎。远离弹头处介质的应力分布相当于半无限厚物体受集中压力载荷作用所引起的应力分布。当半无限厚物体自由表面上作用集中压力载荷时，应力分布如图 10－1 所示。从图 10－1 中可以看到以下现象：①图 10－1(a) 所示在自由表面和对称轴附近径向应力为拉应力，但在其他区域为压应力；②图 10－1(b) 所示周向应力仅在对称轴附近的区域内为拉应力，在其他区域内（包括自由表面）均为压应力；③图 10－1(c) 所示轴向应力在所有区域内均为压应力。对混凝土材料而言，其最显著的特性之一就是其抗拉强度要远远低于抗压强度。因此，靶面成坑是拉伸断裂引起的。在第一阶段，即侵彻的初始阶段，弹与靶之间的作用力相对较小，混凝土靶在压力作用下仅发生弹性变形。随着弹与靶间作用力的增大，弹尖附近的压应力迅速增大至抗压强度，导致此区域内的混凝土介质被压碎；同时自由表面的介质开始出现周向裂纹(不仅在弹尖附近，还有远离弹尖的区域)。由于径向应力超过抗拉强度，所以形成一系列锥形管。这是第二阶段。在这个阶段，对称轴附近的混凝土介质在径向及周向拉应力的共同作用下也发生碎裂。形成许多交叉裂纹。随着弹与靶相互作用力的不断增大，裂纹区也不断扩大

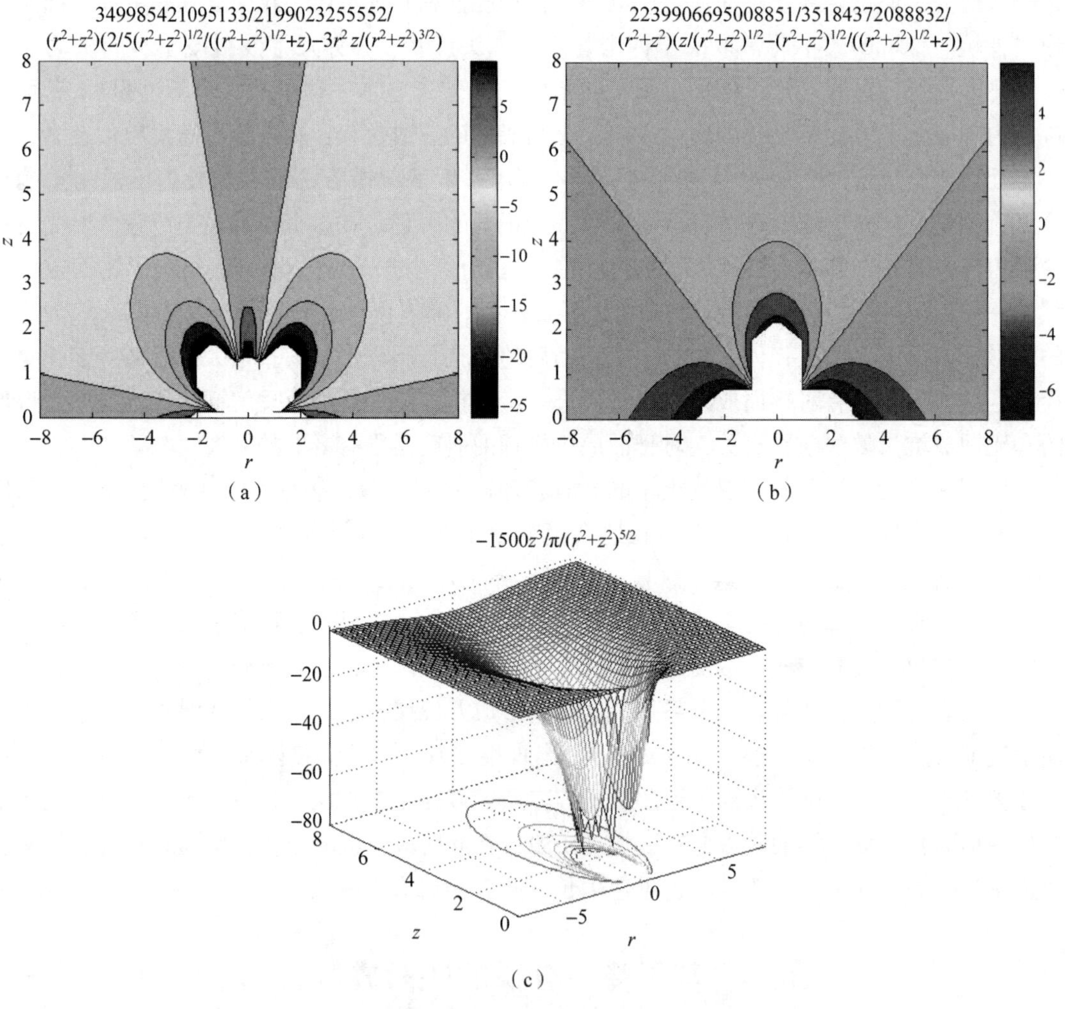

图 10－1　半空间体在边界上受法向集中力 *P* 的应力分布

(传播)。随着弹体继续向靶体内运动，在弹头的径向膨胀压力作用下，锥形管的周向应力将达到抗拉强度水平从而形成一系列径向裂纹。这是第三阶段。在这个阶段，弹尖前的交叉裂纹不断扩展并形成粉碎核。到目前为止已形成两个裂纹群区。一个在靶自由表面附近，另一个在对称轴附近。在这两个裂纹区的边界面上存在许多裂纹尖。混凝土脆性材料动态断裂的独特行为之一就是裂纹会以一定速度分叉，目的是减小系统的总能量。其分叉的扩展趋势是指向薄弱区域，从而导致两个裂纹群相汇，进而形成弹坑。靶面成坑示意如图 10－2 所示。此即第四阶段——靶面成坑阶段。由于弹头表面的横向速度分量，靶面成坑所导致的被压碎的混凝土介质将以碎片的形式被抛出。

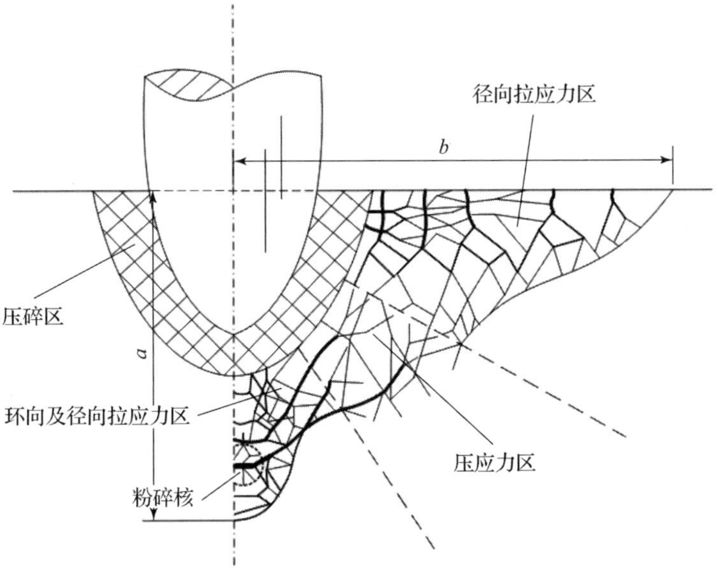

图 10－2　靶面成坑示意

10.3　靶面成坑阶段阻力分析

依据法向空穴膨胀理论，作用在弹头上的阻力主要包括两部分：强度效应阻力及惯性效应阻力。强度效应阻力是指静水压力下的抗压强度引起的抗力，惯性效应阻力是指响应介质在获得加速度的同时质量也在增加。

在第一个阶段，即弹性阶段，由接触力学理论可解得其压力 P 为

$$P=\frac{4E\sqrt{R}}{3(1-\mu^2)}x^{\frac{3}{2}} \tag{10.3.1}$$

其中，E 为靶体材料的杨氏模量，R 为弹头半径，μ 为靶体材料的泊松比，x 为侵彻深度。

在其余阶段，轴向压力为

$$P=\iint_{S_A}\sigma_c\cos\varphi\mathrm{d}s+\frac{m_P}{m_P+m_f}\iint_{S_A}\frac{\rho^*\rho_0}{\rho^*-\rho_0}v^2\cos^3\varphi\mathrm{d}s \tag{10.3.2}$$

其中，$m_f=\iint_{S_A'}\rho^* l\cos^2\varphi\mathrm{d}s$ 为响应区介质的附加质量，σ_c 为高应变率下的抗压强度，φ 为弹头

表面法向与对称轴之间的夹角，ρ_0 为混凝土靶体材料的初始密度，ρ^* 为混凝土靶体材料的极限密度，v 为弹丸瞬时速度，l 为响应介质波的传播距离，S_A 为侵入混凝土靶的弹头曲面部分。式（10.3.2）右边第一项为强度项，第二项为惯性项。

10.4 靶面成坑计算

在弹头表面附近，混凝土介质被压缩，受到的压力很高，甚至达到其抗压强度极限。该处的密度迅速增加，以至于达到极限水平，这些已经由 Gao 等人讨论过。在距弹头（尖）较远处，由集中力引起相同的分布。按第二阶段的分析，存在两个裂纹群区，一个在靶体自由表面附近，另一个在对称轴附近。

集中载荷作用在半无限厚物体上的应力分布可以表示为

$$\begin{cases}\sigma_z=-\dfrac{3}{2}\dfrac{P}{\pi r^2}\cos^3\varphi\\ \sigma_r=\dfrac{1}{2}\cdot\dfrac{P}{\pi r^2}\left[(1-2\mu)\dfrac{1}{1+\cos\varphi}-3\cos\varphi\sin^2\varphi\right]\\ \sigma_\theta=\dfrac{1}{2}\cdot\dfrac{P}{\pi r^2}(1-2\mu)\left(\cos\varphi-\dfrac{1}{1+\cos\varphi}\right)\end{cases}\tag{10.4.1}$$

其中，σ_z，σ_r 和 σ_θ 分别是轴向、径向和圆周方向的应力；P 是集中载荷；r 是径向坐标；θ 是圆周的环向坐标；$\varphi=\arccos\dfrac{z}{\sqrt{r^2+z^2}}$，是角度，$z$ 是轴向坐标；μ 是混凝土材料的泊松比。

在自由表面附近，径向应力是拉应力。其表达式如下：

$$\sigma_r=\frac{1-2\mu}{2\pi b^2}P\tag{10.4.2}$$

其中，b 是径向距离。

在对称轴附近，圆周向应力的表达式如下：

$$\sigma_\theta=\frac{1-2\mu}{2\pi a^2}P\tag{10.4.3}$$

其中，a 是轴向距离。在对称轴上，径向应力与周向应力相等，且均为拉应力。由上述关于靶面成坑阶段的分析可知，当径向应力 σ_r 或周向应力 σ_θ 达到抗拉强度 σ_t 时，裂纹开始形成。由于靶体的自由表面为无约束边界，所以所有的裂纹都很容易扩展。而在对称轴附近，由于裂纹区周围压应力的约束作用，并不是所有的裂纹都能扩展，只有那些拉应力达到新的应力水平时才会形成粉碎核。这一新的应力水平为 $k\sigma_t$，其中 k（>1）为裂纹成核参数。将 $\sigma_r=\sigma_t$ 或 $\sigma_\theta=k\sigma_t$ 代入式（10.4.2）、式（10.4.3），即可得到弹坑尺寸为

$$b=\sqrt{\frac{1-2\mu}{2\pi\sigma_t}P}\tag{10.4.4}$$

$$a=\sqrt{\frac{1-2\mu}{4k\pi\sigma_t}P}\tag{10.4.5}$$

$$\tan\alpha = \frac{a}{b} = \frac{1}{\sqrt{2k}} \tag{10.4.6}$$

其中，α 称为成坑角。

由式（10.4.6）可看到，成坑角与压力或混凝土材料的抗拉强度并没有明显的关系。

10.5　侵彻试验分析与实例计算

在过去的几年中，为了获得弹体侵彻混凝土靶的减速度曲线，我们进行了一系列靶场试验，已获得许多有关靶面成坑和混凝土靶背面碎片的几何数据。从测试中可以明显地看到，侵彻后在混凝土靶的前表面形成近似圆锥形的弹坑。

试验中所用炮弹如图 10－3 所示。如图 10－4 所示，组合靶由 3 层混凝土板构成。靶板层间距离为 1 m，靶板是直径为 1.5 m 的薄圆柱体。除了在第一组中的第一块靶板厚度是 300 mm，其他靶板厚度都是 200 mm，弹体质量为 3.0 kg，弹身直径为 62 mm，弹头曲率半径为 75 mm，弹头系数为 1.21。侵彻后的靶面成坑形态如图 10－5 和图 10－6 所示。

图 10－3　试验中所用炮弹

图 10－4　由 3 层混凝土板组成的组合靶

图 10-5　靶板侵彻后前表面的弹坑

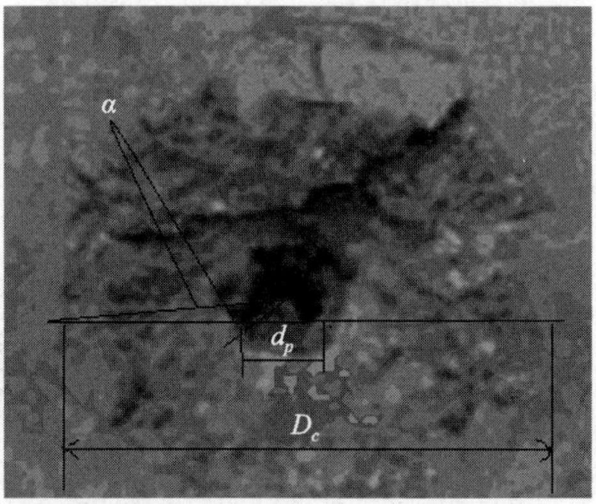

图 10-6　弹坑的尺寸描述

表 10-1 列出了侵彻后有关靶面成坑尺寸的一些数据，其中，v_s 是弹体速度，f'_c 是混凝土板抗压强度，S_d 是靶面成坑深度，D_c 是弹坑的直径，D_s 是结痂直径，d_p 是穿孔直径。

表 10-1　关于侵彻后成坑、碎片、坑道的尺寸的数据总结

射击编号	v_s /(m·s^{-1})	靶板号	f'_c /MPa	S_d /mm	D_c /mm	D_s /mm	d_p /mm
1	590	1	45	150	550~600	460~700	100
		2	35	100	350~430	480~600	150
		3	30	—	—	—	—
2	670	1	35	100	410~570	500~520	160
		2	35	80	380~420	490~550	100
		3	30	90	360~430	550~850	140

续表

射击编号	v_s /(m·s^{-1})	靶板号	f'_c /MPa	S_d /mm	D_c /mm	D_s /mm	d_p /mm
3	669	1	35	110	410~510	450~550	140
		2	35	90	450~550	460~520	100
		3	30	90	300~450	480~610	100
4	653	1	35	100	400~430	500	130
		2	30	90	320~440	540~620	120
		3	30	85	360~410	440~500	80
5	650	1	45	150	—	600~800	130
		2	30	—	—	—	—
		3	30	—	—	—	—

对这些试验数据进行统计计算，给出成坑角等统计平均量。不同次射击试验所测得的成坑角如图 10－7 所示。可以明显地看出，弹体的冲击速度或材料的抗压强度对成坑角的影响并不明显，这验证了式（10.4.6）的正确性。从试验结果的统计看，成坑角的平均值为 24.70°，得到的裂纹成核参数 k 为 2.36。

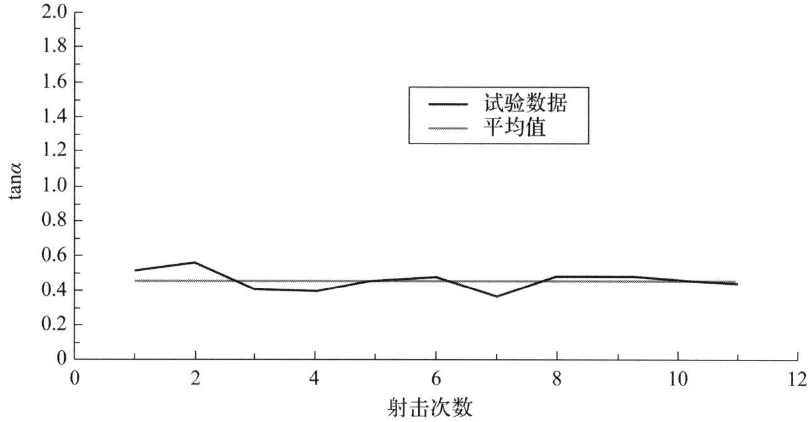

图 10－7　成坑角 α 及其平均值

与此同时，对 670 m/s 和 653 m/s 的冲击速度的工况进行了计算，侵彻弹体质量为 3.0 kg，弹身直径为 62 mm，卵形弹头半径为 75 mm，弹头系数为 1.21。混凝土靶板材料抗拉强度为 3 MPa，抗压强度为 35 MPa，密度为 2 400 kg/m^3。对于 670 m/s 的冲击速度的工况，计算出的靶面成坑直径为 0.42 m。对于 653 m/s 的冲击速度的工况，计算出的靶面成坑直径为 0.4 m。通过与试验结果进行对比可知，它们与试验结果吻合良好。

第 11 章
弹体贯穿混凝土靶的靶背崩落

11.1 引言

多层混凝土靶由两层或者多层相互平行且有一定间距的混凝土板组成。它能模拟掩体、建筑结构等目标。为了预测弹体冲击、侵彻、贯穿和毁伤目标的动态特性，正如前文所述，在过去的100多年中（Backman 和 Goldsmith，1978），人们提出、改进并发展了许多种方法，归纳起来有以下 3 种方法：以试验为基础的经验法、以某些假设为前提的解析法和以有限元为手段的数值模拟法。在经验法（Bangush，1993；Heuze，1989）中，人们基于大量的试验测试归纳出了一系列经验公式，但这些经验公式绝大多数都是关于最终侵彻深度的，利用它们只能得出最终侵彻深度的结果，而无法得出相关特性（如瞬态加速度、速度和位移等）的时间历程曲线（简称时程曲线）。在解析法中，空穴膨胀理论被大多数人利用，并且在一定程度上成为一种有效方法。但目前的空穴膨胀模型也仅限于柱形空穴膨胀模型和球形空穴膨胀模型两种，它能够解决的问题很有限。随着现代计算机技术和有限元技术的发展，数值模拟法被广泛应用。但对于被弹体侵彻的混凝土材料而言，当今的关键技术并不在于计算技术，而在于对混凝土损伤破坏的认识，即损伤破坏等本构模型的建立。

由于弹体的减速度时程曲线在弹体设计，特别是引信设计中起着重要的作用，所以本书重点关注减速度时程曲线。

对于半无限厚靶体，无论弹体的初始速度高还是低，侵彻过程中的弹体应当在一定的侵彻深度停止运动。对于有限厚（平板）靶体，特别对于薄靶板，如果弹体的着靶速度足够高，除发生侵彻外，还会发生贯穿现象。在靶板的背部会产生相应的碎片，使靶板的实际有效贯穿厚度减小。

为了探讨有限厚靶板的贯穿特性，首先，可根据试验测试和现象分析，对侵彻过程提出一些假设；其次，根据极限密度理论（Gao et al.，1994，1995）、空穴膨胀理论（Forrestal et al.，1996；Forrestal and Luk，1998；Richard and Thomas，2000；Young，1998；Corbett et al.，1996）和冲击波理论，采用质量守恒、动量守恒和能量守恒关系建立其解析的侵彻动力方程；最后，通过弹体贯穿多层混凝土靶的试验测试和计算，分析并计算弹体的动态响应，特别是弹体的减速度时程曲线。

11.2 关于侵彻的基本描述和假设

弹体侵彻混凝土靶板的过程如图 7-1 所示，其中用 $Oxyz$ 坐标系描述靶体，$cr^*\beta z^*$ 坐标系描述弹体。靶体的微元体（扇形）$ABCD-A'B'C'D'$ 如图 11-1 所示。$ABCD$ 微曲面与弹体表面接触，$A'B'C'D'$ 微曲面为响应区域的波前微曲面。

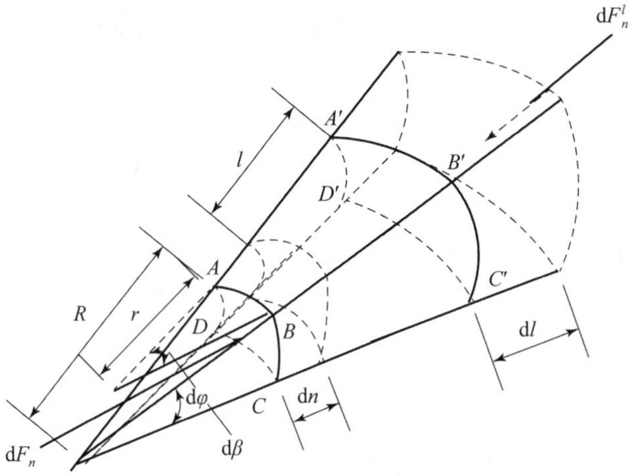

图 11-1　靶体的微元体 $ABCD-A'B'C'D'$

下面给出侵彻过程的假设。

（1）为了满足高速和高压情况下的工程分析，冲击过程中混凝土的介质可以认为是理想流体，剪切模量为 0。

（2）相对混凝土的抗压强度，抗拉强度非常小。高速和高压冲击下的抗拉强度可以忽略。

（3）在冲击过程中，混凝土内弹性波的波速非常高，其弹性极限应力可以忽略。

（4）在冲击过程中，混凝土存在一个极限密度，当混凝土介质受高速高压冲击时其密度会迅速地由初始密度达到这一极限密度，之后即使继续受压，其密度也不会再增加，其本构关系如图 11-2 所示。一系列试验证明，混凝土的极限密度随着压力的增加几乎没有变化。

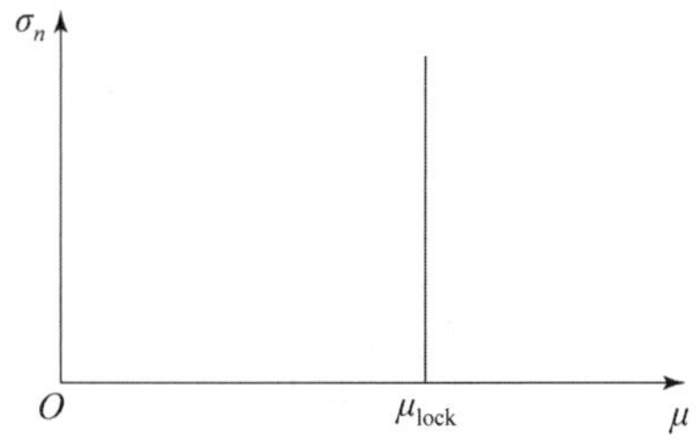

图 11-2　混凝土介质的本构关系

（5）在达到极限密度的压缩过程中，混凝土介质遵从理想塑性变形，只有变形而无应力变化。期间空气被逐渐挤出混凝土，应力波速为0。

（6）混凝土响应介质区域向弹头表面的外法线方向膨胀。

（7）在被压实的区域，混凝土材料的密度和体积不再变化，因此应力波为等容波。

（8）忽略冲击过程中的热传导影响。

（9）弹体是刚性的（即不变形）。

11.3　弹体的动态侵彻方程

为了得到侵彻方程，除采用前文中的一般张量手段进行推导外，也可以结合弹头表面周围实际介质的响应形态，建立相应的几何关系，采用质量守恒、动量守恒和能量守恒原理进行推导。图11－1给出了靶体的微元体（扇形）$ABCD-A'B'C'D'$的动态过程。借助该动态过程，可建立相应的质量守恒、动量守恒和能量守恒关系。

11.3.1　质量守恒

考虑到图11－1所示的靶体响应介质的总质量守恒，得到

$$\int_0^{l+\mathrm{d}n}\rho^*(R+x)(r+x\sin\varphi)\,\mathrm{d}\beta\mathrm{d}\varphi\mathrm{d}x+\int_0^{\mathrm{d}l}\rho_0(R+l+x+\mathrm{d}n)[r+(l+\mathrm{d}n+x)\sin\varphi]\,\mathrm{d}\beta\mathrm{d}\varphi\mathrm{d}x$$
$$=\int_{\mathrm{d}n}^{l+\mathrm{d}l+\mathrm{d}n}\rho^*(R+x)(r+x\sin\varphi)\,\mathrm{d}\beta\mathrm{d}\varphi\mathrm{d}x \tag{11.3.1}$$

上式也可以写为

$$\rho^*\left[\int_{\mathrm{d}n}^{l+\mathrm{d}l+\mathrm{d}n}(R+x)(r+x\sin\varphi)\,\mathrm{d}\beta\mathrm{d}\varphi\mathrm{d}x-\int_0^{l+\mathrm{d}n}(R+x)(r+x\sin\varphi)\,\mathrm{d}\beta\mathrm{d}\varphi\mathrm{d}x\right]$$
$$=\rho_0\int_0^{\mathrm{d}l}(R+l+x+\mathrm{d}n)[r+(l+\mathrm{d}n+x)\sin\varphi]\,\mathrm{d}\beta\mathrm{d}\varphi\mathrm{d}x$$

其另一种形式即

$$\rho^*\left[\int_0^{\mathrm{d}l}(R+l+\mathrm{d}n+x)[r+(l+\mathrm{d}n+x)\sin\varphi]\,\mathrm{d}\beta\mathrm{d}\varphi\mathrm{d}x-\int_0^{\mathrm{d}n}(R+x)(r+x\sin\varphi)\,\mathrm{d}\beta\mathrm{d}\varphi\mathrm{d}x\right]$$
$$=\rho_0\int_0^{\mathrm{d}l}(R+l+\mathrm{d}n+x)[r+(l+\mathrm{d}n+x)\sin\varphi]\,\mathrm{d}\beta\mathrm{d}\varphi\mathrm{d}x$$

对等式两边积分可得

$$\rho^*[(R+l)(r+l\sin\varphi)\,\mathrm{d}l\mathrm{d}\beta\mathrm{d}\varphi-Rr\mathrm{d}n\mathrm{d}\varphi]=\rho_0(R+l)(r+l\sin\varphi)\,\mathrm{d}l\mathrm{d}\beta\mathrm{d}\varphi \tag{11.3.2}$$

进一步可得出

$$\mathrm{d}l=\frac{\rho^*}{\rho^*-\rho_0}\frac{1}{\left(1+\dfrac{l}{R}\right)\left(1+\dfrac{l\sin\varphi}{r}\right)}\mathrm{d}n \tag{11.3.3}$$

定义系数$k_1(l)=\left(1+\dfrac{l}{R}\right)\left(1+\dfrac{l\sin\varphi}{r}\right)$，并注意到$c_n=\dfrac{\mathrm{d}l}{\mathrm{d}t}$，$v_n=\dfrac{\mathrm{d}n}{\mathrm{d}t}$，则式（11.3.3）可写为

$$c_n=\frac{\rho^*}{\rho^*-\rho_0}\cdot\frac{1}{k_1(l)}v_n \tag{11.3.4}$$

其中，c_n 是响应介质的波速（膨胀波速），v_n 是弹头表面响应介质（粒子）的法向速度。

本书将响应介质扩散波也称作膨胀波。该膨胀波属于冲击波，波阵面是间断面，在膨胀波的波阵面（波前面）两侧利用质量守恒关系可以得到

$$\rho_0 c_n=\rho^*(c_n-v_n^l) \tag{11.3.5}$$

其中，v_n^l 是响应区波前面的介质速度。

式（11.3.5）也可以写为

$$c_n=\frac{\rho^*}{\rho^*-\rho_0}\cdot v_n^l \tag{11.3.6}$$

比较式（11.3.4）和式（11.3.6）可以得出

$$v_n^l=\frac{v_n}{k_1(l)} \tag{11.3.7}$$

从式（11.3.3）可以看出，对于平面波，$k_1(l)\equiv 1$，响应区域的介质速度是恒定的；但是对于曲面波，$k_1(l)>1$，响应区的介质速度不是恒定的，而是沿着法向变化。其分布规律可描述为

$$v_n^x=\frac{v_n}{k_1(x)}(0\leqslant x\leqslant l) \tag{11.3.8}$$

11.3.2　动量守恒

在响应区波前面，考虑动量守恒关系有

$$\mathrm{d}F_n^l=\rho_0 c_n v_n^l\cdot \mathrm{d}s' \tag{11.3.9}$$

其中，$\mathrm{d}F_n^l$ 为膨胀波前面的微元力，$\mathrm{d}s'$为膨胀波前面的微元面积。

上式也可以写为

$$\sigma_n^l=\frac{\mathrm{d}F_n^l}{\mathrm{d}s'}=\rho_0 c_n v_n^l \tag{11.3.10}$$

对于响应区，考虑微扇形柱 $ABCD-A'B'C'D'$的动量守恒关系，外力 $\mathrm{d}F_n$ 在时间 $\mathrm{d}t$ 内的冲量应等于 $ABCD-A'B'C'D'$的动量变化。微扇形柱 $ABCD-A'B'C'D'$原来的动量为

$$\mathrm{d}M=\int_0^{l+\mathrm{d}n}\rho^*(R+x)(r+x\sin\varphi)v_n^x\mathrm{d}x\mathrm{d}\beta\mathrm{d}\varphi$$

借助式（11.3.8）并略去高阶量，可以得到

$$\mathrm{d}M=\rho^* l v_n R r\mathrm{d}\beta\mathrm{d}\varphi \tag{11.3.11}$$

在时间间隔 $\mathrm{d}t$ 内的动量为

$$\begin{aligned}\mathrm{d}M_{\mathrm{d}t}&=\int_0^{l+\mathrm{d}n}\rho^*(R+x)(r+x\sin\varphi)v_{n\mathrm{d}t}^x\mathrm{d}x\mathrm{d}\beta\mathrm{d}\varphi\\&\quad+\int_0^{\mathrm{d}l}\rho_0(R+x+l+\mathrm{d}n)[r+(x+l+\mathrm{d}n)\sin\varphi]v_n^l\mathrm{d}x\mathrm{d}\beta\mathrm{d}\varphi\\&=\rho^*\cdot l\cdot v_{n\mathrm{d}t}R r\mathrm{d}\beta\mathrm{d}\varphi+\rho_0\cdot v_n\cdot \mathrm{d}l\cdot R r\mathrm{d}\beta\mathrm{d}\varphi\end{aligned} \tag{11.3.12}$$

利用动量守恒关系，也即动量变化（$\mathrm{d}M_{\mathrm{d}t}-\mathrm{d}M$）等于时间 $\mathrm{d}t$ 内的冲量 $\mathrm{d}F_n\mathrm{d}t$，得出

$$\mathrm{d}F_n\mathrm{d}t=\mathrm{d}M_{\mathrm{d}t}-\mathrm{d}M=(\rho^* l\mathrm{d}v_n+\rho_0 v_n\mathrm{d}l)Rr\mathrm{d}\beta\mathrm{d}\varphi$$

进而解得

$$\mathrm{d}F_n=\left(\rho^* l\cdot\frac{\mathrm{d}v_n}{\mathrm{d}t}+\rho_0 v_n c_n\right)\mathrm{d}s \tag{11.3.13}$$

其中，$\mathrm{d}s=Rr\cdot\mathrm{d}\beta\mathrm{d}\varphi$，为弹头表面接触面的微元面积，它与前面所述 $\mathrm{d}s'$ 的关系为 $\mathrm{d}s'=k_1(l)\mathrm{d}s$。

通过式（11.3.13）得到

$$\sigma_n=\frac{\mathrm{d}F_n}{\mathrm{d}s}=\rho_0 c_n v_n+\rho^* l\cdot\frac{\mathrm{d}v_n}{\mathrm{d}t} \tag{11.3.14}$$

11.3.3 能量守恒

假设单位质量的内能为 e，微动能为 $\mathrm{d}K$，微内能为 $\mathrm{d}E$。根据侵彻过程中的能量守恒关系，有

$$\mathrm{d}F_n\mathrm{d}n=\mathrm{d}K+\mathrm{d}E \tag{11.3.15}$$

其中，

$$\begin{aligned}\mathrm{d}K&=\int_0^{l+\mathrm{d}n}\frac{1}{2}\rho^* k_1(x)[(v_{n\mathrm{d}t}^x)^2-(v_n^x)^2]\mathrm{d}xRr\mathrm{d}\beta\mathrm{d}\varphi+\int_0^{\mathrm{d}l}\frac{1}{2}\rho_0 k_1(l+x)(v_n^x)^2\mathrm{d}xRr\mathrm{d}\beta\mathrm{d}\varphi\\&=\rho^* v_n\mathrm{d}v_n lRr\mathrm{d}\beta\mathrm{d}\varphi+\frac{1}{2}\rho_0 k_1(l)v_n^l\cdot v_n^l\mathrm{d}l\cdot Rr\cdot\mathrm{d}\beta\mathrm{d}\varphi=\rho^* lv_n\mathrm{d}v_n\mathrm{d}s+\frac{1}{2}\rho_0 v_n v_n^l\mathrm{d}l\mathrm{d}s\end{aligned} \tag{11.3.16}$$

$$\mathrm{d}E=e\cdot\rho_0\cdot\mathrm{d}l\cdot k_1(l)\mathrm{d}s \tag{11.3.17}$$

从而有

$$\mathrm{d}F_n\mathrm{d}n=\rho^* lv_n\mathrm{d}v_n\mathrm{d}s+\frac{1}{2}\rho_0 v_n v_n^l\mathrm{d}l\mathrm{d}s+e\cdot\rho_0\cdot\mathrm{d}l\cdot k_1(l)\mathrm{d}s \tag{11.3.18}$$

注意到 $\mathrm{d}n=v_n\mathrm{d}t$，$\sigma_n=\mathrm{d}F_n/\mathrm{d}s$，$\mathrm{d}l=c_n\mathrm{d}t$，得到

$$\sigma_n=\rho^* l\cdot\frac{\mathrm{d}v_n}{\mathrm{d}t}+\frac{1}{2}\rho_0 c_n v_n^l+e\cdot\rho\cdot\frac{c_n}{v_n^l} \tag{11.3.19}$$

由式（11.3.14），得到

$$\rho^* l\cdot\frac{\mathrm{d}v_n}{\mathrm{d}t}+\frac{1}{2}\rho_0 c_n v_n^l+e\cdot\rho\frac{c_n}{v_n^l}=\rho^* l\cdot\frac{\mathrm{d}v_n}{\mathrm{d}t}+\rho_0 c_n v_n \tag{11.3.20}$$

进一步，单位质量的内能可写为

$$e=v_n^l\left(v_n-\frac{1}{2}v_n^l\right)=\left[k_1(l)-\frac{1}{2}\right](v_n^l)^2 \tag{11.3.21}$$

11.3.4 侵彻方程

应用上面得到的弹头压力的解析式，考虑抗压强度 σ_c 和摩擦系数 μ_f，对于刚性弹体，应用牛顿第二定律，可得到关于弹体轴向位移 ξ 和弹体翻转角 α 的动力方程为

$$\begin{cases} m\ddot{\xi} = -\iint_{S_A}(\mathrm{d}F_n + \sigma_c\mathrm{d}s)\cdot\cos\phi + (\mathrm{d}F_n + \sigma_c\mathrm{d}s)\cdot\mu_f\cdot\sin\phi \\ J_P\ddot{\alpha} = \iint_{S_A}[(\mathrm{d}F_n + \sigma_c\mathrm{d}s)(z^*\sin\phi - r^*\cos\phi) - \mu_f(\mathrm{d}F_n + \sigma_c\mathrm{d}s)(z^*\cos\phi + r^*\sin\phi)]\cos\beta \end{cases} \tag{11.3.22}$$

将式（11.3.13）代入式（11.3.22），得到

$$\begin{cases} (m_P + m_f)\ddot{\xi} = -\iint_{S_A}\left[\dfrac{\rho^*\rho_0}{\rho^* - \rho_0}\cdot\dfrac{v_n^2}{k_1(l)} + \sigma_c\right](\cos\varphi + \mu_f\sin\varphi)\mathrm{d}s \\ J_P\dot{\alpha} = \iint_{S_A}\left\{\left[\dfrac{\rho^*\rho_0}{\rho^* - \rho_0}\cdot\dfrac{v_n^2}{k_1(l)} + \sigma_c\right] + \rho^* l\ddot{\xi}\cos\varphi\right\}\cdot[(z^*\sin\varphi - r^*\cos\varphi) \\ \qquad - \mu_f(z^*\cos\varphi + r^*\sin\varphi)]\cos\beta\mathrm{d}s \end{cases} \tag{11.3.23}$$

其中，m_P 是弹体的质量；$m_f = \iint_{S_A}\rho^* l(\cos\varphi + \mu_f\sin\varphi)\cos\varphi\mathrm{d}s$，是附加质量；$\sigma_c$ 是抗压强度；J_P 为弹体绕过质心 c 的弹轴 r^* 的转动惯量；μ_f 是动态摩擦系数；变量 $\ddot{\xi}$ 是弹体质心轨迹的切向加速度，且与弹轴 z^* 方向一致；$\dot{\alpha}$ 是弹轴 r^* 翻转的角速度；其他参数如图 7－1 所示。

弹头表面法向速度 v_n 与弹体轴向速度 v_ξ（即 ξ）以及角速度 $\dot{\alpha}$ 之间的关系为

$$v_n = v_\xi\cos\varphi + \dot{\alpha}(z^*\sin\varphi - r^*\cos\varphi)\cos\beta \tag{11.3.24}$$

11.4　靶背崩落的特征方程

11.4.1　侵彻过程中波的传播

根据前文的分析和假设，侵彻过程中先行波为弹性波，随即是压缩响应波（或膨胀波），最后是压缩介质中的等容波。弹性波的波速为 $c_e = \sqrt{E/\rho_0}$。膨胀波的波速 c_n 由式（11.3.4）给出。压缩介质中等容波的波速为 $c_v = \sqrt{E/[2(1+\mu)\rho^*]}$。它们的传播特性曲线如图 11－3 所示。

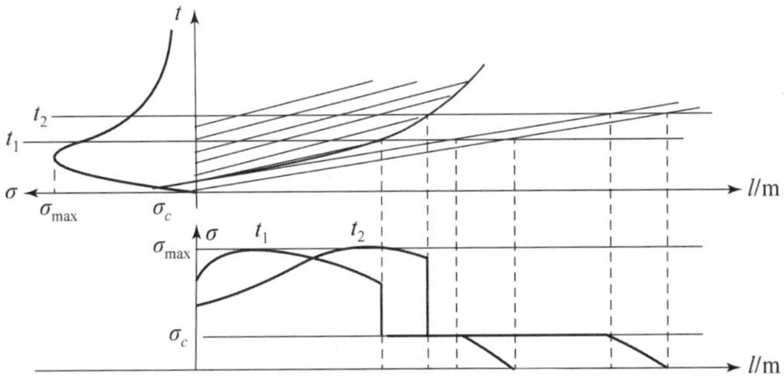

图 11－3　侵彻过程中波的传播特性

压缩响应波的波速 c_n 不为常数，它的特征关系是非线性的，其值与瞬时速度 v_n 和扩散位移 l 有关。对式（11.3.4）积分得到

$$k_2(l)l = \frac{\rho^*}{\rho^* - \rho_0}\int_0^t v_n \mathrm{d}t \tag{11.4.1}$$

其中，$k_2(l) = 1 + \frac{1}{2}\left(\frac{1}{R} + \frac{\sin\varphi}{r}\right)l + \frac{l^2\sin\varphi}{3Rr}$。

此方程就可以用图 11－3 所示的特征曲线来表示。图 11－3 也给出了 t_1 和 t_2 时刻对应的应力波状态。应力波反射和靶背崩落如图 11－4 所示。

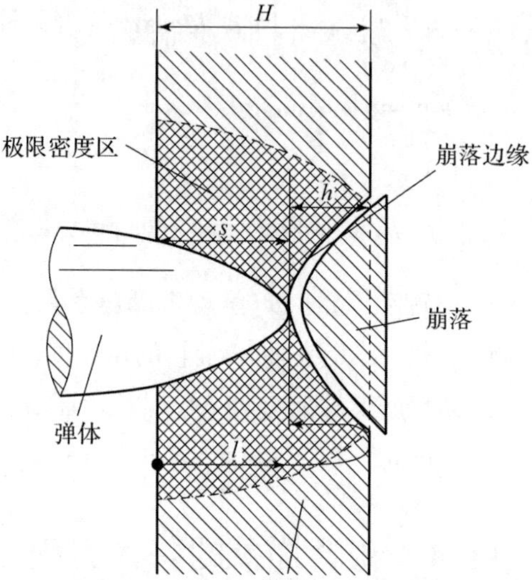

图 11－4　应力波反射和靶背崩落

11.4.2　靶背崩落的应力判据

我们认为靶背崩落是由衰减波在自由表面的反射引起的。衰减性的压缩响应波在自由表面反射之后，原始的压缩响应波变为拉伸波。当拉伸波和压缩响应波相互作用后，合成应力大于材料的抗拉强度时，就会产生断裂。若混凝土的抗拉极限应力为 σ_s，则拉伸断裂的判据可描述为

$$\sigma^* - \sigma \geqslant \sigma_s \tag{11.4.2}$$

其中，σ^* 为衰减波的前锋峰值，该前锋峰值反射后变为拉伸应力；σ 为断裂发生时的后续压缩应力。

11.4.3　靶背崩落的尺寸判据

1. 靶背累积崩落

式（11.4.2）是每次靶背崩落的应力判据。如前所述，靶背累积崩落由前面的所有崩落组成。累积尺寸判据应为

$$s + l = 2H \tag{11.4.3}$$

其中，s 是弹体的侵彻深度，l 为此时应力波的行程，H 是靶板的厚度。它们如图 11－4 所示。利用式（11.4.1）可求得 t 时刻应力波的行程。侵彻深度 s 可描述为

$$s=\int_0^t v_n|_{\varphi=0}\mathrm{d}t \tag{11.4.4}$$

从而有

$$k_2(l)l|_{\varphi=0}=\frac{\rho^*}{\rho^*-\rho_0}s \tag{11.4.5}$$

将式（11.4.5）代入式（11.4.3），得到

$$k_2(l)l\frac{\rho^*-\rho_0}{\rho^*}+l=2H \tag{11.4.6}$$

崩落厚度 h 如图 11－4 所示，为

$$h=l-H \tag{11.4.7}$$

将式（11.4.6）代入式（11.4.7），得到

$$h=\frac{l}{2}\left[1-k_2(l)|_{\varphi=0}-\frac{\rho^*-\rho_0}{\rho^*}\right] \tag{11.4.8}$$

2. 每次靶背崩落

每次靶背崩落的应力判定准则近似分析如下。

从解析法的角度，利用式（11.3.10），在轴向（$\varphi=0$）上，取 v 为瞬时侵彻深度 x 的函数，则有

$$\sigma(x)=\frac{\sigma(0)}{v^2(0)}v^2(x) \tag{11.4.9}$$

如果令 $\sigma_{\max}=\sigma(0)$，且 $v^2(0)=v_0^2$，通过式（11.3.10）可得到

$$\sigma_{\max}=\sigma(0)=\frac{\rho_0\rho^*}{\rho^*-\rho_0}v_0^2 \tag{11.4.10}$$

因此式（11.4.2）可写作

$$\sigma(0)-\sigma(2h)\geqslant\sigma_s \tag{11.4.11}$$

即

$$\frac{\rho_0\rho^*}{\rho^*-\rho_0}[v_0^2-v^2(2h)]\geqslant\sigma_s \tag{11.4.12}$$

从中可求解得到

$$h\geqslant h(v_0,\sigma_s) \tag{11.4.13}$$

靶背崩落的总厚度 $\sum h$ 实质上减小了靶板抗侵彻的有效厚度。

11.5　多层靶板的冲击试验和计算

如前所述，对于有限厚靶体，如果弹体速度足够高，弹体将穿透靶板。同样，若弹体速度足够高、初始动能足够大，弹体将贯穿多层靶板。为了对其过程进行有效分析，除了理论

分析外，在研究过程中还经常要对弹体贯穿若干层靶板的过程进行试验分析。

11.5.1 试验方案及设计

为了有效地记录弹体穿靶过程中的过载情况，试验中一般选择弹上记忆存储系统以及能记录高加速度冲击的加速度传感器。传感器选用的是能抗高过载的压电薄膜式加速度传感器。弹上记忆存储系统采用 RAM。测试系统框图如图 11－5 所示。

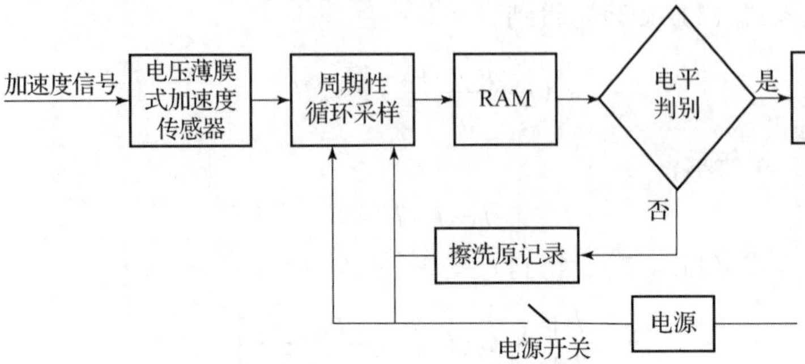

图 11－5 测试系统框图

其工作原理如下。在试验开始前，接通电源开关。测试系统开始按照设定的周期进入循环采样状态。在弹体接触目标之前，由于其冲击加速度较小，数据所对应的电压低于先前设定的电压，系统仍处于循环采样状态。当弹体接触目标时，冲击加速度骤然提高，其数据的电压高于原设定的电压（设定的阈值），系统将停止循环采样而进入最终记录存储状态。试验结束后，在有效的存储时间内，将记忆存储系统的数据取出。对存储数据进行处理就可以再现测试信息。

11.5.2 数值计算方法

式（11.3.23）是非线性微分方程，没有简单解析解。控制微分方程通过中心差分的方法进行迭代求解。其基本中心差分方程为

$$\begin{cases}\left.\dfrac{\mathrm{d}^2x}{\mathrm{d}t^2}\right|_{x_i+1}=\dfrac{x_{i+2}-2x_{i+1}+x_i}{(\Delta t)^2}\\[2ex]\left.\dfrac{\mathrm{d}x}{\mathrm{d}t}\right|_{x_i+1}=\dfrac{x_{i+2}-x_{i+1}}{\Delta t}\end{cases}\tag{11.5.1}$$

式（11.3.23）涉及的曲面积分可采用高斯六点积分的方法求解。

11.5.3 试验与计算结果

利用上述方法，这里对抛物线形弹头垂直侵彻多层混凝土靶板的过载特性进行计算和试验。抛物线形弹头的几何方程为

$$z^*=0.11\left(1-\frac{r^{*2}}{0.025^2}\right)+0.065(r^*\leqslant 0.025)\tag{11.5.2}$$

混凝土的初始密度 $\rho=2\ 400\ \mathrm{kg/m^3}$，极限密度 $\rho^*=2\ 640\ \mathrm{kg/m^3}$，抗压强度 $\sigma_c=3.0\times10^7\ \mathrm{kg/m^3}$，弹体质量 $m_p=7.63\ \mathrm{kg}$，转动惯量 $J_p=0.162\ \mathrm{kg/m^2}$，摩擦系数 $\mu_f=0.1$，单层靶板的厚度为 0.3 m。

按不同初始着靶速度和不同靶板层数进行两次试验。在第一次试验中，多层靶板目标由两层间距为 1 m 的混凝土板组成，弹体的初始着靶速度为 532 m/s。在第二次试验中，多层靶板目标由 3 层间距也是 1 m 的混凝土板组成，弹体的初始着靶速度为 580 m/s。图 11－6 所示为被贯穿的多层混凝土靶板和靶背崩落。图 11－7 所示为第二次试验中被贯穿的多层混凝土靶板。

图 11－6　被贯穿的混凝土靶板和靶背崩落

图 11－7　第二次试验中被贯穿的多层混凝土靶板

第一次试验中弹体的减速度测试曲线和相应的解析计算曲线如图 11－8 所示。第二次试验中弹体的减速度测试曲线和相应的计算曲线如图 11－9 所示。从图 11－8 中的曲线可以看出，在 0.45 ms 时刻，靶板已被贯穿，失去了抗侵彻能力。此时相应的侵彻深度（也可叫作有效靶板厚度）仅为 0.18 m，而不是靶板的原厚度 0.3 m。其原因是出现了靶背崩落，这种现象也可以从图 11－9 中的试验曲线看出。通过两次试验和计算结果的比较，可以看出，解析解的结果与试验结果的吻合程度较高，二者是一致的。

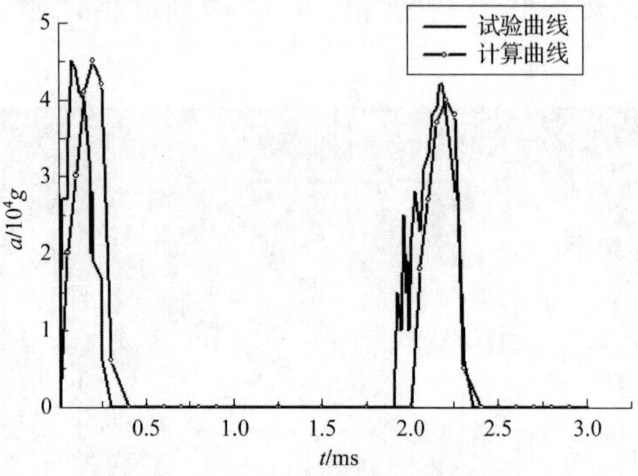

图 11－8　第一次试验及计算曲线

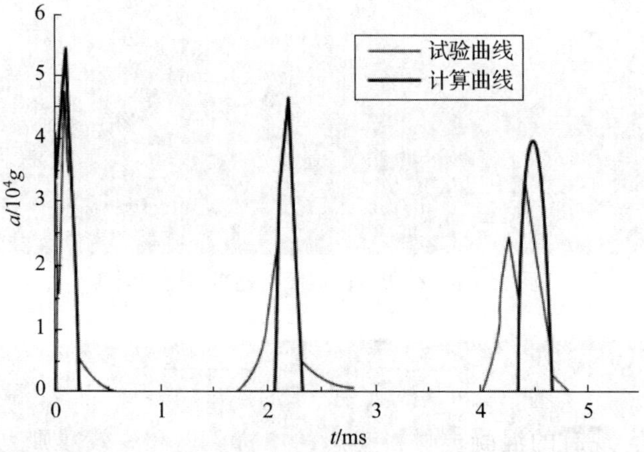

图 11－9　第二次试验及计算曲线

这里建立的是一种刚性弹体侵彻多层混凝土靶板的解析模型。基于应力波传播和反射理论，人们提出了一种计算靶背崩落的解析方法。计算结果与试验测试数据取得较好的一致性，从而验证了所提方法和模型的正确性。

第 12 章

弹体侵彻靶体的数值分析方法

混凝土侵彻问题是一个特别复杂的问题，经验法公式虽然简单，但给出的是唯象的近似，且给出的多是“终了”状态的关系。解析模型虽然可以给出“过程”的规律关系，但由于设定的假设较多，其适应范围有限。相比之下，数值模拟计算是一种有效的精细方法。数值模拟计算主要是在现代数学、力学理论的基础上，借助现代计算机技术来获得满足工程要求的数值近似解。力学中的很多问题都很难得到精确的解析解。特别是对于混凝土的侵彻问题，从材料的物理性能角度，历经弹性、挤压流动、断裂及破坏等全部过程；从受力状态的影响角度，体应力、剪应力、应力偏量等都有各自的作用和影响；从变形形态的角度，除了存在线性的小变形外，还存在非线性的大变形。因此，混凝土侵彻问题远比纯弹性的或纯流体的问题复杂。除了特殊的问题在一系列假设的前提下能得到精确解析解外，一般情况下是没有解析解的。因此，数值分析方法就显得非常重要。当前的数值分析方法主要包括有限差分法（Finite Difference Method，FDM）和有限元法（Finite Element Method，FEM）两种。有限差分法是将微分方程化为差分方程，进而构成迭代的代数方程。有限元法是将空间区域离散化成若干个小的单元。其中，有限元法应用最为广泛。它可以对侵彻过程中弹体和靶板的变形与破坏、动应力场的分布等物理现象的细节做出描述，能够完整地给出侵彻过程中的全部物理量。这不仅有助于对比试验中观察到的各种现象，也有助于验证解析模型中所提出的各种假设。它还可以进行大量的多工况计算，有效地减少实体试验的次数。无论从理论上还是从实践上有限元法都有重要的意义。在计算机日益普及、计算机的 CPU 速度和存储容量不断提高的今天，数值分析方法更有其实际的应用价值。

当然，数值模拟计算并不是万能的。由于目前对混凝土材料动态的本构特性和失效特性的认识并不充分，现有的混凝土材料动态的本构模型和失效准则也并不完善，所以混凝土侵彻问题数值模拟计算的实用性还受到一定的限制。数值模拟计算的结果更多地依赖材料参数的选取，要想使数值模拟计算在实际中有效使用，还必须借助试验来获得准确的材料参数。

侵彻效应数值仿真软件已开发出各类通用的或专用的有限元程序和有限差分程序。弹体冲击混凝土靶的现象是一个非线性碰撞动力学问题，被冲击的混凝土材料具有高应变、大变形和非线性的特征，其动力学响应过程极为复杂。因此，数值分析方法要适应这样的背景。

12.1　有限元法与变分法

12.1.1　有限元的起源

有限元法起源于两个途径：一个是数学途径，一个是工程应用途径。数学途径的创始者是 Courant。工程应用途径的创始者是 Clough、Turner、Martin 和 Topp 四人。Courant 于 1943 年发表了一篇题为《求解平衡与振动问题的变分方法》（*Variational methods for solutions of problems of equilibrium and Vibration*）的论文。文中描述了他使用三角形区域的多项式函数来求解扭转问题的近似解。但由于当时计算机尚未出现，这篇论文并未引起人们应有的注意。在 1952—1953 年，Clough 参加了西雅图波音飞机公司 Turner 领导的结构力学小组。针对 delta 机翼的振动和颤振分析，在 Turner 的启发下，Clough 把不规则的机翼用许多个小的三角形平面应力的小块来组装。这样计算的变形与试验结果非常吻合。他们将其整理成论文，于 1954 年首先发表在航空科学研究所（Institute of Aeronautical Science）的年会上，两年后（1956 年）正式发表在航空科学学报（J. Aero SCI）上。该篇论文被认为是有限元法的第一篇论文。“有限元法”这个名词是在其后的几年逐步由 Clough 确定下来并被世人接受的。之所以叫“有限元”，主要是为了和虚功分析中的无穷小量有所区分。从上面的两种起源可以看出，有限元法既是一个工程的物理方法，也是一个数学的方法。从工程物理的角度，它源于复杂结构的离散分解；从数学的角度，它源于变分法的近似计算。离散分解的适当与否需要数学的论证，变分法近似计算的区域划分也要与实际结构对应，因此，二者殊途同归，逐渐形成了有限元法的完整体系。

变分法指的是对泛函求极值（或驻值）的方法，因此它是一种数学的方法。所谓泛函，不同于函数，它是从函数域向数值域的一种映射，也可以通俗地理解为函数的“函数”。设 C 为函数集（或称函数空间或函数域），B 为实数集（或称实数空间或实数域），如果对于 C 中的任意元素（函数）$y(x)$，在 B 中都有一个元素（数值）Π 与之对应，则称 Π 为 $y(x)$ 的泛函，记作 $\Pi[y(x)]$。泛函的自变量是函数，该自变量称为宗量。泛函的形式多种多样，但最常见的是积分形式，即

$$\Pi[y(x),y'(x)] = \int_a^b F(x,y,y')\,\mathrm{d}x$$

其中，$F(x,y,y')$ 称作拉格朗日函数。该泛函形式比较简单，内涵比较明确，因此也称作最简泛函。

所谓极值问题，是指在某区域内其值达到最大或最小。对应定义域内不同的函数，泛函会有不同的取值，对于某确定的函数，泛函的值可能达到最大或最小，这就称泛函达到了极值。求泛函的极值问题包含两个方面的含义，一个方面的含义是该极值是多少，另一个方面的含义是什么样的函数会使泛函取得极值。在工程实践中后者的含义更让人关注。如何求泛函极值的问题就涉及变分法。我们知道，在函数求极值时，通常采用函数求导数的方法来实现。无论是函数达到极大值还是极小值，其导数（函数相对自变量的变化率）都为零。类

似地，泛函达到极值时，泛函相对函数的变化率也应该为零。函数在微小范围内的变化称为函数的变分，对应的泛函的微小变化称为泛函的变分。

变分法对应到物理上的问题有很多，如古典的最速降线问题、短程线问题、等周问题。近代的力学问题、电磁场问题等。对应的力学问题主要是能量最小原理问题。所谓能量最小原理，指的是一切自然变化进行的方向都是使能量降低，能量越低系统越稳定。对于平衡系统来说，能量应为最小。基于这样的原理，若能把系统的能量写成泛函，则系统平衡时，该能量泛函应该取最小值。变分方法结合最小能量原理在力学中体现的是虚功变分原理。虚功原理包括虚位移原理和虚力原理两种形式，对应到力学整体系统分别是最小势能原理和最小余能原理。

工程中常见的力学问题有两类，一类是泛函已知，基本微分方程可能已知也可能未知；另一类是基本微分方程已知，但泛函未知。对于一些简单的问题，由泛函可以得到微分方程，从微分方程又可求出精确解析解。有时直接从泛函的变分也可求出精确解析解。但对于大多数工程实际问题，由于它们都比较复杂，所以无论从微分方程求解途径还是从泛函变分的途径都难以得到精确解析解。此时，求近似解就成了一种有效的方法和途径。求近似解也有两种途径，一种是直接对微分方程求近似解，另一种是直接从泛函的变分求近似解。由于微分方程多数是不能积分成初等函数的，于是人们提出了求解变分问题的直接法。有时直接从泛函的变分来求近似解，可能比从微分方程来求近似解还要可行、容易，也还要准确。利兹（Ritz）法就是其中最有代表性的方法。利兹法的思想是找到一系列满足边界条件的已知函数作为基函数，然后对其进行线性组合，构成问题解的形式。组合的系数为待定系数。将它带入泛函，把求泛函的极值问题变成求函数的极值问题。由于这种函数的驻值方程组可能是代数方程组，从而可容易地求解。如果找到的基函数（函数簇）既独立又正交，那么问题的求解就比较容易了。问题是在全域上（所考虑对象的全范围）找到既满足边界条件又光滑、既相互独立又相互正交的函数簇并不容易。因此，对一般形状的区域来说，利兹法的使用受到很多限制。作为利兹法的推广，还有另外一种方法，叫作伽辽金法。伽辽金法从误差的加权平均为零的角度给出了一种近似计算的方法。它对于微分方程已知，但泛函未知的情况，比利兹法更好用。无论是利兹法还是伽辽金法，在选择基函数时都会遇到不好寻找的问题。特别是对于大而复杂的区域，要想找出既满足边界条件又符合相关要求的函数是很困难的。为此，人们想到将区域分片（块），并将基函数的性能要求放宽，满足连续性即可。在每一小片（块）中以形式简单的函数作为性能要求放宽的基函数，从而把全区域的泛函变分求解问题化为各片（块）连接处（节点）有限个变量的代数求解问题。这种思路和工程中有限元的思想不谋而合，二者相互补充，相互完善。

12.1.2　能量变分原理

如上所述，有限元法是一种离散化的数值近似方法。它的数学基础是变分法，它的物理基础是最小能量原理。对于一个力学问题而言，按方程组中所含未知数性质的不同，一般有 3 种求解方法。一种是以位移作为未知量的求解法，称为位移法。位移法通常采用最小位能原理或虚位移原理进行分析。另一种是以应力作为未知量的求解法，称为应力法。应力法采用的是最小余能原理。第三种是位移和应力混合作为未知量的求解法，称为混合法。混合法通常采用修正的能量原理进行分析。可以看出，虚位移原理（或最小位能原理）和最小余能原理等变分原理是有限元法的基础。

物体结构受到外力作用时会发生变形。如果忽略耗散能量的损失，则载荷在结构上所做的功将全部转化为结构变形能。载荷卸除后结构将恢复原状。这就是最小能量原理的物理基础。

1. 虚位移原理

如果结构系统是保守系统，外力在变形位移上将对弹性体做功，这种功将以能量的形式储存在物体中，称为变形能（或应变能）。因此，应变能可以看成弹性体变形时所吸收的能量。根据能量守恒原理，外力所做的功应该等于弹性体的变形能，描述这种能量守恒的原理就是虚功原理。虚功原理包括虚位移原理和虚力原理两种形式。虚位移原理可叙述为：对于一个平衡系统，当给一个满足边界条件的任意微小的可能虚位移时，外力在该虚位移上所做的虚功应该等于虚变形引起的虚变形能。

对任意物体，设它受到的外力为 $\boldsymbol{F}$，在外力作用下，物体内将产生应力 $\boldsymbol{\sigma}$，假设物体外力作用处发生虚位移 $\delta\boldsymbol{u}$，则物体内将产生的虚应变为 $\delta\boldsymbol{\varepsilon}$。在很小的虚位移下，外力可视为不变。因此，外力在虚位移上所做的虚功为

$$\delta W = \boldsymbol{F}\cdot\delta\boldsymbol{u} = \{\delta u\}^{\mathrm{T}}\{F\} \tag{12.1.1}$$

其中，$\{\delta\boldsymbol{u}\}$ 为虚位移列阵，$\{\boldsymbol{F}\}$ 为外力列阵。单位体积内，应力作用下虚应变上的虚应变能（变形能）为 $\boldsymbol{\sigma}\cdot\delta\boldsymbol{\varepsilon} = \{\delta\varepsilon\}^{\mathrm{T}}\{\sigma\}$，其中 $\{\delta\varepsilon\}$ 为虚应变列阵，$\{\sigma\}$ 为应力列阵，则整个物体的虚应变能为

$$\delta U = \iiint \{\delta\varepsilon\}^{\mathrm{T}}\{\sigma\}\,\mathrm{d}x\mathrm{d}y\mathrm{d}z \tag{12.1.2}$$

按照虚位移原理，外力在虚位移上所做的虚功等于物体的虚应变能，即

$$\{\delta u\}^{\mathrm{T}}\{F\} = \iiint \{\delta\varepsilon\}^{\mathrm{T}}\{\sigma\}\,\mathrm{d}x\mathrm{d}y\mathrm{d}z \tag{12.1.3}$$

上式也可写成

$$\delta\Pi = \delta U - \delta W = 0 \tag{12.1.4}$$

该形式就是最小势能原理。物体的势能是指因为物体所处的位置或位形而具有的能够做功的能量（或称为位能）。变形体系统中的总势能包括位置势能和位形势能两部分，位形势能为变形能 U，位置势能是物体位置沿与外力相反的方向变化时克服保守外力所做的功，因此为 $-W$，这样总势能的表达式就可写为

$$\Pi = U - W \tag{12.1.5}$$

由于外力所做的功和应变能均是位移的函数，而位移又是坐标的函数，所以物体的势能是一个函数的函数，即泛函。弹性体在外力作用下将发生形变，达到平衡时，系统的总势能应为最小值。其数学描述为

$$\delta\Pi = \delta U - \delta W = 0 \tag{12.1.6}$$

这就是最小势能原理。可以看出，最小势能原理是对物体势能泛函取最小值，它和虚功原理

是相同的。

2. 最小余能原理

虚位移原理（最小势能原理）是对位移分量进行变分，对应的解是位移解。这样求得的位移比较精确。由位移可间接求出应力。工程中有时最感兴趣的常常是应力。因此，直接以应力作为未知函数来求解也很必要，这时需要的是最小余能原理。最小余能原理属于虚功原理中的虚力原理形式。在应力－应变曲线中，以应力为被积函数对应变积分得到的是变形势能，即应变能，以应变为被积函数对应力积分得到的是应变余能。所谓最小余能原理，就是指当给定一个满足应力平衡条件和边界条件的任意微小的可能虚应力时，系统的总虚余能应为零。

在有限元法中，若采用最小势能原理，则要确定满足位移协调条件的位移插值函数，而若采用最小余能原理，首先要确定满足平衡条件和边界条件的应力函数，然后利用其相应的最小能量原理导出单元控制方程。

12.2　有限元法的基本原理

12.2.1　有限元基本方程的建立

1. 连续区域的离散化

在结构动力学的分析中，有时间变量，因此所处理的问题是个四维（x，y，z，t）问题。因为有限元法只对空间域进行离散，所以，其步骤和静力分析相同。所谓离散，就是将整体结构的连续区域按照某种选定的单元划分成若干个（实际计算时为了保证计算精度其数量会很大）单元。通过后面的插值，把要求的无限个连续变量（如位移）转化成有限个离散的单元节点的变量。

2. 构造插值函数

插值函数实质上就是变分近似计算中要找的基函数，这里称为形函数。由于该函数是针对局部单元的，所以无须考虑在总体区域上的边界协调，而只满足一般的协调条件即可。在位移法中，构造的位移插值函数应满足的协调条件是位移协调条件。以 8 节点六面体单元为例，其单元内位移的插值表达式为

$$u_i(\xi,\eta,\zeta,t) = \sum_{j=1}^{8} \varphi_j(\xi,\eta,\zeta)u_i^j(t)\ (i = 1,2,3) \tag{12.2.1}$$

其中，ξ，η，ζ 为自然坐标；$u_i^j(t)$ 为 t 时刻第 j 节点的位移；单元的形状函数 $\varphi_j(\xi,\eta,\zeta)$ 为

$$\varphi_j(\xi,\eta,\zeta) = \frac{1}{8}(1+\xi\xi_j)(1+\eta\eta_j)(1+\zeta\zeta_j)\ (j=1,2,\cdots,8) \tag{12.2.2}$$

其中，（ξ_j，η_j，ζ_j）为单元第 j 节点的自然坐标，则插值式用矩阵可以表示为

$$\boldsymbol{u}(\xi,\eta,\zeta,t) = [N]\{x\}^e \tag{12.2.3}$$

其中，单元内任意点的位移向量为

$$\boldsymbol{u}(\xi,\eta,\zeta,t)^{\mathrm{T}} = [u_1,u_2,u_3] \tag{12.2.4}$$

单元节点位移矢量为

$$\{x\}^{eT}=[u_1^1,u_2^1,u_3^1,\cdots\cdots,u_1^8,u_2^8,u_3^8] \tag{12.2.5}$$

单元的插值矩阵为

$$[N(\xi,\eta,\zeta)]=\begin{bmatrix}\varphi_1 & 0 & 0 & \cdots & \varphi_8 & 0 & 0\\ 0 & \varphi_1 & 0 & \cdots & 0 & \varphi_8 & 0\\ 0 & 0 & \varphi_1 & \cdots & 0 & 0 & \varphi_8\end{bmatrix}_{3\times 24} \tag{12.2.6}$$

利用应变位移的几何方程$\{\boldsymbol{\varepsilon}\}=[\partial]\{u(\xi,\eta,\zeta,t)\}$，则有

$$\{\boldsymbol{\varepsilon}\}=[\partial][N]\{x\}^e=[B]\{x\}^e \tag{12.2.7}$$

其中，

$$[B]=[\partial][N]=\begin{bmatrix}\frac{\partial}{\partial x_1} & 0 & 0\\ 0 & \frac{\partial}{\partial x_2} & 0\\ 0 & 0 & \frac{\partial}{\partial x_3}\\ \frac{\partial}{\partial x_2} & \frac{\partial}{\partial x_1} & 0\\ 0 & \frac{\partial}{\partial x_3} & \frac{\partial}{\partial x_2}\\ \frac{\partial}{\partial x_3} & 0 & \frac{\partial}{\partial x_1}\end{bmatrix}[N] \tag{12.2.8}$$

称为应变转换矩阵；$[\partial]$ 是微分算子矩阵。

对于线弹性材料，其物理方程为$\{\boldsymbol{\sigma}\}=[D]\{\boldsymbol{\varepsilon}\}$，其中 $[D]$ 是弹性矩阵。代入上述应变－位移关系，得

$$\{\boldsymbol{\sigma}\}=[D][B]\{x\}^e \tag{12.2.9}$$

与此同时，将单元中的外力都等效到单元节点上，则此时作用于单元节点上的力包括外力和单元之间作用的内力两个部分。

3. 建立单元平衡方程

对于单元的静力问题，利用虚功原理，有

$$\{\delta x\}^{eT}\{F\}^e=\iiint\{\delta\boldsymbol{\varepsilon}\}^{T}\{\boldsymbol{\sigma}\}\mathrm{d}x\mathrm{d}y\mathrm{d}z \tag{12.2.10}$$

其中，$\{\delta x\}^e$ 是单元节点的虚位移，$\{\delta\boldsymbol{\varepsilon}\}$ 是单元中的虚应变。又由于$\{\delta\boldsymbol{\varepsilon}\}=[B]\{\delta x\}^e$，则有

$$\{\delta x\}^{eT}\{F\}^e=\iiint\{\delta x\}^{eT}[B]\{\boldsymbol{\sigma}\}\mathrm{d}x\mathrm{d}y\mathrm{d}z \tag{12.2.11}$$

由于虚位移是任意的，故有

$$\{F\}^e=\iiint[B]\{\boldsymbol{\sigma}\}\mathrm{d}x\mathrm{d}y\mathrm{d}z \tag{12.2.12}$$

将应力关系式代入，得

$$\{F\}^e = [k]^e\{x\}^e \tag{12.2.13}$$

其中，$[k]^e = \iiint [B][D][B]\mathrm{d}x\mathrm{d}y\mathrm{d}z$ 为单元刚度矩阵。

对于单元的动力问题，可将介质的惯性力和阻尼力视作外力，结构在运动时，单元内任一点的速度和加速度为

$$\{\dot{u}\} = [N]\{\dot{x}\}^e \tag{12.2.14}$$

$$\{\ddot{u}\} = [N]\{\ddot{x}\}^e \tag{12.2.15}$$

其中，$\{\dot{x}\}^e$ 为节点的速度矢量，$\{\ddot{x}\}^e$ 为节点的加速度矢量。

利用达朗贝尔原理，把惯性力 F_m 施加在单元上，则单元处于动平衡状态。在质点运动的每一个瞬间，作用于质点的主动力、约束力与质点的惯性力在形式上构成平衡力系。

设材料的密度为 ρ，则结构内单位体积的惯性力为

$$\{F_m\}^e = -\rho\{\ddot{u}\} = -\rho[N]\{\ddot{x}\}^e \tag{12.2.16}$$

负号表示惯性力方向与加速度方向相反。假定单元内某点阻力正比于该点的运动速度，则

$$\{F_c\}^e = -c\{\dot{u}\} = -c[N]\{\dot{x}\}^e \tag{12.2.17}$$

负号表示该点阻尼力与速度方向相反。

单元内的虚位移为 $\{\delta u\} = [N]\{\delta x\}^e$，则外力所做的虚功为

$$\begin{aligned}\delta W &= \{\delta x\}^{eT}\{F\}^e + \int_v \{\delta u\}^T\{F_m\}^e \mathrm{d}V + \int_v \{\delta u\}^T\{F_c\}^e \mathrm{d}V \\ &= \{\delta x\}^{eT}\{F\}^e - \int_v \rho\{\delta u\}^T\{\ddot{u}\}\mathrm{d}V - \int_v c\{\delta u\}^T\{\dot{u}\}\mathrm{d}V\end{aligned} \tag{12.2.18}$$

或

$$\delta W = \{\delta x\}^{eT}\{F\}^e - \int_v \rho\{\delta x\}^{eT}[N]^T[N]\{\ddot{x}\}^e \mathrm{d}V - \int_v c\{\delta x\}^{eT}[N]^T[N]\{\dot{x}\}^e \mathrm{d}V \tag{12.2.19}$$

单元内产生的虚应变能为

$$\delta U = \int_v \{\delta\varepsilon\}^T\{\sigma\}\mathrm{d}V = \int_v \{\delta x\}^{eT}[B]^T[D][B]\{x\}^e \mathrm{d}V \tag{12.2.20}$$

根据虚位移原理 $\delta U = \delta W$，可得单元的运动方程为

$$[m]^e\{\ddot{x}\}^e + [C]^e\{\dot{x}\}^e + [k]^e\{x\}^e = \{F\}^e \tag{12.2.21}$$

其中，$\{F\}^e$ 为单元节点动载荷矩阵；$[k]^e = \int_v [B]^T[D][B]\mathrm{d}V$，$[m]^e = \int_v [N]^T\rho[N]\mathrm{d}v$，$[C]^e = \int_v [N]^T c[N]\mathrm{d}v$，分别为单元的刚度矩阵、质量矩阵和阻尼矩阵。

4. 建立结构整体的运动方程

单元节点上的作用力分为两类，一类是作用于该点的外载荷，一类是相邻单元对该节点的作用内力。汇集各单元所有节点的方程，通过总装，利用边界条件，并注意单元间内力的作用可相互抵消，可得到结构整体的动力学方程为

$$[M]\{\ddot{x}\} + [C]\{\dot{x}\} + [K]\{x\} = \{F\} \tag{12.2.22}$$

其中，$\{F\}$，$[K]$，$[C]$ 和 $[M]$ 分别是结构的整体载荷矢量、整体刚度矩阵、整体阻尼矩

阵和整体质量矩阵。

混凝土侵彻问题涉及的物理方程通常是非线性的，大变形的几何关系也可能是非线性的。此时的动力学方程一般形式可写为

$$\boldsymbol{M}\ddot{\boldsymbol{x}}(t)+\boldsymbol{F}(\boldsymbol{x},\dot{\boldsymbol{x}})=\boldsymbol{P}(\boldsymbol{x},t) \tag{12.2.23}$$

或

$$\boldsymbol{M}\ddot{\boldsymbol{x}}(t)=\boldsymbol{P}(x,t)-\boldsymbol{F}(\boldsymbol{x},\dot{\boldsymbol{x}}) \tag{12.2.24}$$

其中，$\boldsymbol{M}$ 为总体质量矩阵；$\ddot{\boldsymbol{x}}(t)$ 为总体节点加速度矢量；$\boldsymbol{P}$ 为总体载荷矢量，由节点载荷、面力、体力等构成；$\boldsymbol{F}$ 为单元节点抗阻力矢量，对于几何线性的、材料非线性的且不考虑阻尼力的情况，$\boldsymbol{F}=\sum_{m=1}^{n}\int_{v_m}[B]^{\mathrm{T}}\{\sigma\}\mathrm{d}v$。可以看出，抗力 $\boldsymbol{F}$ 和位移及速度不是线性的关系。

12.2.2 有限元方程的求解

对于静力线性问题的求解，有很成熟的方法，基本上可归结为求大型代数方程组的解。对于动力线性问题，在时间坐标上，通常采用中心差分法，通过设定有效的时间步长，将动力问题的求解转化为静力问题的求解。对于非线性问题，需要采取增量的方法，将非线性问题化转为分段的线性问题求解。中心差分法的计算公式及过程为

$$\begin{cases}\ddot{\boldsymbol{x}}(t_n)=\boldsymbol{M}^{-1}[\boldsymbol{P}(t_n)-\boldsymbol{F}(t_n)]\\ \dot{\boldsymbol{x}}(t_{n+\frac{1}{2}})=\dot{\boldsymbol{x}}(t_{n-\frac{1}{2}})+\dfrac{1}{2}(\Delta t_{n-1}+\Delta t_n)\ddot{\boldsymbol{x}}(t_n)\\ \boldsymbol{x}(t_{n+1})=\boldsymbol{x}(t_n)+\Delta t_n\dot{\boldsymbol{x}}(t_{n+\frac{1}{2}})\end{cases} \tag{12.2.25}$$

其中，$t_{n-\frac{1}{2}}=\frac{1}{2}(t_{n-1}+t_n)$，$t_{n+\frac{1}{2}}=\frac{1}{2}(t_{n+1}+t_n)$；$\Delta t_{n-1}=(t_n-t_{n-1})$，$\Delta t_n=(t_{n+1}-t_n)$；$\ddot{\boldsymbol{x}}(t_n)$，$\dot{\boldsymbol{x}}(t_{n+\frac{1}{2}})$，$\boldsymbol{x}(t_{n+1})$ 分别为 t_n 时刻的节点加速度矢量、$t_{n+\frac{1}{2}}$ 时刻的节点速度矢量、t_{n+1} 时刻的节点坐标矢量。中心差分法实质是用差分代替微分，这就要求 Δt 的取值不能过大，否则结果可能失真过大，不能正确表现冲击振动的真实响应。同时，在每一步数值计算中，不可避免地存在舍入误差，这些舍入误差又会带入下一个时间步计算，形成累积误差。如果算法不具有数值稳定性，则可能导致结果发散，不能正常表现真实响应，甚至无法求解，因此，计算误差的控制也要求 Δt 的取值不能过大。

12.3 数值模拟仿真实例

弹体对目标的侵彻是军工领域和防护工程领域中一个很重要的研究课题。进行侵彻的原型试验需要耗费大量的人力、物力、财力。在适量试验的基础上进行数值模拟，是对侵彻原型试验的重要补充。在弹体侵彻混凝土靶的过程中，混凝土会出现破碎、成坑和崩落等现象，这类现象通过一般的数值计算很难模拟，其难点主要在于如何选取合适的材料本构模型和破坏准则。为此，借助于 LS－DYNA 软件，通过构建拉断破坏准则，对相关问题进行模拟仿真计算。

12.3.1　问题描述

试验弹的整体结构主要由弹体、传感器、弹载存储测试装置仓、底螺、闭气盖等组成。弹体尾部装有塑料弹托，使弹体与炮筒紧密接触，以防火药气体的泄漏造成能量损失。试验采用钝头弹和尖头弹两种弹体进行分组打靶试验。钝头弹直径为 62 mm，弹头曲率半径为 75 mm，弹体长度为 220 mm；尖头弹直径为 62 mm，弹头曲率半径为 200 mm，弹体长度为 220 mm。弹体以不同的速度侵彻混凝土靶。

为了最大限度地模拟试验现象，数值模拟所选的弹体及混凝土靶都与试验弹及混凝土靶相同。考虑到弹体垂直贯穿圆柱形靶体，弹体与靶体都为轴对称几何体，计算工作量既较小，又不失一般性，故取弹靶实体模型的 1/4 进行建模，并将弹内填充物的质量附加在弹体上。这种处理方法对于不变形或变形很小的弹体是可行的。采用 8 节点三维实体单元（SOLID164）进行网格划分，在弹体冲击混凝土的中心区域细分网格。施加对称面约束及非反射边界条件。采用单点积分和沙漏控制以更好地反映大变形和材料失效等非线性问题。弹体与靶体之间的接触采用面 - 面侵蚀接触。利用后处理软件进行模型对称显示，网格划分后的 1/2 弹体模型如图 12 - 1 所示，靶体模型如图 12 - 2 所示。

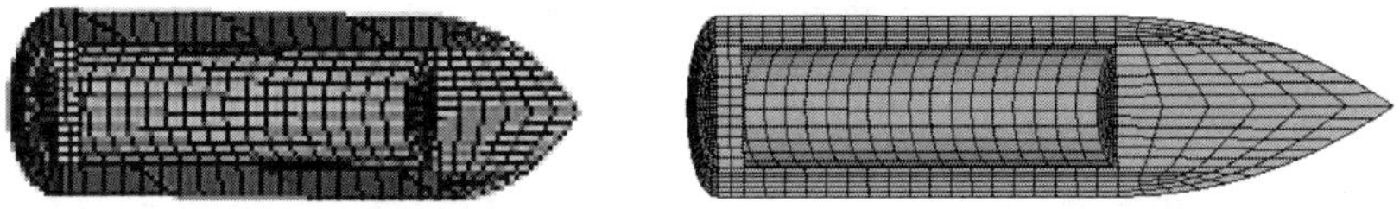

（a）　　　　（b）

图 12 - 1　网格划分后的弹体模型

（a）钝头弹；（b）尖头弹

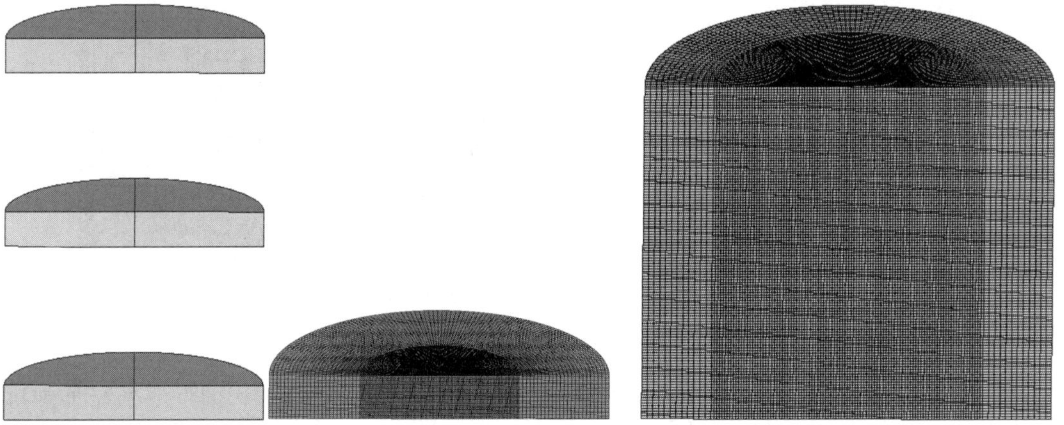

（a）　　　　（b）

图 12 - 2　网格划分后的混凝土靶体模型

（a）多层有限厚混凝土靶；（b）半无限厚混凝土靶

针对混凝土的特点，考虑到靶面处于无约束状态，同时混凝土的破坏（而不是指屈服）主要是拉伸破坏，因此，在计算中，除应用 H - J - C 本构模型外，专门增加了拉应力破坏的失效判据。这样模拟出的靶面破坏形式更符合实际情况。

12.3.2 弹体冲击混凝土靶数值模拟结果及分析

1. 弹体侵彻半无限厚混凝土靶试验的数值模拟

A1 试验仿真侵彻破坏现象及试验现象如图 12 – 3 所示。

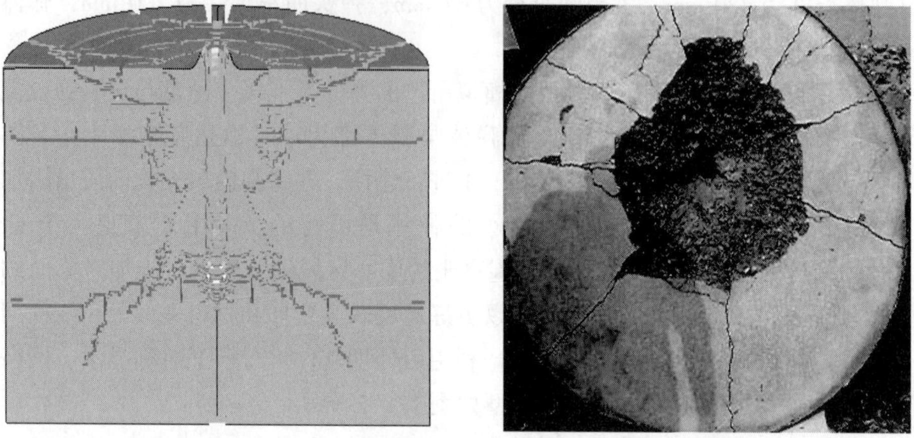

图 12 – 3 A1 试验仿真侵彻破坏现象及试验现象

A2 试验仿真侵彻破坏现象及试验现象如图 12 – 4 所示。

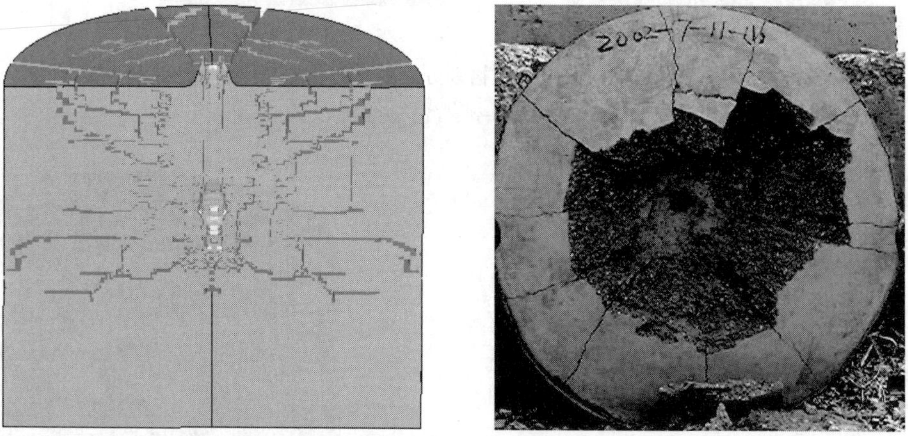

图 12 – 4 A2 试验仿真侵彻破坏现象及试验现象

A5 试验仿真侵彻破坏现象及试验现象如图 12 – 5 所示。

由图 12 – 3 ~ 图 12 – 5 可以看到，弹体侵彻半无限厚混凝土靶在靶面形成漏斗形弹坑，其直径约为几倍的弹径，漏斗形弹坑以下的侵彻通道直径近似等于弹径，且靶面出现延伸到靶体侧边的径向裂纹，仿真现象与试验现象一致。

图 12 – 6 所示为 A2 试验仿真与实测过载曲线；图 12 – 7 所示为 A2 试验仿真位移时程曲线与实测过载曲线积分得到的位移曲线；图 12 – 8、图 12 – 9 所示分别为 A5 试验仿真过载曲线与位移曲线。

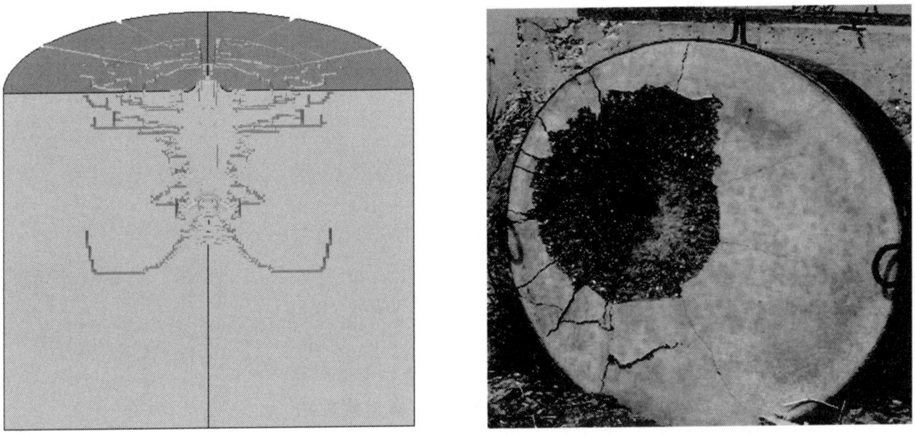

图 12-5　A5 试验仿真侵彻破坏现象及试验现象

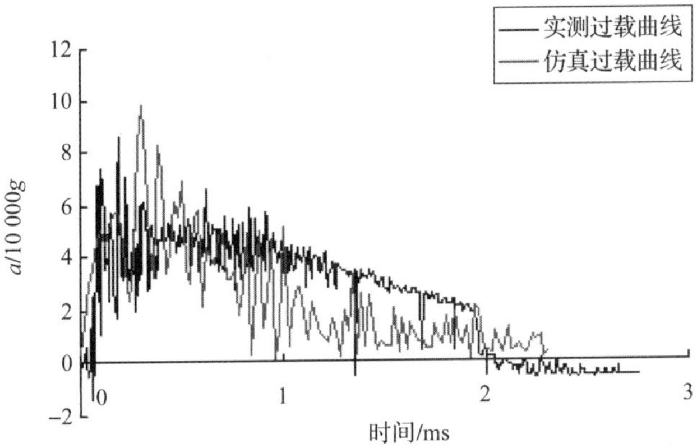

图 12-6　A2 试验仿真与实测过载曲线

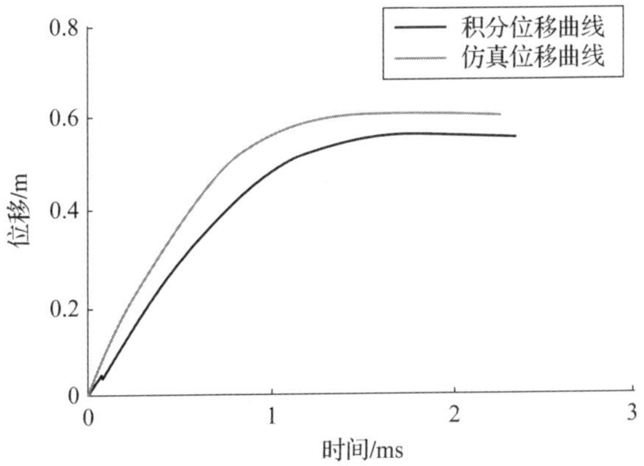

图 12-7　A2 试验仿真位移时程曲线与实测过载曲线积分得到的位移曲线

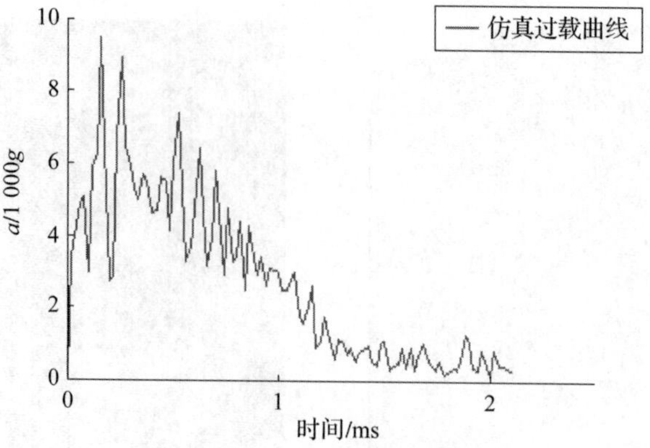

图 12-8　A5 试验仿真过载曲线

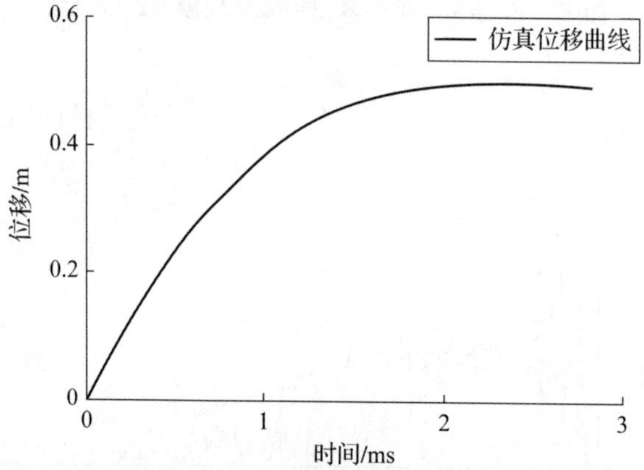

图 12-9　A5 试验仿真位移曲线

从图 12-6 可以看到，数值模拟的过载曲线与实测曲线比较吻合；由图 12-6 所示仿真过载曲线与图 12-8 所示仿真过载曲线的对比可以看出，尖头弹的过载到达峰值的时间比钝头弹的长，这主要是由于尖头弹与靶接触的初始碰撞面积比钝头弹小，导致初始过载比钝头弹的上升慢。

表 12-1 所示为弹体侵彻半无限厚混凝土靶仿真结果与试验数据。表中 m 为弹体质量；v_s 为弹体着速；H 为侵彻深度。由表 12-1 可见，仿真得到的弹体对半无限厚混凝土靶的侵彻深度数据与实测数据基本一致。

表 12-1　弹体侵彻半无限厚混凝土靶仿真结果与试验数据

试验号	m/kg	弹形	v_s/(m·s^{-1})	H/mm		相对误差/%
				实测值	计算值	
A1	3.777	尖头弹	763	830	772	6.99
A2	3.747	尖头弹	666	560	603	7.68
A3	3.034	钝头弹	577	340	417	22.65

续表

试验号	m/kg	弹形	v_s/(m·s^{-1})	H/mm		相对误差/%
				实测值	计算值	
A4	3.022	钝头弹	538	370	363	1.89
A5	3.154	钝头弹	630	455	498	9.45
A6	3.133	钝头弹	未测出	485	—	—

2. 弹体贯穿多层有限厚混凝土靶试验的数值模拟

B4 试验数值模拟如下。

3 层有限厚混凝土靶板被贯穿后的仿真破坏现象与试验破坏现象如图 12－10 所示。图 12－11 及图 12－12 所示为放大的第一层靶板局部破坏现象（靶面成坑、靶背崩落）的仿真现象与试验现象。

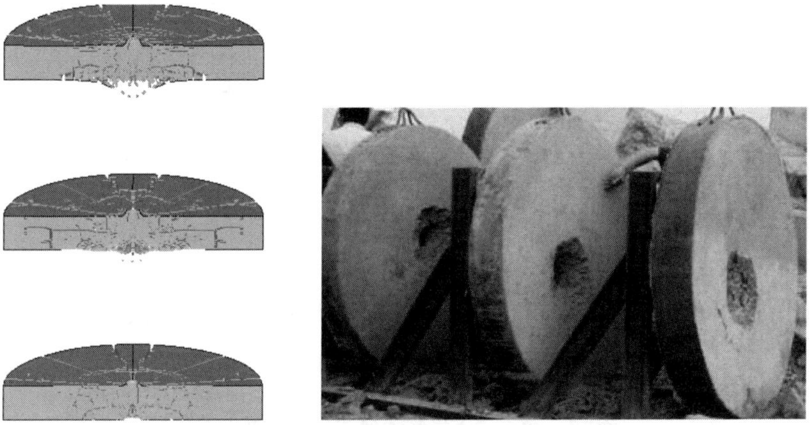

图 12－10　仿真破坏现象与试验破坏现象

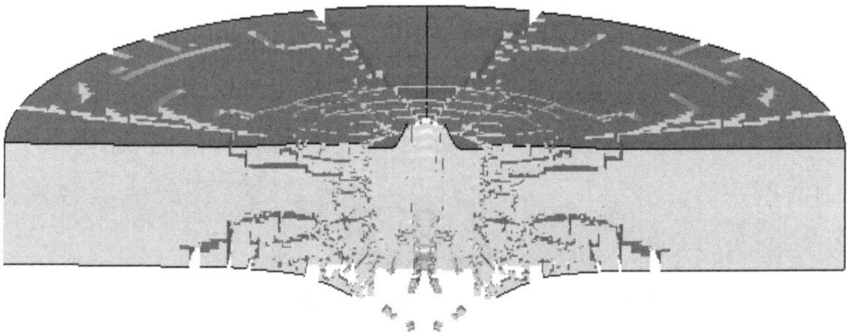

图 12－11　第一层靶板仿真现象

由图 12－10～图 12－12 可看到靶面裂纹、靶背裂纹均互相贯通，可认为靶面成坑及靶背崩落已经形成，且靶背崩落直径明显大于靶面成坑直径，数值模拟的弹体贯穿有限厚混凝土靶的破坏现象与试验基本相符。

图 12－13 所示为仿真过载曲线与实测过载曲线。仿真过载曲线与实测过载曲线的过载峰值吻合良好，变化趋势一致；同时可看到弹体冲击第二层、第三层靶板的时间较实测过载

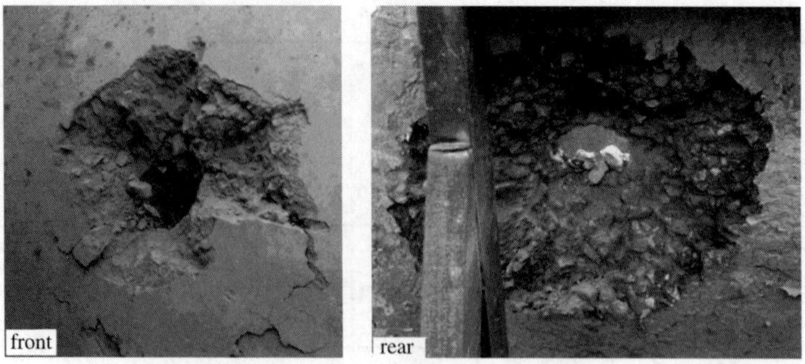

(a) (b)

图 12－12 第一层靶板试验现象

(a) 靶面成坑；(b) 靶背崩落

曲线有所提前，这是因为弹体在靶板间飞行时实际上还受到空气阻力等的作用，而数值仿真时没有考虑这些阻力的作用，使弹体在靶板间的飞行时间比实际飞行时间短，因此数值模拟的弹体冲击第二层、第三层靶板的时间较实测过载曲线提前。

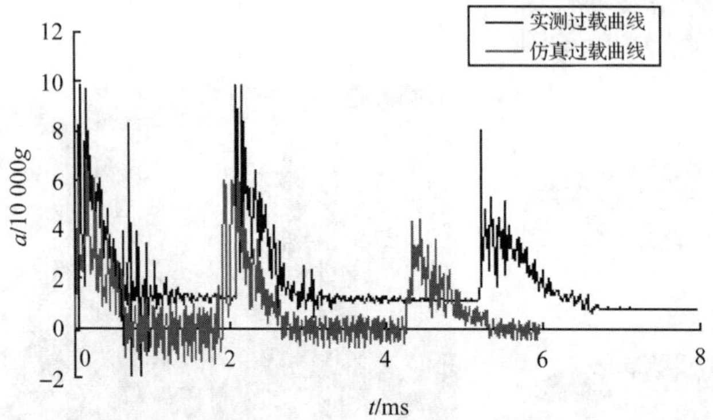

图 12－13 仿真过载曲线与实测过载曲线

表 12－2 所示为弹体贯穿 3 层有限厚混凝土靶板的仿真结果与实测数据，可看到大部分仿真结果与实测数据比较吻合。但由于试验具有一定的随机性及数值模拟无论如何也做不到与试验条件完全相同，同时试验数据是近似测量得到的，仿真得到的成坑直径等数据是通过失效单元的坐标计算并取平均得到的，所以也有一定的近似性，这使部分仿真结果与实测数据差别较大。表 12－2 中 v_s，d_c，h_c，d_s 分别表示弹体着速、靶面成坑直径、靶面成坑深度及靶背崩落直径。

表 12－2 贯穿试验仿真结果及实测数据

试验号	$v_s/(\mathrm{m\cdot s^{-1}})$	靶板层号	d_c/mm		h_c/mm		d_s/mm	
			实测值	计算值	实测值	计算值	实测值	计算值
B1	590	1	575	600	150	156.2	580	660
		2	390	435	110	78.9	540	553
		3	跳弹	—	—	跳弹	—	—

续表

试验号	v_s/(m·s^{-1})	靶板层号	d_c/mm		h_c/mm		d_s/mm	
			实测值	计算值	实测值	计算值	实测值	计算值
B2	670	1	490	500	100	108.5	510	565
		2	400	465	80	90.4	520	540
		3	395	410	90	77.3	600	533
B3	669	1	460	500	110	103.6	500	565
		2	500	465	90	124.9	490	540
		3	375	410	90	87.13	545	533
B4	653	1	415	468	100	92.4	500	557
		2	370	433	90	80.6	580	545
		3	385	398	85	95.4	490	520

综上可看到利用数值模拟方法可得到弹靶撞击过程中的瞬态量变化，在材料模型及其参数、控制条件等选择正确时，利用数值模拟方法解决弹体冲击混凝土的问题是有效的。

3. 弹体斜侵彻混凝土靶的数值模拟

弹体斜侵彻混凝土靶时，弹体速度可分解成切向速度和法向速度，法向速度影响侵彻深度，切向速度用于改变速度方向，形成方向偏转角。通过 LS－DYNA 数值计算后，利用 LS－PROPOST 后处理软件，在不同倾角下弹体以 400 m/s 的速度冲击混凝土靶的破坏情况如图 12－14 所示。在弹体进入混凝土靶表面初期，弹头周围的混凝土材料由于反射拉伸波

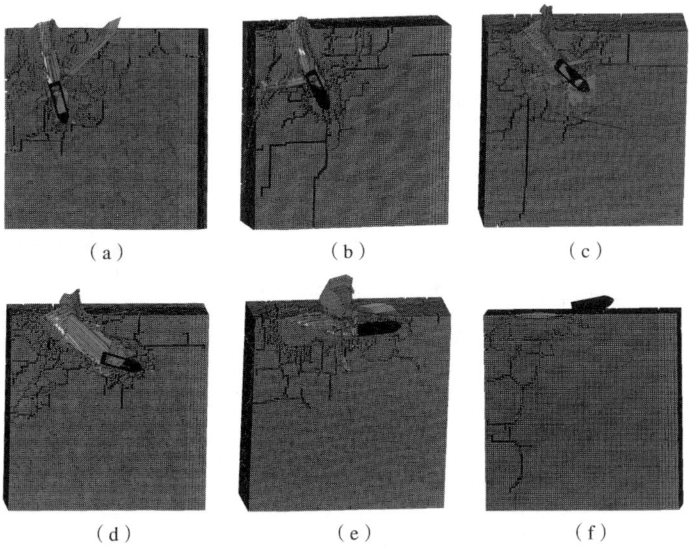

图 12－14　不同倾角下的混凝土破坏情况

(a) $\beta=10.5°$；(b) $\beta=15.5°$；(c) $\beta=31.4°$；(d) $\beta=45°$；(e) $\beta=60°$；(f) $\beta=75°$

的作用出现了拉伸损伤区，拉伸损伤积累到一定程度后形成裂纹，并导致裂纹发生扩展，从而导致该方向上的抵抗力减弱，使弹头运动方向朝抵抗力较弱的方向转变。靶板破坏区域可分为靶面成坑区和隧道区。随着倾角增大，靶面成坑的范围也变大，并伴随有明显的裂纹，但当冲击靶板的倾斜角度过大时，会发生跳弹现象。

当$\beta=10.5°$和$\beta=15.5°$时，靶面成坑区近似为圆形，在随后的侵彻过程中，目标靶板形成与弹体直径相当的圆柱形孔道。当$\beta=31.4°$时，弹体着靶时，弹头表面混凝土材料的破坏明显和下表面的破坏不一致，这是由于受到的反拉伸波作用不对称，弹体上下表面受混凝土阻力作用也不平衡，这时弹体会绕质心发生小角度的转动，侵彻角度也随之出现了小范围的方向偏转。弹体上下表面受到的混凝土阻力不平衡作用逐渐减弱，直到趋于近似平衡阶段。在稳定侵彻阶段，弹体在初始倾角和方向偏转角的联合作用下侵彻混凝土靶。随着侵彻深度的增加，弹体的轴向速度不断降低，直到为 0（即达到最大侵彻深度）。随着角度的增加，靶板表面破坏区增大，表面破坏区近似椭圆形，而且侵彻深度也随之减小。当$\beta=45°$时，弹体上下表面受到的靶体阻力极不对称，使方向偏转角增大，同时影响侵彻深度。当$\beta=60°$和 75°时，由于倾角过大，弹头逐渐向上偏转，弹体逐渐飞离靶板，最后发生跳弹，失去侵彻能力。

图 12－15 所示为不同倾角下的弹道轨迹。X，Y 分别表示弹体的横向位移与侵彻深度（纵向位移）。$X-Y$ 平面即弹道平面，在弹道平面内弹体发生横向偏转。在侵彻过程中，弹体速度在轴向阻力的作用不断减小，在法向阻力的作用下弹道发生偏转，因此弹道曲率不断发生变化。由图 12－15 可以看出倾角较小的弹道轨迹近似直线，随着角度增加，方向偏转角增大，弹道轨迹偏转明显，逐渐有上凹的趋势。因此，在弹道轨迹上凹的情况下将发生跳弹。倾角大小是影响跳弹的重要原因。

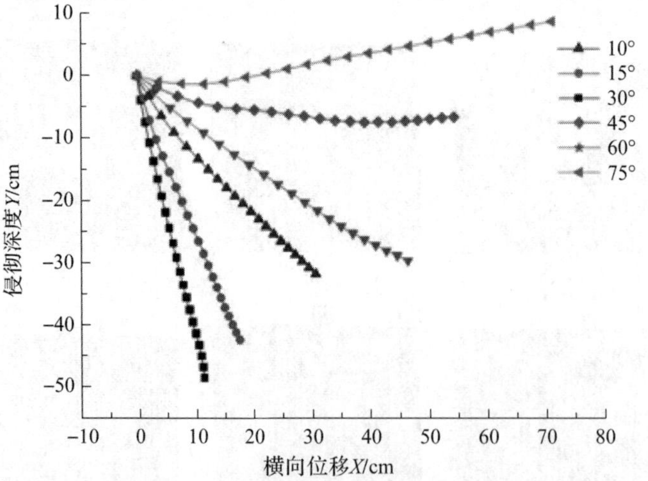

图 12－15　不同倾角下的弹道轨迹

以北京理工大学爆炸科学与技术国家重点实验室应用 152 mm 轻气炮对弹体斜侵彻混凝土靶的侵彻轨迹进行的试验研究为对象，由图 12－16 可以看到靶面裂纹互相贯通，可认为靶面成坑已经形成。当$\beta=10.5°$时，靶板表面破坏区近似圆形，倾角较小，侵彻效果近似垂直侵彻。随着倾角增加，当 $\beta=10.5°$ 时，靶面成坑逐渐形成且趋于椭圆形。当 $\beta=31.4°$ 时，靶板表面破坏区增大，靶面成坑逐渐由近似圆形发展到椭圆形。由图 12－16 可以看到弹体侵彻混凝土靶破坏特征的仿真结果与试验结果相符。

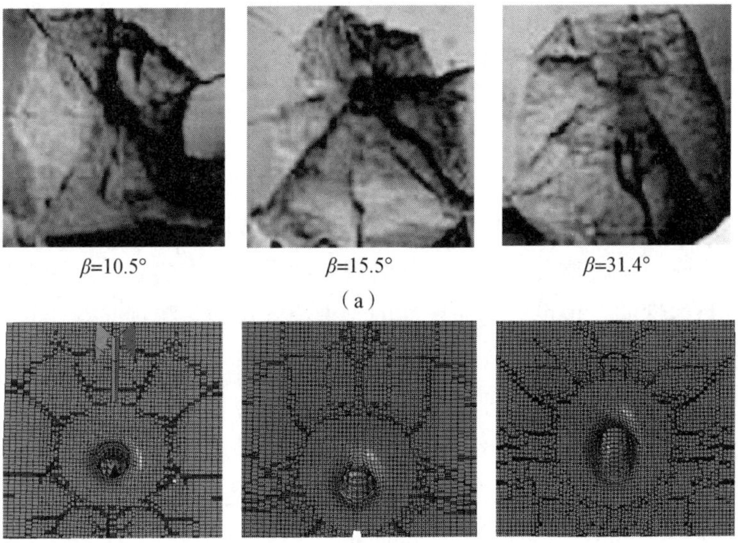

β=10.5°　　β=15.5°　　β=31.4°

（a）

β=10.5°　　β=15.5°　　β=31.4°

（b）

图 12－16　不同倾角下的靶板破坏情况对比

（a）试验破坏情况；（b）仿真破坏情况

附录 A
摄动方法简论

摄动方法是一种数学方法，是求解微分方程近似解或渐近解的方法。与傅里叶变换等工程数学方法类似，它也是因物理学、力学等的需要而发展起来的求解问题近似解的方法。它针对的问题可以是线性的，也可以是非线性的。无论针对的是哪种问题，其共同特征是模型都含有某种小参数。

摄动的概念最早出现在天体物理学分析中，但其作为方法最早是由 Prandtl 于 1904 年为求解流体力学边界层问题而提出的。中国力学工作者对摄动方法，特别是奇异摄动理论的发展有开创性的贡献。钱伟长在 1948 年解决圆板大挠度问题时，提出了称为合成展开法的摄动方法，郭永怀在 1953 年把由庞加莱（Poincare）和莱特希尔（Lighthill）发展起来的方法推广应用于边界层效应的黏性流问题，后来钱学森在 1956 年又深入阐述了这个方法，并称之为 PLK 方法。

摄动方法的英文是 Perturbation Method，Perturbation 的本意是扰动。摄动方法分析问题的思路就是源于“小扰动”。针对一个具有理想模型的系统，如线性系统，其解是容易求得的。但结构的微小变化或参数的微小变化会产生一个小扰动，从而使原本理想的模型变成非理想模型，如小扰动引起了系统的非线性变化，其解就难以求得。这时，如果注意到结构或参数变化的微小性，采用某种近似的手段，分析结构的微小变化或参数的微小变化对解的影响，并将其叠加到理想模型的解中，也会得到非理想模型的一种近似解。弄清楚这个问题，即系统本身就呈现的非理想模型特性是小扰动引起的，就知道如何求解系统了。换句话说，若一个系统所呈现的非理想模型特性主要是某个小参数引起的，则摄动方法就是通过聚焦小参数的作用，借助某种变换和理想模型的解来求非理想模型的渐进近似解的方法。

根据小参数在系统模型中的不同作用，在摄动方法中存在两类摄动问题，一类是正则摄动问题，另一类是奇异摄动问题。当小参数为 0 时，不会引起解的奇异变化或模型的奇异变化，非理想模型及其对应的解能退化成理想模型及其对应的解，这就是正则摄动问题；反之，若小参数为 0 会导致模型的奇异变化或解的奇异变化（包括无解或多解），这就是奇异摄动问题。

为了判断摄动问题是正则的还是奇异的，先给出一致有效渐近近似式的概念和定义。所谓一致有效，在这里是这样定义的。对于一个小参数 ε，若把一个函数展开成其幂级数的形式

$$x(t,\varepsilon)=\sum_{n=0}^{m}\varepsilon^n x_n(t)+R_m(t,\varepsilon) \tag{A.0.1}$$

当 $\varepsilon\to 0$ 时，对于 $t\in(a,b)$ 一致有

$$|R_m(t,\varepsilon)|=O(\varepsilon^m) \tag{A.0.2}$$

则将

$$x(t,\varepsilon)=\sum_{n=0}^{m}\varepsilon^n x_n(t) \tag{A.0.3}$$

称为 $x(t,\varepsilon)$ 当 $\varepsilon\to 0$ 时在区间（a，b）上一致有效的 m 阶渐近近似式。如果它是某微分方程的近似解，则称其为一致有效的 m 阶渐近近似解。

判断摄动问题是否是正则摄动问题，可以看按正则（或正规）摄动方法和步骤所得的解是否是一致有效的渐近近似解。若是，则是正则摄动问题，若不是，则属于奇异摄动问题。奇异摄动问题用正则摄动方法是得不到一致有效的渐近近似解的。因此，需要采用奇异摄动方法求解，当然，最终得到的解还应该是一致有效并收敛的。

正则摄动方法的步骤是：①先将解的形式展开成小参数的幂级数形式；②将这种形式的解代入问题的微分方程和边界条件（或初始条件），得到关于小参数幂级数形式的方程和边界（或初始）条件；③令小参数各次幂的系数都为零，可得到一系列对应小参数各次幂的不同阶的可以求解的方程和边界（或初始）条件；④将所得的小参数各次幂对应的解再代回到先前所设的幂级数展开式中，就可以得到渐近近似解。

A.1　正则摄动问题的求解方法

对于正则摄动问题，其求解方法就是上述的正则摄动方法。下面的例子可以说明正规摄动方法的具体实施步骤。与此同时，通过下面的例子，也可以体验一下采用摄动方法进行微分方程求解的过程。

例 1　求下列微分方程的解：

$$\begin{cases} y'+y=\varepsilon y^2 \\ y(0)=1 \end{cases} \tag{A.1.1}$$

该方程是非线性方程，但非线性项是由小参数 ε 联系的，因此该问题属于一个弱非线性的问题。

对于一般的非线性微分方程，是很难找到解析解的。为此，可将解设定为小参数 ε 的幂级数展开形式。其解的形式为

$$y(x,\varepsilon)=y_0(x)+\varepsilon y_1(x)+\varepsilon^2 y_2(x)+\cdots+\varepsilon^n y_n(x)+\cdots \tag{A.1.2}$$

将其代入微分方程得

$$\begin{aligned} &y_0'(x)+\varepsilon y'_1(x)+\varepsilon^2 y'_2(x)+\cdots+\varepsilon^n y'_n(x)+y_0(x)+\varepsilon y_1(x)+\varepsilon^2 y_2(x)+\cdots+\varepsilon^n y_n(x)+\cdots \\ &\quad=\varepsilon[y_0^2+2\varepsilon y_0 y_1+\varepsilon^2(2y_0y_2+y_1^2)+\cdots+\varepsilon^{2n}(2y_0y_{2n}+2y_1y_{2n-1}+\cdots+y_n^2)+\cdots] \end{aligned} \tag{A.1.3}$$

整理得

$$(y_0' + y_0) + \varepsilon(y'_1 + y_1 - y_0^2) + \varepsilon^2(y'_2 + y_2 - 2y_0y_1) + \cdots + \varepsilon^{2n+1}[y'_{2n+1} + y_{2n+1} - (2y_0y_{2n} + 2y_1y_{2n-1} + \cdots + y_n^2)] = 0 \tag{A.1.4}$$

边界条件化为

$$y_0(0) + \varepsilon y_1(0) + \varepsilon^2 y_2(0) + \cdots + \varepsilon^n y_n(0) + \cdots = 1 \tag{A.1.5}$$

要使上述微分方程和边界条件成立，需使 ε 的各次幂的系数都为 0，从而可得 ε 各次幂对应的各阶方程及其边界条件分别为

$$\varepsilon^0:\begin{cases} y_0' + y_0 = 0 \\ y_0(0) = 1 \end{cases} \tag{A.1.6}$$

$$\varepsilon^1:\begin{cases} y'_1 + y_1 - y_0^2 = 0 \\ y_1(0) = 0 \end{cases} \tag{A.1.7}$$

$$\varepsilon^2:\begin{cases} y'_2 + y_2 - 2y_0y_1 = 0 \\ y_2(0) = 0 \end{cases} \tag{A.1.8}$$

……

$$\varepsilon^{2n+1}:\begin{cases} y'_{2n+1} + y_{2n+1} - (2y_0y_{2n} + 2y_1y_{2n-1} + \cdots + y_n^2) = 0 \\ y_{2n+1}(0) = 0 \end{cases} \tag{A.1.9}$$

……

0 阶方程的解为

$$y_0(x) = \mathrm{e}^{-x} \tag{A.1.10}$$

将其代入 1 阶方程，得

$$\varepsilon^1:\begin{cases} y_1' + y_1 = \mathrm{e}^{-2x} \\ y_1(0) = 0 \end{cases} \tag{A.1.11}$$

其解为

$$y_1(x) = \mathrm{e}^{-x}(1 - \mathrm{e}^{-x}) \tag{A.1.12}$$

再将 0 阶解和 1 阶解代入 2 阶方程，得

$$\varepsilon^2:\begin{cases} y_2' + y_2 = 2\mathrm{e}^{-2x}(1 - \mathrm{e}^{-x}) \\ y_2(0) = 0 \end{cases} \tag{A.1.13}$$

其解为

$$y_2(x) = \mathrm{e}^{-x}(1 - \mathrm{e}^{-x})^2 \tag{A.1.14}$$

对于 k 阶方程，可归纳出解为

$$y_k(x) = \mathrm{e}^{-x}(1 - \mathrm{e}^{-x})^k \tag{A.1.15}$$

将这些解都代入总近似解表达式

$$y(x,\varepsilon) = y_0(x) + \varepsilon y_1(x) + \varepsilon^2 y_2(x) + \cdots + \varepsilon^n y_n(x) + \cdots \tag{A.1.16}$$

可得原方程的近似解为

$$y(x,\varepsilon) = \mathrm{e}^{-x}[1 + \varepsilon(1 - \mathrm{e}^{-x}) + \varepsilon^2(1 - \mathrm{e}^{-x})^2 + \cdots + \varepsilon^n(1 - \mathrm{e}^{-x})^n + \cdots] \tag{A.1.17}$$

实际上，若 $\varepsilon(1 - \mathrm{e}^{-x}) \leqslant 1$，则有

$$y(x,\varepsilon)=\frac{e^{-x}}{1-\varepsilon(1-e^{-x})} \tag{A.1.18}$$

从方程解的构成可以看出，当小参数 ε 等于 0 时，方程退化为

$$\begin{cases} y'+y=0 \\ y(0)=1 \end{cases} \tag{A.1.19}$$

其解退化为

$$y(x)=e^{-x} \tag{A.1.20}$$

由小参数 ε 的幂级数展开得到的渐近近似解，当 $\varepsilon\to 0$ 时是一致有效的。因此，该摄动问题是一个正则摄动问题。

A.2　奇异摄动问题的求解方法

1. 正则摄动方法的失效

对于奇异摄动问题，可以看一下下面的非线性振动方程的例子。

例 2　求解杜芬方程（Duffing）的初值问题，其方程和初始条件为

$$\ddot{x}+x+\varepsilon x^3=0 \tag{A.2.1}$$

$$x(0)=1,\dot{x}(0)=0 \tag{A.2.2}$$

它也属于一个弱非线性的问题。

先按正则摄动方法，设它的解可以展开成 ε 的幂级数，即

$$x=\sum_{n=0}^{\infty}\varepsilon^n x_n(t) \tag{A.2.3}$$

将其代入微分方程和初始条件，再令 ε 各次幂的系数为 0，可得关于 $x_n(t)$ 的递推方程和对应的初始条件分别为

ε^0：

$$\ddot{x}_0+x_0=0 \tag{A.2.4}$$

$$x_0(0)=1,\dot{x}_0(0)=0 \tag{A.2.5}$$

ε^n：

$$\ddot{x}_n+x_n=-x_{n-1}^3 \tag{A.2.6}$$

$$x_n(0)=0,\dot{x}_n(0)=0 \tag{A.2.7}$$

$$n=1,\ 2,\ \cdots$$

0 次幂对应的解为

$$x_0(t)=\cos t \tag{A.2.8}$$

这是 $\varepsilon=0$ 时退化方程的解。把它代入 1 次幂（$n=1$）的方程和初始条件，得其解为

$$x_1(t)=-\frac{3}{8}t\sin t+\frac{1}{32}(\cos 3t-\cos t) \tag{A.2.9}$$

则得解的 1 阶近似为

$$x=\cos t+\varepsilon\left[-\frac{3}{8}t\sin t+\frac{1}{32}(\cos 3t-\cos t)\right]+O(\varepsilon^2) \tag{A.2.10}$$

上式中出现了长期项（$t\sin t$），当 $\varepsilon \to 0$ 时，$\varepsilon t\sin t$ 在 $0 \leqslant t < \infty$ 时不一致收敛于 0，因此该解不是一致有效的渐近近似解。这时出现了奇异的问题，无法用正则摄动方法求解。

上述例子中的小参数是体现在方程的非线性项上的。在实际问题中，小参数会体现在各种因素上。下面再看另外一个例子。该例子中的小参数体现在高阶导数上。

例 3 求下列一阶微分边值问题的解：

$$\varepsilon \frac{dy}{dx} + xy = 1 \tag{A.2.11}$$

$$y(0) = 1 \tag{A.2.12}$$

尽管这个微分方程有精确解：

$$y = \left[1 + \frac{1}{\varepsilon}\int_0^x e^{\frac{x^2}{2\varepsilon}} dx\right] e^{-\frac{x^2}{2\varepsilon}} \tag{A.2.13}$$

但仍可按正则摄动方法进行近似解求解。

设其解为小参数的幂级数展开式为

$$y(x,\varepsilon) = y_0(x) + \varepsilon y_1(x) + \varepsilon^2 y_2(x) + \cdots + \varepsilon^n y_n(x) + \cdots \tag{A.2.14}$$

将其代入微分方程和边界条件，再令 ε 各次幂的系数为 0，可得如下一系列方程：

$$\varepsilon^0 : xy_0 = 1 \tag{A.2.15}$$

$$\varepsilon^1 : \frac{dy_0}{dx} + xy_1 = 0 \tag{A.2.16}$$

$$\varepsilon^2 : \frac{dy_1}{dx} + xy_2 = 0 \tag{A.2.17}$$

$$\varepsilon^3 : \frac{dy_2}{dx} + xy_3 = 0 \tag{A.2.18}$$

对应的解为

$$y_0 = \frac{1}{x} \tag{A.2.19}$$

$$y_1 = \frac{1}{x^3} \tag{A.2.20}$$

$$y_2 = \frac{3}{x^5} \tag{A.2.21}$$

$$y_3 = \frac{3.5}{x^7} \tag{A.2.22}$$

将它们代入解的幂级数展开式，得

$$y(x,\varepsilon) = \frac{1}{x} + \varepsilon \frac{1}{x^3} + \varepsilon^2 \frac{3}{x^5} + \varepsilon^3 \frac{3.5}{x^7} + \cdots \tag{A.2.23}$$

从上述正则摄动求解过程可以看出，当 $\varepsilon = 0$ 时，一方面，方程出现了奇异的问题，原来的一阶微分方程变成了零阶方程，另一方面，解也出现了奇异的问题，导致边界条件无法满足。这个例子说明，奇异摄动问题用正则摄动方法是无法得到真实解的。

2. 奇异摄动方法

为了求解例 2 中的（非线性）杜芬方程的初值问题，把自变量坐标 t 做微小变形，变换

成另一个坐标 τ，其变换关系为

$$t=(1+a_1\varepsilon^1+a_2\varepsilon^2+\cdots)\tau \tag{A.2.24}$$

其中，$a_i(i=1, 2, \cdots)$ 是待定系数。由于

$$\frac{\mathrm{d}x}{\mathrm{d}t}=(1-a_1\varepsilon+\cdots)\frac{\mathrm{d}x}{\mathrm{d}\tau} \tag{A.2.25}$$

$$\frac{\mathrm{d}^2x}{\mathrm{d}t^2}=(1-2a_1\varepsilon+\cdots)\frac{\mathrm{d}^2x}{\mathrm{d}\tau^2} \tag{A.2.26}$$

所以将其代入微分方程和初始条件，再令 ε 各次幂的系数为 0，可得关于 $x_n(\tau)$ 的递推方程和对应的初始条件。

0 次幂的方程和初始条件为

$$\frac{\mathrm{d}^2x_0}{\mathrm{d}\tau^2}+x_0=0 \tag{A.2.27}$$

$$x_0(0)=1, \frac{\mathrm{d}x_0(0)}{\mathrm{d}\tau}=0 \tag{A.2.28}$$

1 次幂的方程和初始条件为

$$\frac{\mathrm{d}^2x_1}{\mathrm{d}\tau^2}+x_1=-x_0^3-2a_1x_0 \tag{A.2.29}$$

$$x_1(0)=0, \frac{\mathrm{d}x_1(0)}{\mathrm{d}\tau}=0 \tag{A.2.30}$$

0 次幂对应方程的解为

$$x_0(\tau)=\cos\tau \tag{A.2.31}$$

把它代入 1 次幂对应的方程和初始条件，得

$$\frac{\mathrm{d}^2x_1}{\mathrm{d}\tau^2}+x_1=-\left(2a_1+\frac{3}{4}\right)\cos\tau-\frac{1}{4}\cos 3\tau \tag{A.2.32}$$

$$x_1(0)=0, \frac{\mathrm{d}x_1(0)}{\mathrm{d}\tau}=0 \tag{A.2.33}$$

为了不使方程出现长期项，$\cos\tau$ 项的系数应该为 0，即

$$2a_1+\frac{3}{4}=0 \tag{A.2.34}$$

解得

$$a_1=-\frac{3}{8} \tag{A.2.35}$$

1 次幂对应的方程的解为

$$x_1(\tau)=\frac{1}{32}(\cos 3\tau-\cos\tau) \tag{A.2.36}$$

从而得解的 1 阶近似为

$$x=\cos\tau+\varepsilon\frac{1}{32}(\cos 3\tau-\cos\tau)+O(\varepsilon) \tag{A.2.37}$$

$$t=\left(1-\frac{3}{8}\varepsilon\right)\tau+O(\varepsilon) \tag{A.2.38}$$

亦即

$$x=\cos\left(1+\frac{3}{8}\varepsilon\right)t+\varepsilon\frac{1}{32}\left[\cos 3\left(1+\frac{3}{8}\varepsilon\right)t-\cos\left(1+\frac{3}{8}\varepsilon\right)t\right]+O(\varepsilon) \tag{A.2.39}$$

这个解中没有长期项。该渐近解当 $\varepsilon\to 0$ 时是一致有效并收敛的。

上述这种奇异摄动方法用的是变形坐标法。由于这种方法是 Lindstedt（1882 年）和 Poincare（1886 年）先后使用和完善的，所以也称作 Lindstedt－Poincare 方法，或简称 LP 方法。它是奇异摄动理论中众多方法的一种。除此之外，解决奇异摄动问题还有很多其他方法，如 PLK 方法、渐近展开匹配方法、多重尺度方法、WKB 方法等。

A.3 多重尺度方法

多重尺度方法是 20 世纪 50 年代末期到 60 年代初期发展起来的一种方法，是奇异摄动理论中应用最广泛的一种方法。多重尺度方法的思想是把摄动问题中的时间（或空间）自变量分成若干尺度，并把其视作独立的变量，进而将函数对时间（或空间）自变量的导数写为对各种自变量尺度的多元复合函数的导数。在摄动展开过程中，以消去长期项为条件来确定各阶的解。

在以时间为自变量的问题中，取 $M+1$ 个不同的尺度，有

$$T_m=\varepsilon^m t\quad(m=0,1,\cdots,M) \tag{A.3.1}$$

再把要求的函数 $y(t)$（因变量）视作这 $M+1$ 个不同时间尺度的多自变量函数 $y(T_0,T_1,\cdots,T_M,\varepsilon)$。将其对 ε 展开为

$$y(t)=y(T_0,T_1,\cdots,T_M,\varepsilon)=\sum_{m=0}^{M}\varepsilon^m y_m(T_0,T_1,\cdots,T_M)+O(\varepsilon^M) \tag{A.3.2}$$

对于一个多元函数，其导数可写为

$$\frac{\mathrm{d}}{\mathrm{d}t}=\frac{\partial}{\partial T_0}+\varepsilon\frac{\partial}{\partial T_1}+\varepsilon^2\frac{\partial}{\partial T_2}+\cdots \tag{A.3.3}$$

这样一来，一个常微分方程转化为偏微分方程。这似乎把问题复杂化了，看上去问题更难求解了，但从实际的具体问题看并非如此。一来，它可以将原来的非线性问题转化为线性问题；二来，它可以通过消去长期项的手段简化问题的求解。下面看几个例子。

例 4 求解微分方程：

$$\begin{cases}\ddot{x}+2\varepsilon\dot{x}+(1+\varepsilon^2)x=0\\ x(0)=0,\dot{x}(0)=1\end{cases} \tag{A.3.4}$$

该方程的精确解为

$$x=\mathrm{e}^{-\varepsilon t}\sin t \tag{A.3.5}$$

将它在 $\varepsilon=0$ 处对 ε 展开，得

$$x=\sin t-\varepsilon t\sin t+\cdots \tag{A.3.6}$$

可以看出，ε 的一次项就出现了长期项，当 $\varepsilon t<1$ 时，即对于 $0<T<\dfrac{1}{\varepsilon}$ 的情况，方程的解在（0，T）内是一致有效的，但当 $T\geqslant\dfrac{1}{\varepsilon}$ 时，方程的解就不能一致有效。

现在，采用多重尺度方法，取 $M=1$，实际上相当于采用两重尺度的方法。

取 $T_0=t$，$T_1=\varepsilon t$。前一个尺度相当于 1，后一个尺度为 $\dfrac{1}{\varepsilon}$。对于小量 ε 来说，后一个尺度为大尺度，属于慢变量，相对来说，前一个尺度就是小尺度，属于快变量。大尺度可在 $T\geqslant\dfrac{1}{\varepsilon}$ 范围内使用。

设

$$x(t)=u(T_0,T_1,\varepsilon)=u_0(T_0,T_1)+\varepsilon u_1(T_0,T_1)+\cdots \tag{A.3.7}$$

利用

$$\frac{\mathrm{d}}{\mathrm{d}t}=\frac{\partial}{\partial T_0}+\varepsilon\frac{\partial}{\partial T_1}+\cdots \tag{A.3.8}$$

及

$$\frac{\mathrm{d}^2}{\mathrm{d}t^2}=\frac{\partial^2}{\partial T_0^2}+2\varepsilon\frac{\partial^2}{\partial T_0\partial T_1}+\varepsilon^2\frac{\partial^2}{\partial T_1^2}+\cdots \tag{A.3.9}$$

并将其代入原始方程和初始条件，得

$$\begin{cases}\left[\left(\dfrac{\partial^2}{\partial T_0^2}+2\varepsilon\dfrac{\partial^2}{\partial T_0\partial T_1}+\varepsilon^2\dfrac{\partial^2}{\partial T_1^2}\right)+2\varepsilon\left(\dfrac{\partial}{\partial T_0}+\varepsilon\dfrac{\partial}{\partial T_1}\right)+(1+\varepsilon^2)\right][u_0(T_0,T_1)\\ \quad+\varepsilon u_1(T_0,T_1)]=0\\ u_0(0,0)+\varepsilon u_1(0,0)+\cdots=0,\left(\dfrac{\partial}{\partial T_0}+\varepsilon\dfrac{\partial}{\partial T_1}+\cdots\right)[u_0(0,0)+\varepsilon u_1(0,0)+\cdots]=1\end{cases} \tag{A.3.10}$$

比较 ε 的各次幂，得

ε^0：

$$\begin{cases}\left(\dfrac{\partial^2}{\partial T_0^2}+1\right)u_0(T_0,T_1)=0\\ u_0(0,0)=0,\dfrac{\partial}{\partial T_0}u_0(0,0)=1\end{cases} \tag{A.3.11}$$

ε^1：

$$\begin{cases}\dfrac{\partial^2}{\partial T_0^2}u_1(T_0,T_1)+u_1(T_0,T_1)=-2\dfrac{\partial^2}{\partial T_0\partial T_1}u_0(T_0,T_1)-2\dfrac{\partial}{\partial T_0}u_0(T_0,T_1)\\ u_1(0,0)=0,\dfrac{\partial}{\partial T_0}u_1(0,0)=-\dfrac{\partial}{\partial T_1}u_0(0,0)\end{cases} \tag{A.3.12}$$

u_0 的通解为

$$u_0=A(T_1)\cos T_0+B(T_1)\sin T_0 \tag{A.3.13}$$

利用初始条件，得

$$A(0)=0, B(0)=1 \tag{A.3.14}$$

从而有

$$u_0=\sin T_0 \tag{A.3.15}$$

将 u_0 的通解代入对应 ε^1 的方程和初始条件，得

$$\begin{cases}\dfrac{\partial^2}{\partial T_0^2}u_1(T_0,T_1)+u_1(T_0,T_1)=-2\left(\dfrac{\partial^2}{\partial T_0\partial T_1}+\dfrac{\partial}{\partial T_0}\right)[A(T_1)\cos T_0+B(T_1)\sin T_0] \\ u_1(0,0)=0,\dfrac{\partial}{\partial T_0}u_1(0,0)=-\dfrac{\partial}{\partial T_1}[A(T_1)\cos T_0+B(T_1)\sin T_0]\end{cases} \tag{A.3.16}$$

即

$$\begin{cases}\dfrac{\partial^2}{\partial T_0^2}u_1(T_0,T_1)+u_1(T_0,T_1)=2[A(T_1)+\dot{A}(T_1)]\sin T_0-2[B(T_1)+\dot{B}(T_1)]\cos T_0 \\ u_1(0,0)=0,\dfrac{\partial}{\partial T_0}u_1(0,0)=-\dfrac{\partial}{\partial T_1}[A(T_1)\cos T_0+B(T_1)\sin T_0]\end{cases} \tag{A.3.17}$$

可以看出，由于方程右端的非奇次项中存在与方程通解相同的项 $\cos T_0$ 和 $\sin T_0$，该方程的解会出现长期项，长期项的存在会使解不一致有效。为了消除这种长期项，应使 $\cos T_0$ 和 $\sin T_0$ 的系数为零，即

$$A(T_1)+\dot{A}(T_1)=0 \tag{A.3.18}$$

和

$$B(T_1)+\dot{B}(T_1)=0 \tag{A.3.19}$$

利用条件 $A(0)=0$，$B(0)=1$，可解得

$$A(T_1)=0,\ B(T_1)=e^{-T_1} \tag{A.3.20}$$

从而得

$$u_0=e^{-T_1}\sin T_0 \tag{A.3.21}$$

对应 ε^1 的方程和初始条件化为

$$\begin{cases}\dfrac{\partial^2}{\partial T_0^2}u_1(T_0,T_1)+u_1(T_0,T_1)=0 \\ u_1(0,0)=0,\dfrac{\partial}{\partial T_0}u_1(0,0)=0\end{cases} \tag{A.3.22}$$

u_1 的通解为

$$u_1=C(T_0)\cos T_1+D(T_0)\sin T_1 \tag{A.3.23}$$

代入初始条件，得

$$u_1=0 \tag{A.3.24}$$

进而得解的近似为

$$x(t)=u(T_0,T_1,\varepsilon)=u_0(T_0,T_1)+\varepsilon u_1(T_0,T_1)+\cdots\approx e^{-T_1}\sin T_0=e^{-\varepsilon t}\sin t \tag{A.3.25}$$

可以看出，零阶近似实质上已经给出了精确解。

例 5 求解微分方程：

$$\begin{cases}\ddot{x}+2\varepsilon\dot{x}+x=0\\x(0)=0,\dot{x}(0)=1\end{cases}\tag{A.3.26}$$

该方程的精确解为

$$x=\frac{\mathrm{e}^{-\varepsilon t}}{\sqrt{1-\varepsilon^2}}\sin\sqrt{1-\varepsilon^2}t=\frac{\mathrm{e}^{-\varepsilon t}}{\sqrt{1-\varepsilon^2}}\sin\left(t-\frac{1}{2}\varepsilon^2t-\frac{1}{8}\varepsilon^4t+\cdots\right)\tag{A.3.27}$$

从尺度上看，该解不仅涉及 t 和 εt，还涉及 ε^2t 和 ε^4t 等。为此，可引入以下 3 个尺度：$T_0=t$，$T_1=\varepsilon t$，$T_2=\varepsilon^2t$。

将 $x(t)$ 展开成

$$x(t)=u(T_0,T_1,T_2,\varepsilon)=u_0(T_0,T_1,T_2)+\varepsilon u_1(T_0,T_1,T_2)+\varepsilon^2u_2(T_0,T_1,T_2)+O(\varepsilon^2)\tag{A.3.28}$$

利用

$$\frac{\mathrm{d}}{\mathrm{d}t}=\frac{\partial}{\partial T_0}+\varepsilon\frac{\partial}{\partial T_1}+\varepsilon^2\frac{\partial}{\partial T_2}+O(\varepsilon^2)\tag{A.3.29}$$

及

$$\frac{\mathrm{d}^2}{\mathrm{d}t^2}=\frac{\partial^2}{\partial T_0^2}+2\varepsilon\frac{\partial^2}{\partial T_0\partial T_1}+\varepsilon^2\left(2\frac{\partial^2}{\partial T_0\partial T_2}+\frac{\partial^2}{\partial T_1^2}\right)+O(\varepsilon^2)\tag{A.3.30}$$

为了便于书写，可记微分算子 $D_n=\dfrac{\partial}{\partial T_n}$（$n=0$，1，2，…），则上式可化为

$$\frac{\mathrm{d}}{\mathrm{d}t}=D_0+\varepsilon D_1+\varepsilon^2D_2+O(\varepsilon^2)\tag{A.3.31}$$

及

$$\frac{\mathrm{d}^2}{\mathrm{d}t^2}=D_0^2+2\varepsilon D_0D_1+\varepsilon^2(2D_0D_2+D_1^2)+O(\varepsilon^2)\tag{A.3.32}$$

将其代入微分方程，得

$$\begin{cases}\{[D_0^2+2\varepsilon D_0D_1+\varepsilon^2(2D_0D_2+D_1^2)+O(\varepsilon^2)]+2\varepsilon[D_0+\varepsilon D_1+\varepsilon^2D_2+O(\varepsilon^2)]\\\quad+1\}[u_0(T_0,T_1,T_2)+\varepsilon u_1(T_0,T_1,T_2)+\varepsilon^2u_2(T_0,T_1,T_2)+O(\varepsilon^2)]=0\\u_0(0,0,0)+\varepsilon u_1(0,0,0)+\varepsilon^2u_2(0,0,0)+O(\varepsilon^2)=0\\{[D_0+\varepsilon D_1+\varepsilon^2D_2+O(\varepsilon^2)][u_0(0,0,0)+\varepsilon u_1(0,0,0)+\varepsilon^2u_2(0,0,0)+O(\varepsilon^2)]=1}\end{cases}\tag{A.3.33}$$

比较 ε 的各次幂，得

ε^0：

$$\begin{cases}(D_0^2+1)u_0(T_0,T_1,T_2)=0\\u_0(0,0,0)=0,D_0u_0(0,0,0)=1\end{cases}\tag{A.3.34}$$

ε^1：

$$\begin{cases}(D_0^2+1)u_1(T_0,T_1,T_2)=-2(D_0D_1+D_0)u_0(T_0,T_1,T_2)\\u_1(0,0,0)=0,D_0u_1(0,0,0)=-D_1u_0(0,0,0)\end{cases}\tag{A.3.35}$$

ε^2：

$$\begin{cases}(D_0^2+1)u_2(T_0,T_1,T_2)=-2(D_0D_1+D_0)u_1(T_0,T_1,T_2)-(2D_0D_2\\ +D_1^2+2D_1)u_0(T_0,T_1,T_2)\\ u_2(0,0,0)=0,D_0u_2(0,0,0)=-D_1u_1(0,0,0)-D_2u_0(0,0,0)\end{cases} \tag{A.3.36}$$

u_0 的通解为

$$u_0=A_0(T_1,T_2)\cos T_0+B_0(T_1,T_2)\sin T_0 \tag{A.3.37}$$

利用初始条件，得

$$A_0(0,0)=0,\ B_0(0,0)=1 \tag{A.3.38}$$

将 u_0 的通解代入对应 ε^1 的方程和初始条件，得

$$\begin{cases}(D_0^2+1)u_1(T_0,T_1,T_2)=2(D_1+1)[A_0(T_1,T_2)\sin T_0-B_0(T_1,T_2)\cos T_0]\\ u_1(0,0,0)=0,D_0u_1(0,0,0)=-\dfrac{\partial}{\partial T_1}A_0(T_1,T_2)\end{cases} \tag{A.3.39}$$

为了使 u_1 的解不出现长期项，应使 $\cos T_0$ 和 $\sin T_0$ 的系数为零，即

$$(D_1+1)A_0(T_1,T_2)=0 \tag{A.3.40}$$

及

$$(D_1+1)B_0(T_1,T_2)=0 \tag{A.3.41}$$

解得

$$A_0(T_1,T_2)=a_0(T_2)\mathrm{e}^{-T_1}a_0(0)=0 \tag{A.3.42}$$

$$B_0(T_1,T_2)=b_0(T_2)\mathrm{e}^{-T_1}b_0(0)=1 \tag{A.3.43}$$

从而得

$$u_0=\mathrm{e}^{-T_1}[a_0(T_2)\cos T_0+b_0(T_2)\sin T_0] \tag{A.3.44}$$

由于消去了长期项，u_1 的通解的形式与 u_0 的通解的形式相同，即

$$u_1=A_1(T_1,T_2)\cos T_0+B_1(T_1,T_2)\sin T_0 \tag{A.3.45}$$

将 u_0 的解和 u_1 的通解代入对应 ε^2 的方程和初始条件，得

$$\begin{cases}(D_0^2+1)u_2(T_0,T_1,T_2)=[2(D_1+1)A_1(T_1,T_2)+2D_2a_0(T_2)\mathrm{e}^{-T_1}+b_0(T_2)\mathrm{e}^{-T_1}]\sin T_0\\ -[2(D_1+1)B_1(T_1,T_2)+2D_2b_0(T_2)\mathrm{e}^{-T_1}-a_0(T_2)\mathrm{e}^{-T_1}]\cos T_0\\ u_2(0,0,0)=0,D_0u_2(0,0,0)=-D_1u_1(0,0,0)-D_2u_0(0,0,0)\end{cases} \tag{A.3.46}$$

为了使 u_2 的解不出现长期项，应使 $\cos T_0$ 和 $\sin T_0$ 的系数为零，即

$$(D_1+1)A_1(T_1,T_2)=-\left[D_2a_0(T_2)+\frac{1}{2}b_0(T_2)\right]\mathrm{e}^{-T_1} \tag{A.3.47}$$

$$(D_1+1)B_1(T_1,T_2)=-\left[D_2b_0(T_2)-\frac{1}{2}a_0(T_2)\right]\mathrm{e}^{-T_1} \tag{A.3.48}$$

为了使 A_1 和 B_1 的解不出现长期项，e^{-T_1}的系数应为零，即

$$D_2a_0(T_2)+\frac{1}{2}b_0(T_2)=0 \tag{A.3.49}$$

$$D_2 b_0(T_2) - \frac{1}{2} a_0(T_2) = 0 \tag{A.3.50}$$

并满足条件 $a_0(0)=0$ 及 $b_0(0)=1$。

解得

$$a_0(T_2) = -\sin \frac{1}{2} T_2 \tag{A.3.51}$$

$$b_0(T_2) = \cos \frac{1}{2} T_2 \tag{A.3.52}$$

进而可求得

$$A_1(T_1, T_2) = a_1(T_2) e^{-T_1} a_1(0) = 0 \tag{A.3.53}$$

及

$$B_1(T_1, T_2) = b_1(T_2) e^{-T_1} b_1(0) = 0 \tag{A.3.54}$$

$a_1(T_2)$和 $b_1(T_2)$有待通过 u_3 的解不出现长期项的条件来确定。

此时，可得到解的零阶近似为

$$\begin{aligned} x(t) &= u(T_0, T_1, T_2, \varepsilon) = u_0(T_0, T_1, T_2) + O(\varepsilon^0) \\ &= e^{-T_1}\left(-\sin \frac{1}{2} T_2 \cos T_0 + \cos \frac{1}{2} T_2 \sin T_0 \right) + O(\varepsilon^0) \end{aligned} \tag{A.3.55}$$

即

$$x(t) = e^{-\varepsilon t}\left(-\sin \frac{1}{2}\varepsilon^2 t \cos t + \cos \frac{1}{2}\varepsilon^2 t \sin t \right) + O(\varepsilon^0) = e^{-\varepsilon t} \sin\left(1 - \frac{1}{2}\varepsilon^2\right) t + O(\varepsilon^0) \tag{A.3.56}$$

例 6 求解杜芬非线性微分方程：

$$\begin{cases} \ddot{x} + x + \varepsilon x^3 = 0 \\ x(0) = a_0, \dot{x}(0) = 0 \end{cases} \tag{A.3.57}$$

引入 3 个时间尺度：$T_0 = t$，$T_1 = \varepsilon t$，$T_2 = \varepsilon^2 t$。

将未知函数展开成

$$x(t) = u(T_0, T_1, T_2, \varepsilon) = u_0(T_0, T_1, T_2) + \varepsilon u_1(T_0, T_1, T_2) + \varepsilon^2 u_2(T_0, T_1, T_2) + O(\varepsilon^2) \tag{A.3.58}$$

利用

$$\frac{d^2}{dt^2} = \frac{\partial^2}{\partial T_0^2} + 2\varepsilon \frac{\partial^2}{\partial T_0 \partial T_1} + \varepsilon^2 \left(2 \frac{\partial^2}{\partial T_0 \partial T_2} + \frac{\partial^2}{\partial T_1^2} \right) + O(\varepsilon^2) \tag{A.3.59}$$

即

$$\frac{d^2}{dt^2} = D_0^2 + 2\varepsilon D_0 D_1 + \varepsilon^2 (2 D_0 D_2 + D_1^2) + O(\varepsilon^2) \tag{A.3.60}$$

得关于 ε 各次幂的递推方程为

ε^0：

$$\begin{cases} (D_0^2 + 1) u_0(T_0, T_1, T_2) = 0 \\ u_0(0,0,0) = a_0, D_0 u_0(0,0,0) = 0 \end{cases} \tag{A.3.61}$$

ε^1:

$$\begin{cases}(D_0^2+1)u_1(T_0,T_1,T_2) = -2D_0D_1u_0(T_0,T_1,T_2) - u_0^3(T_0,T_1,T_2) \\ u_1(0,0,0)=0, D_0u_1(0,0,0) = -D_1u_0(0,0,0)\end{cases} \tag{A.3.62}$$

ε^2:

$$\begin{cases}(D_0^2+1)u_2(T_0,T_1,T_2) = -(2D_0D_2+D_1^2)u_0(T_0,T_1,T_2) \\ -2D_0D_1u_1(T_0,T_1,T_2) - 3u_0^2(T_0,T_1,T_2)u_1(T_0,T_1,T_2) \\ u_2(0,0,0)=0, D_0u_2(0,0,0) = -D_1u_1(0,0,0) - D_2u_0(0,0,0)\end{cases} \tag{A.3.63}$$

u_0 的解为

$$u_0 = A(T_1,T_2)\mathrm{e}^{\mathrm{i}T_0} + \bar{A}(T_1,T_2)\mathrm{e}^{-\mathrm{i}T_0} \tag{A.3.64}$$

利用初始条件，得

$$A(0,0) = \bar{A}(0,0) = \frac{1}{2}a_0 \tag{A.3.65}$$

将 u_0 的解代入对应 ε^1 的方程，得

$$\begin{cases}(D_0^2+1)u_1(T_0,T_1,T_2) = \{-[2iD_1A+3A^2\bar{A}]\mathrm{e}^{iT_0} - A^3\mathrm{e}^{3iT_0}\} + c.c. \\ u_1(0,0,0)=0, D_0u_1(0,0,0) = -D_1[A(0,0)+\bar{A}(0,0)]\end{cases} \tag{A.3.66}$$

其中 $c.c.$ 为前一项的复共轭。

为了消去长期项，须有

$$2iD_1A + 3A^2\bar{A} = 0 \tag{A.3.67}$$

设

$$A = \frac{1}{2}a(T_1,T_2)\mathrm{e}^{\mathrm{i}\phi(T_1,T_2)} \text{ 及 } \bar{A} = \frac{1}{2}a(T_1,T_2)\mathrm{e}^{-\mathrm{i}\phi(T_1,T_2)} \tag{A.3.68}$$

其中 $a(T_1,T_2)$ 和 $\phi(T_1,T_2)$ 为待定的实函数，则上述方程和初始条件转化为

$$D_1a(T_1,T_2) = 0 \tag{A.3.69}$$

$$D_1\phi(T_1,T_2) = \frac{3}{8}a^2(T_1,T_2) \tag{A.3.70}$$

$$a(0,0) = a_0 \tag{A.3.71}$$

$$\phi(0,0) = 0 \tag{A.3.72}$$

解得

$$a(T_1,T_2) = a(T_2),\ a(0) = a_0 \tag{A.3.73}$$

$$\phi(T_1,T_2) = \frac{3}{8}a^2(T_2)T_1 + \varphi_0(T_2),\ \varphi_0(0) = 0 \tag{A.3.74}$$

消去长期项后的 u_1 的解为

$$u_1 = \left[B(T_1,T_2)\mathrm{e}^{\mathrm{i}T_0} + \frac{A^3}{8}\mathrm{e}^{3\mathrm{i}T_0}\right] + c.c. \tag{A.3.75}$$

从 u_1 的初始条件得到

$$B(0,0) = \bar{B}(0,0) = -\frac{1}{8}A^2(0,0)\bar{A}(0,0) = -\frac{1}{64}a_0^3 \tag{A.3.76}$$

将 u_0 和 u_1 的解代入对应 ε^2 的方程，得

$$\begin{cases}(D_0^2+1)u_2(T_0,T_1,T_2)=\left[-\left(2iD_1B+3A^2\bar{B}+6A\bar{A}B+2iD_2A-\dfrac{15}{8}A^3\bar{A}^2\right)e^{iT_0}\right.\\ \left.+\left(\dfrac{21}{8}A^4\bar{A}-3BA^2\right)e^{3iT_0}-\dfrac{3}{8}A^5e^{5iT_0}\right]+c.\,c.\\ u_2(0,0,0)=0,D_0u_2(0,0,0)=-D_1u_1(0,0,0)-D_2u_0(0,0,0)\end{cases} \tag{A.3.77}$$

为了消去长期项，须有

$$2iD_1B+3A^2\bar{B}+6A\bar{A}B+2iD_2A-\frac{15}{8}A^3\bar{A}^2=0 \tag{A.3.78}$$

为了消去上式中的 B，依据 B 的初始条件，可试取

$$B=-\frac{1}{8}A^2\bar{A} \tag{A.3.79}$$

则上述方程化为

$$2iD_2A-\frac{21}{8}A^3\bar{A}^2=0 \tag{A.3.80}$$

利用上述 A 和 $\bar{A}$ 的解的形式，得

$$D_2a(T_1,T_2)=0 \tag{A.3.81}$$

$$D_2\phi(T_1,T_2)=-\frac{21}{256}a^4 \tag{A.3.82}$$

从而利用 a 和 φ 的初始条件可解得

$$a(T_1,T_2)=a_0 \tag{A.3.83}$$

$$\phi(T_1,T_2)=\frac{3}{8}a_0^2T_1-\frac{21}{256}a^4T_2 \tag{A.3.84}$$

于是有

$$A=\frac{1}{2}a_0e^{i\left(\frac{3}{8}a_0^2T_1-\frac{21}{256}a_0^4T_2\right)} \tag{A.3.85}$$

这样，u_1 的解可写为

$$u_1=\left[-\frac{1}{8}A^2\bar{A}e^{iT_0}+\frac{A^3}{8}e^{3iT_0}\right]+c.\,c. \tag{A.3.86}$$

消去长期项后的 u_2 的解为

$$u_2=\left[C(T_1,T_2)e^{iT_0}-\frac{3}{8}A^4\bar{A}e^{3iT_0}+\frac{A^5}{64}e^{5iT_0}\right]+c.\,c. \tag{A.3.87}$$

从 u_2 的初始条件得到

$$C(0,0)=\bar{C}(0,0)=\frac{23}{64}A^3(0,0)\bar{A}^2(0,0) \tag{A.3.88}$$

依据该初始条件，可试取

$$C(T_1,T_2)=\frac{23}{64}A^3\bar{A}^2 \tag{A.3.89}$$

从而得

$$u_2=\left(\frac{23}{64}A^3\bar{A}^2e^{iT_0}-\frac{3}{8}A^4\bar{A}e^{3iT_0}+\frac{A^5}{64}e^{5iT_0}\right)+c.c. \tag{A.3.90}$$

最终可得

$$\begin{aligned}x(t)=&A(T_1,T_2)e^{iT_0}+\varepsilon\left(-\frac{1}{8}A^2\bar{A}e^{iT_0}+\frac{A^3}{8}e^{3iT_0}\right)\\&+\varepsilon^2\left(\frac{23}{64}A^3\bar{A}^2e^{iT_0}-\frac{3}{8}A^4\bar{A}e^{3iT_0}+\frac{A^5}{64}e^{5iT_0}\right)+c.c.+O(\varepsilon^2)\end{aligned} \tag{A.3.91}$$

将 $A=\frac{1}{2}a_0e^{i}\left(\frac{3}{8}a_0^2T_1-\frac{21}{256}a_0^4T_2\right)$及 $\bar{A}=\frac{1}{2}a_0e^{-i}\left(\frac{3}{8}a_0^2T_1-\frac{21}{256}a_0^4T_2\right)$代入，得

$$\begin{aligned}x(t)=&a_0\cos\omega t+\frac{1}{32}\varepsilon a_0^3(\cos 3\omega t-\cos\omega t)\\&+\frac{1}{1\,024}\varepsilon^2a_0^5(\cos 5\omega t-24\cos 3\omega t+23\cos\omega t)+O(\varepsilon^2)\end{aligned} \tag{A.3.92}$$

其中，

$$\omega=1+\frac{3}{8}a_0^2\varepsilon-\frac{21}{256}a_0^4\varepsilon^2+O(\varepsilon^2) \tag{A.3.93}$$

A.4 混凝土侵彻问题的摄动求解方法

根据连续介质力学理论，介质的质量守恒、动量守恒关系可写为

$$\frac{D\rho}{Dt}+\rho\,\mathrm{div}\,\boldsymbol{v}=0 \tag{A.4.1}$$

$$\rho\frac{D\boldsymbol{v}}{Dt}=-\mathrm{div}\,\boldsymbol{p} \tag{A.4.2}$$

其中，$\frac{D}{Dt}$是拉格朗日坐标系下的全微分符号，ρ 是材料密度，div( )代表散度，$\boldsymbol{v}$ 和 $\boldsymbol{p}$ 分别是一阶粒子速度张量和二阶压力张量，欧拉方程和拉格朗日方程的微分变换是$\frac{D}{Dt}=\frac{\partial}{\partial t}+v_i\frac{\partial}{\partial x_i}$。

冲击波阵面是一个间断面，波阵面两侧的 $\boldsymbol{p}$，ρ 和 $\boldsymbol{v}$ 都是不连续的。按照间断面的理论分析，可得到下面的质量守恒、动量守恒关系式：

$$\Delta\rho v=0 \tag{A.4.3}$$

$$\Delta\rho v\boldsymbol{v}-\boldsymbol{n}\cdot\Delta\boldsymbol{p}=0 \tag{A.4.4}$$

其中，Δ 代表冲击波阵面前面和后面的物理量（张量）之差，“·”代表两个矢量的点积，$v=c_n-v_n$，$\boldsymbol{n}$ 是冲击波阵面法线方向上的单位张量，c_n 是波速。

法向空穴膨胀理论认为，弹体在对混凝土介质侵彻的过程中，混凝土介质沿弹头外法线方向膨胀，粒子速度、波膨胀速度与弹头表面法线方向相同，压力各向相同，因此有

$$\begin{cases}\boldsymbol{v}=v_n\boldsymbol{n}\\\boldsymbol{c}=c_n\boldsymbol{n}\\\boldsymbol{p}=p_n\boldsymbol{I}_n\end{cases} \tag{A.4.5}$$

其中，$\boldsymbol{c}$ 是一阶波速张量，$\boldsymbol{I}_n$ 是二阶单位张量。

在这种情况下，速度矢量的散度和二阶压力张量的散度可以分别写为

$$\operatorname{div}\boldsymbol{v}=\nabla\cdot\boldsymbol{v}=\frac{\partial v_n}{\partial N} \tag{A.4.6}$$

$$\operatorname{div}\boldsymbol{p}=\frac{\partial p_n}{\partial N}\boldsymbol{n} \tag{A.4.7}$$

其中，N 是在方向 $\boldsymbol{n}$ 上的法向坐标。

对于冲击波阵面后面的介质，将其代入质量守恒和动量守恒方程，得

$$\frac{\partial\rho}{\partial t}+\frac{\partial}{\partial N}(\rho v_n)=0 \tag{A.4.8}$$

$$\rho\left(\frac{\partial v_n}{\partial t}+v_n\frac{\partial v_n}{\partial N}\right)=-\frac{\partial p_n}{\partial N} \tag{A.4.9}$$

在冲击波阵面上，有

$$(\rho_{sf}-\rho_0)c_n-\rho_{sf}v_n^l=0 \tag{A.4.10}$$

$$\rho_{sf}(c_n-v_n^l)v_n^l=p_n^l \tag{A.4.11}$$

其中，ρ_{sf}是冲击波阵面附近被压缩介质（即响应介质）的密度，ρ_0 是材料的初始密度，v_n^l 和 p_n^l 是冲击波阵面附近的响应介质的粒子速度和压力，即

$$c_n=\frac{\rho_{sf}}{\rho_{sf}-\rho_0}v_n^l \tag{A.4.12}$$

$$p_n^l=\rho_{sf}(c_n-v_n^l)v_n^l=\rho_0c_nv_n^l \tag{A.4.13}$$

基于改进的 Holmquist－Johnson 模型，密度是压力的线性函数，即$\rho=\rho_{\text{lock}}(1+\varepsilon\bar{p}_n)$，如图 A1 所示，其中$\bar{p}_n=(p_n-p_n^l)/p_n^l$，$\rho_{\text{lock}}$是混凝土材料的锁定密度，$\varepsilon$ 是数量很小的系数。

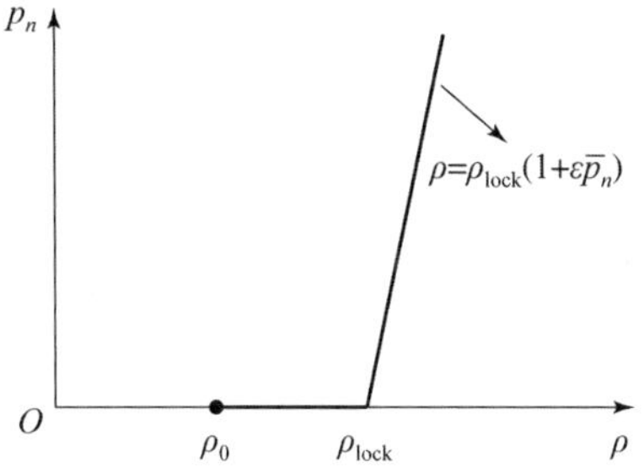

图 A1　改进的 Holmquist－Johnson 曲线

在冲击波阵面上，有 $\rho=\rho_{\text{lock}}$和$\bar{p}_n=0$，可得到在冲击波阵面的前面的解：

$$c_n=\frac{\rho_{\text{lock}}}{\rho_{\text{lock}}-\rho_0}v_n^l \tag{A.4.14}$$

$$p_n^l=\rho_{\text{lock}}(c_n-v_n^l)v_n^l=\rho_0c_nv_n^l \tag{A.4.15}$$

在冲击波阵面的后面，考虑到系数 ε 较小，利用摄动方法，物理量ρ，p_n，v_n 对 ε 的一阶近似展开式为

$$\rho = \rho_{\text{lock}} + \varepsilon\rho_{\text{lock}}\,\bar{p}_n^{(0)} \tag{A.4.16}$$

$$\bar{p}_n = \bar{p}_n^{(0)} + \varepsilon\,\bar{p}_n^{(1)} \tag{A.4.17}$$

（或者 $p_n = p_n^{(0)} + \varepsilon p_n^{(1)}$，其中 $p_n^{(0)} = (\bar{p}_n^{(0)} + 1)p_n^l$ 和 $p_n^{(1)} = \bar{p}_n^{(1)} p_n^l$）

$$v_n = v_n^{(0)} + \varepsilon v_n^{(1)} \tag{A.4.18}$$

其中，上标“0”和“1”分别表示展开式的对应 ε 的 0 阶和 1 阶量。

把它们代入前述方程，得 0 阶近似的解为

ε^0：

$$v_n^{(0)} = v_n^{(0)}(t) \tag{A.4.19}$$

$$p_n^{(0)} = p_n^l + \rho_{\text{lock}}\frac{\mathrm{d}v_n^{(0)}}{\mathrm{d}t}(l - N) \tag{A.4.20}$$

$$\left(\text{或 } \bar{p}_n^{(0)} = \frac{\rho_{\text{lock}}}{p_n^l}\cdot\frac{\mathrm{d}v_n^{(0)}}{\mathrm{d}t}(l - N)\right) \tag{A.4.21}$$

1 阶部分的解为

ε^1：

$$v_n^{(1)} = -\frac{\rho_{\text{lock}}}{p_n^l}\cdot\frac{\mathrm{d}^2 v_n^{(0)}}{\mathrm{d}t^2}\left(lN - \frac{N^2}{2}\right) \tag{A.4.22}$$

$$\bar{p}_n^{(1)} = \frac{\rho_{\text{lock}}^2}{p_n^{l\,2}}\left[\frac{\mathrm{d}^3 v_n^{(0)}}{\mathrm{d}t^3}\left(\frac{lN^2}{2} - \frac{N^3}{6}\right) + v_n^{(0)}\frac{\mathrm{d}^2 v_n^{(0)}}{\mathrm{d}t^2}\left(lN - \frac{N^2}{2}\right) - \left(\frac{\mathrm{d}v_n^{(0)}}{\mathrm{d}t}\right)^2\left(lN - \frac{N^2}{2}\right)\right] \tag{A.4.23}$$

总的 1 阶近似解为

$$v_n = v_n^{(0)} + \varepsilon v_n^{(1)} = v_n^{(0)}(t) - \varepsilon\frac{\rho_{\text{lock}}}{p_n^l}\cdot\frac{\mathrm{d}^2 v_n^{(0)}}{\mathrm{d}t^2}\left(lN - \frac{N^2}{2}\right) \tag{A.4.24}$$

$$p_n = p_n^{(0)} + \varepsilon p_n^{(1)} = p_n^l + \rho_{\text{lock}}\frac{\mathrm{d}v_n^{(0)}}{\mathrm{d}t}(l - N) + \varepsilon\frac{\rho_{\text{lock}}^2}{p_n^l}\left[\frac{\mathrm{d}^3 v_n^{(0)}}{\mathrm{d}t^3}\left(\frac{lN^2}{2} - \frac{N^3}{6}\right) + v_n^{(0)}\frac{\mathrm{d}^2 v_n^{(0)}}{\mathrm{d}t^2}\left(lN - \frac{N^2}{2}\right) - \left(\frac{\mathrm{d}v_n^{(0)}}{\mathrm{d}t}\right)^2\left(lN - \frac{N^2}{2}\right)\right] \tag{A.4.25}$$

附录 B
变分法简论

B.1 变分法及欧拉 - 拉格朗日方程

变分法是在 17 世纪末发展起来的一个数学分支，是处理泛函极值的一种方法。类似函数领域求函数极值时的函数微分求导，其目的是确定使泛函取得极大或极小值的函数宗量。变分法起源于一些具体的物理学问题，最典型的是 3 个古典问题，分别是最速降线问题、最短线程问题和等周问题。最速降线问题指的是，一个物体（或粒子）在重力作用下从 A 点到达不直接在它底下的 B 点，走什么路径所需的时间最短。最短线程问题指的是，在曲面 $g(x,y,z)=0$ 上两点之间的连线中，什么样的曲线最短。等周问题指的是，在平面内所有的等长度封闭曲线中，什么样的曲线围成的面积最大。无论是路径还是曲线指的都是一种函数，而所需时间、曲线长度或围成的面积都是一种泛函。最短时间、最短线长或最大面积都是指泛函的极值。因此，这 3 个古典问题都是泛函的极值问题。

前文曾简要介绍了泛函的概念和泛函极值的含义，这里可再与函数的极值问题做对比。在分析函数极值问题时，因为极值点两侧的斜率必定变符号，所以极值点处的斜率一定为零，亦即极值点处的导数一定为零。函数的导数代表函数相对自变量的变化率，因此导数为零意味着函数相对自变量的变化率为零。类似函数极值特性的这种分析和认识，泛函在极值点处相对于函数的变化也应该为零。为了区别于函数中自变量的微分，将泛函中函数自变量（宗量）的微小变化称作函数（自变量函数）的变分，对应地，引起泛函的微小变化称作泛函的变分。可以看出，泛函在极值点处的变分应该为零。当然，从另一角度讲，泛函变分为零的点未必一定是极值点，也可能是拐点。为了描述方便，更一般地，将泛函变分为零的点称作驻值点。综上所述，可以看出，从一般意义上讲，所谓变分法就是利用泛函变分的手段分析泛函驻值的一种方法。

变分法中最重要的工具是欧拉 - 拉格朗日方程（Euler - Lagrange equation）。其推导过程如下面所述。

对于泛函

$$\Pi=\int_{x_1}^{x_2} L(x,y,y')\,\mathrm{d}x \tag{B.1.1}$$

固定两个端点，当泛函 Π 取得极值时，将对应的宗量函数记作 $g(x)$，在微小范围内与它最"靠近"的另一个宗量函数为 $g(x)+\delta g(x)$，其中 $\delta g(x)$ 在从 x_1 到 x_2 区间上都是可变化的小量，但在这两个端点上满足：$\delta g(x_1)=\delta g(x_2)=0$。这种可微小变化的宗量小量 $\delta g(x)$ 称作宗量函数 $g(x)$ 的变分。

因为用任何函数 $g(x)+\delta g(x)$ 代替函数 $g(x)$ 都不会使泛函 Π 取得极值，所以用 $g(x)+\delta g(x)$ 代替 $g(x)$ 势必使泛函产生一个增量，其增量为

$$\delta\Pi=\int_{x_1}^{x_2}L(x,g+\delta g,g'+\delta g')\,\mathrm{d}x-\int_{x_1}^{x_2}L(x,g,g')\,\mathrm{d}x \tag{B.1.2}$$

由于 $\delta g(x)$ 和 $\delta g'(x)$ 都是小量，所以将第一项 $L(x,g+\delta g,g'+\delta g')$ 按 $\delta g(x)$ 和 $\delta g'(x)$ 幂级数展开并略去二阶及以上的高阶小量项，可得关于 $\delta g(x)$ 和 $\delta g'(x)$ 一次项的和。运算后得

$$\delta\Pi=\int_{x_1}^{x_2}\left(\frac{\partial L}{\partial g}\delta g+\frac{\partial L}{\partial g'}\delta g'\right)\mathrm{d}x \tag{B.1.3}$$

对第二项进行分部积分，得

$$\delta\Pi=\frac{\partial L}{\partial g'}\delta g(x)\Big|_{x_1}^{x_2}+\int_{x_1}^{x_2}\left[\frac{\partial L}{\partial g}-\frac{\mathrm{d}}{\mathrm{d}x}\left(\frac{\partial L}{\partial g'}\right)\right]\delta g\,\mathrm{d}x \tag{B.1.4}$$

由于 $\delta g(x_1)=\delta g(x_2)=0$，所以上式化为

$$\delta\Pi=\int_{x_1}^{x_2}\left[\frac{\partial L}{\partial g}-\frac{\mathrm{d}}{\mathrm{d}x}\left(\frac{\partial L}{\partial g'}\right)\right]\delta g\,\mathrm{d}x \tag{B.1.5}$$

要使 Π 取到极值，必须使 Π 的一阶变分为零，因此有

$$\delta\Pi=\int_{x_1}^{x_2}\left[\frac{\partial L}{\partial g}-\frac{\mathrm{d}}{\mathrm{d}x}\left(\frac{\partial L}{\partial g'}\right)\right]\delta g\,\mathrm{d}x=0 \tag{B.1.6}$$

由于 $\delta g(x)$ 在微小范围内可以任意变化，所以要使上式为零，必须使

$$\frac{\partial L}{\partial g}-\frac{\mathrm{d}}{\mathrm{d}x}\left(\frac{\partial L}{\partial g'}\right)=0 \tag{B.1.7}$$

这就是欧拉－拉格朗日方程。该方程是针对只含一个宗量且只含宗量一阶导数的泛函而言的。对于含多个宗量且有高阶导数的泛函

$$\Pi=\int_{x_1}^{x_2}F(x,y_1,y_2,\cdots,y_n,y_1',y_2',\cdots,y_n',y_1'',y_2'',\cdots,y_n'',\cdots,y_1^{(m)},y_2^{(m)},\cdots,y_n^{(m)})\,\mathrm{d}x \tag{B.1.8}$$

利用上述的同样办法，也可以得到泛函极值问题的方程，其形式如下：

$$\frac{\partial F}{\partial y_i}-\frac{\mathrm{d}}{\mathrm{d}x}\left(\frac{\partial F}{\partial y_i'}\right)+\frac{\mathrm{d}^2}{\mathrm{d}x^2}\left(\frac{\partial F}{\partial y_i''}\right)+\cdots+(-1)^m\frac{\mathrm{d}^m}{\mathrm{d}x^m}\left(\frac{\partial F}{\partial y_i^{(m)}}\right)=0\ (i=1,2,3,\cdots,n) \tag{B.1.9}$$

该方程称作欧拉－泊松（Euler－Poisson）方程。

以上无论是单宗量泛函还是多宗量泛函，无论是含一阶导数的泛函还是含高阶导数的泛函，其极值问题都是无约束条件的极值。在实际的物理分析中，除无约束极值问题外，还经常遇到有约束的极值问题。如曲面上的最短线程问题，就不是空间两点的任意连线，而是指经过曲面的两点的连线，因此其最短线程是约束在曲面上的。

对于这类问题，可以从约束条件的关系式中解出一个宗量和其他宗量的关系，并将其代入泛函，从而将两（或多）宗量的条件（约束）极值问题化为单（或少）宗量的无约束条件极值问题。除此之外，还可以利用拉格朗日乘子的方法，将约束条件纳入泛函，写成新的

泛函，将原泛函的条件极值问题转化为新泛函的无条件的驻值问题。这里强调的“驻值”与“极值”有所不同，极值问题属于驻值问题的一部分，但极值问题不能涵盖整个驻值问题。原泛函的极值不能代表新泛函的极值。

将条件极值问题化为无条件极值的拉格朗日乘子的具体处理方法如下所述。

针对泛函

$$\Pi = \int_{x_1}^{x_2} F(x, y_1, y_2, \cdots, y_n, y'_1, y'_2, \cdots, y'_n)\,\mathrm{d}x = 0 \tag{B.1.10}$$

若在约束条件

$$\phi_j(x, y_1, y_2, \cdots, y_n) = 0 (j = 1, 2, 3, \cdots, k; k < n) \tag{B.1.11}$$

下取极值，则可构造新的泛函

$$\Pi^* = \int_{x_1}^{x_2} F(x, y_1, y_2, \cdots, y_n, y'_1, y'_2, \cdots, y'_n)\,\mathrm{d}x + \sum_{j=1}^{k} \int_{x_1}^{x_2} \lambda_j(x) \phi_j(x, y_1, y_2, \cdots, y_n)\,\mathrm{d}x \tag{B.1.12}$$

其中，$\lambda_j(x)$为拉格朗日乘子。然后求新泛函的驻值，即$\delta\Pi^* = 0$，可得

$$\frac{\partial F}{\partial y_i} - \frac{\mathrm{d}}{\mathrm{d}x}\left(\frac{\partial F}{\partial y'_i}\right) + \sum_{j=1}^{k} \lambda_j(x) \frac{\partial \phi_j}{\partial y_i} = 0 (i = 1, 2, 3, \cdots, n) \tag{B.1.13}$$

$$\phi_j(x, y_1, y_2, \cdots, y'_n) = 0 (j = 1, 2, 3, \cdots, k; k < n) \tag{B.1.14}$$

且其中

$$\left|\frac{\partial \phi_j}{\partial y_i}\right| \neq 0 \tag{B.1.15}$$

有了欧拉－拉格朗日方程，可以用它求解上述 3 个古典变分问题。

B.2　最速降线的经典变分问题

对于最速降线问题来说，按照粒子（质点）在自身重力下运动的规律，可以给出走任意路径 $y(x)$所用的时间。

设粒子在初始点 A（y 方向高度为 y_A）的速度为 v_A，质量为单位质量，沿路径 $y(x)$到任意点（高度为 y）的瞬时速度为 v，则由能量守恒原理得

$$\frac{1}{2}v_A^2 + g y_A = \frac{1}{2}v^2 + g y \tag{B.2.1}$$

可得到瞬时速度为

$$v = \sqrt{v_A^2 + 2g(y_A - y)} \tag{B.2.2}$$

沿路径 $y(x)$从点 $A(x_A, y_A)$到点 $B(x_B, y_B)$所需的时间为

$$T(x, y, y') = \int_A^B \frac{\mathrm{d}s}{v(s)} = \int_{x_A}^{x_B} \frac{\sqrt{1 + [y'(x)]^2}}{v(x)}\mathrm{d}x = \int_{x_A}^{x_B} \frac{\sqrt{1 + [y'(x)]^2}}{\sqrt{v_A^2 + 2g[y_A - y(x)]}}\mathrm{d}x \tag{B.2.3}$$

考虑初始点高度为 0，初始速度为 0，并以向下的坐标为正方向时，上式化为

$$T(x,y,y') = \int_{x_A}^{x_B} \frac{\sqrt{1+[y'(x)]^2}}{\sqrt{2gy(x)}}\mathrm{d}x \tag{B.2.4}$$

利用欧拉－拉格朗日方程，该泛函的拉格朗日函数为

$$L(x,y,y') = \frac{\sqrt{1+[y'(x)]^2}}{\sqrt{2gy(x)}} \tag{B.2.5}$$

则有

$$\frac{\partial}{\partial y}L(x,y,y') = -\frac{\sqrt{1+[y'(x)]^2}}{2\sqrt{2g}\sqrt{y(x)}^3} \tag{B.2.6}$$

$$\frac{\partial}{\partial y'}L(x,y,y') = \frac{y'(x)}{\sqrt{2gy(x)}\sqrt{1+[y'(x)]^2}} \tag{B.2.7}$$

$$\frac{\mathrm{d}}{\mathrm{d}x}\left[\frac{\partial}{\partial y'}L(x,y,y')\right] = -\frac{y'^2(x)}{2\sqrt{2g}\sqrt{y(x)}^3\sqrt{1+[y'(x)]^2}} + \frac{y''(x)}{\sqrt{2gy(x)}\sqrt{1+[y'(x)]^2}^3} \tag{B.2.8}$$

将其代入欧拉－拉格朗日方程，得

$$\frac{\sqrt{1+[y'(x)]^2}}{2\sqrt{2g}\sqrt{y(x)}^3} - \frac{y'^2(x)}{2\sqrt{2g}\sqrt{y(x)}^3\sqrt{1+[y'(x)]^2}} + \frac{y''(x)}{\sqrt{2gy(x)}\sqrt{1+[y'(x)]^2}^3} = 0 \tag{B.2.9}$$

即

$$\frac{1}{2\sqrt{2g}\sqrt{y(x)}\sqrt{1+[y'(x)]^2}}\left[\frac{1}{2y(x)} + \frac{y''(x)}{1+y'^2(x)}\right] = 0 \tag{B.2.10}$$

亦即

$$\frac{1}{2y(x)} + \frac{y''(x)}{1+y'^2(x)} = 0 \tag{B.2.11}$$

即

$$2y''(x) = -\frac{1+y'^2(x)}{y(x)} \tag{B.2.12}$$

由于

$$2y''(x) = \frac{\mathrm{d}}{\mathrm{d}y}[y'^2(x)] \tag{B.2.13}$$

所以有

$$\frac{\mathrm{d}[y'^2(x)]}{1+y'^2(x)} = -\frac{1}{y(x)}\mathrm{d}y \tag{B.2.14}$$

从而解得

$$y(x)[1+y'^2(x)] = C \tag{B.2.15}$$

其中，C 为常数，进而有

$$\sqrt{\frac{y(x)}{C-y(x)}}\mathrm{d}y = \mathrm{d}x \tag{B.2.16}$$

为了求解该微分方程，采用参数方程，令 $y=\frac{C}{2}(1-\cos\theta)$，则得

$$\sqrt{\frac{1-\cos\theta}{1+\cos\theta}}\frac{C}{2}\sin\theta\mathrm{d}\theta=\mathrm{d}x \tag{B.2.17}$$

进一步有

$$\mathrm{d}x=\frac{C}{2}(1-\cos\theta)\mathrm{d}\theta \tag{B.2.18}$$

解得

$$x=\frac{C}{2}(\theta-\sin\theta) \tag{B.2.19}$$

因此，方程的解是

$$\begin{cases} x=\frac{C}{2}(\theta-\sin\theta) \\ y=\frac{C}{2}(1-\cos\theta) \end{cases} \tag{B.2.20}$$

该方程是一条摆线的方程，也等同于旋轮线的方程，相当于一个直径为 C 的圆轮滚动时，轮周上某一固定点的轨迹。

可以看出，粒子在自身重力作用下，沿摆线这样的路径从点 $A(x_A,y_A)$ 到点 $B(x_B,y_B)$ 所需的时间最短。以点 $A(0,0)$ 到点 $B\left(\frac{\pi C}{2},\ C\right)$ 为例，其参数 θ 的变化范围为 0 到 π。所走的路径总弧长为

$$S=\int_0^{\pi}\sqrt{x'^2+y'^2}\mathrm{d}\theta=C\int_0^{\pi}\sqrt{\frac{1-\cos\theta}{2}}\mathrm{d}\theta=C\int_0^{\pi}\sin\frac{\theta}{2}\mathrm{d}\theta=-2C \tag{B.2.21}$$

所用的时间为

$$T=\int_0^{\pi}\frac{\sqrt{x'^2+y'^2}}{\sqrt{2gy(x)}}\mathrm{d}\theta=\sqrt{\frac{C}{2g}}\int_0^{\pi}\mathrm{d}\theta=\pi\sqrt{\frac{C}{2g}} \tag{B.2.22}$$

B.3　最短线程问题

设最短线程问题的曲面为 $G(x,y,z)=0$，或写成 $z=z(x,y)$，其上两点分别是 $A(x_A,y_A,z_A)$ 和 $B(x_B,y_B,z_B)$，连接两点的曲线方程可写为

$$\begin{cases} y=y(x) \\ z=z(x) \end{cases} \tag{B.3.1}$$

曲线的长度为

$$l(y,z,y',z')=\int_{x_A}^{x_B}\sqrt{1+y'^2+z'^2}\mathrm{d}x \tag{B.3.2}$$

这是一个有条件的泛函极值问题。如前面所说，可以采用两种途径对其进行求解。一种途径是将约束方程中的一个宗量作为显函数直接代入泛函，这一方面消除了约束条件，使条件极值问题变成了无条件极值问题，另一方面也使泛函的宗量由原来的两个减少为一个。另一种

途径是利用拉格朗日乘子方法将约束条件纳入所构造的新泛函，使原来泛函的条件极值问题变成新泛函的无条件驻值问题。

按照第一种途径，若曲面方程可以描述成 z 的显函数，即 $z=z(x,y)$，则将其代入曲线弧长方程得

$$l[y,z(x,y),y',z'_x(x,y)]=\int_{x_A}^{x_B}\sqrt{1+y'^2+z'^2_x(x,y)}\mathrm{d}x=\int_{x_A}^{x_B}L(x,y,y')\mathrm{d}x=l(x,y,y') \tag{B.3.3}$$

利用欧拉-拉格朗日方程

$$\frac{\partial L}{\partial y}-\frac{\mathrm{d}}{\mathrm{d}x}\left(\frac{\partial L}{\partial y'}\right)=0 \tag{B.3.4}$$

就可以对其求解了。

按照第二种途径，可构造新泛函：

$$l^*(y,z,y',z')=\int_{x_A}^{x_B}[\sqrt{1+y'^2+z'^2}+\lambda(x)G(x,y,z)]\mathrm{d}x \tag{B.3.5}$$

其驻值的解为

$$\lambda(x)\frac{\partial G}{\partial y}-\frac{\mathrm{d}}{\mathrm{d}x}\left(\frac{y'}{\sqrt{1+y'^2+z'^2}}\right)=0 \tag{B.3.6}$$

$$\lambda(x)\frac{\partial G}{\partial z}-\frac{\mathrm{d}}{\mathrm{d}x}\left(\frac{z'}{\sqrt{1+y'^2+z'^2}}\right)=0 \tag{B.3.7}$$

$$G(x,y,z)=0 \tag{B.3.8}$$

对于平面上的两点，其平面的空间曲面方程可描述为 $z(x,y)=0$。事实上，只要将空间的两点放在同一坐标平面 $z(x,y)=0$ 上，平面上的两点也可代表空间的两点。这样一来，实际上也将空间的两个宗量的泛函化成了一个单宗量的泛函问题。其曲线长度可写为

$$l(x,y,y')=\int_{x_A}^{x_B}\sqrt{1+y'^2}\mathrm{d}x \tag{B.3.9}$$

将其代入欧拉-拉格朗日方程，得

$$\frac{\partial L}{\partial y}-\frac{\mathrm{d}}{\mathrm{d}x}\left(\frac{\partial L}{\partial y'}\right)=-\frac{\mathrm{d}}{\mathrm{d}x}\left(\frac{y'}{\sqrt{1+y'^2}}\right)=0 \tag{B.3.10}$$

其通过 $A(x_A,y_A)$ 和 $B(x_B,y_B)$ 两点的解为

$$y=\frac{y_B-y_A}{x_B-x_A}x-\frac{y_B-y_A}{x_B-x_A}x_A+y_A \tag{B.3.11}$$

显然，该曲线为一直线，这也说明了两点间的连线中直线（严格说是线段）最短。将其代入弧长公式得

$$l_{\min}=\sqrt{(x_B-x_A)^2+(y_B-y_A)^2} \tag{B.3.12}$$

对于圆柱面，如果以对称轴作为圆柱轴线方向的坐标，则其曲面方程为 $x^2+y^2=1$。其短程线问题可描述为在曲面 $\phi=y-\sqrt{1-x^2}$ 或 $y=\sqrt{1-x^2}$ 的约束条件下求线长泛函

$$l(y,z,y',z')=\int_{x_A}^{x_B}\sqrt{1+y'^2+z'^2}\mathrm{d}x \tag{B.3.13}$$

的极值。这是一个含两个宗量 y 和 z 的条件极值问题。

按照第一种途径 $z=z(x,y)$，则将宗量 y 显函数的曲面方程 $y=\sqrt{1-x^2}$ 代入曲线弧长方程得

$$l(x,y,z,y',z')=l(x,z')=\int_{x_A}^{x_B}\sqrt{1+\frac{x^2}{1-x^2}+z'^2}\,\mathrm{d}x \tag{B.3.14}$$

利用欧拉–拉格朗日方程

$$\frac{\partial L}{\partial z}-\frac{\mathrm{d}}{\mathrm{d}x}\left(\frac{\partial L}{\partial z'}\right)=0 \tag{B.3.15}$$

得

$$\frac{\mathrm{d}}{\mathrm{d}x}\left(\frac{\partial L}{\partial z'}\right)=\frac{\mathrm{d}}{\mathrm{d}x}\left(\frac{z'}{\sqrt{\frac{1}{1-x^2}+z'^2}}\right)=z''\left(\frac{1}{\sqrt{\frac{1}{1-x^2}+z'^2}}\right)-z'\frac{\frac{x}{(1-x^2)^2}+z'z''}{\left(\sqrt{\frac{1}{1-x^2}+z'^2}\right)^3}=0 \tag{B.3.16}$$

即

$$z''\left(\frac{1}{1-x^2}+z'^2\right)-z'\left[\frac{x}{(1-x^2)^2}+z'z''\right]=0 \tag{B.3.17}$$

亦即

$$z''=z'\frac{x}{1-x^2} \tag{B.3.18}$$

积分一次，解得

$$z'=\frac{c_1}{\sqrt{1-x^2}} \tag{B.3.19}$$

再积分一次，得

$$x=\sin(c_1z+c_2) \tag{B.3.20}$$

将其代入曲面方程，得

$$y=\cos(c_1z+c_2) \tag{B.3.21}$$

其中的积分常数 c_1，c_2 可由两点坐标确定。该解对应的曲线是圆柱面 $y=\sqrt{1-x^2}$ 上的螺旋线。

按照第二种途径，可构造新泛函：

$$l^*(y,z,y',z')=\int_{x_A}^{x_B}\left[\sqrt{1+y'^2+z'^2}+\lambda(x)\phi(x,y,z)\right]\mathrm{d}x \tag{B.3.22}$$

其驻值的解为

$$\lambda(x)\frac{\partial\phi}{\partial y}-\frac{\mathrm{d}}{\mathrm{d}x}\left(\frac{y'}{\sqrt{1+y'^2+z'^2}}\right)=0 \tag{B.3.23}$$

$$\lambda(x)\frac{\partial\phi}{\partial z}-\frac{\mathrm{d}}{\mathrm{d}x}\left(\frac{z'}{\sqrt{1+y'^2+z'^2}}\right)=0 \tag{B.3.24}$$

$$\phi=y-\sqrt{1-x^2} \tag{B.3.25}$$

以弧长 s 作自变量，并利用 $\mathrm{d}s=\sqrt{1+y'^2+z'^2}\,\mathrm{d}x$，则有

$$\frac{dy'}{ds}=\lambda(x) \tag{B.3.26}$$

$$\frac{dz'}{ds}=0 \tag{B.3.27}$$

$$y=\sqrt{1-x^2} \tag{B.3.28}$$

亦即

$$\frac{dy}{ds}=A(x)=\int_0^x \lambda(x)dx+c_1 \tag{B.3.29}$$

$$\frac{dz}{ds}=c_2 \tag{B.3.30}$$

$$\frac{dx}{ds}=-\frac{\sqrt{1-x^2}}{x}\cdot\frac{dy}{ds}=-\frac{\sqrt{1-x^2}}{x}A(x) \tag{B.3.31}$$

进而得

$$dy=A(x)ds \tag{B.3.32}$$

$$dz=c_2 ds \tag{B.3.33}$$

$$dx=-\frac{\sqrt{1-x^2}}{x}A(x)ds \tag{B.3.34}$$

由于

$$(ds)^2=(dx)^2+(dy)^2+(dz)^2 \tag{B.3.35}$$

所以有

$$\frac{1-x^2}{x^2}A^2(x)+A^2(x)+c_2^2=1 \tag{B.3.36}$$

即

$$\frac{1}{x^2}A^2(x)+c_2^2=1 \tag{B.3.37}$$

或

$$A(x)=\sqrt{1-c_2^2}x \tag{B.3.38}$$

将其代入前面的式子消去 $A(x)$，得

$$dx=-\sqrt{1-x^2}\sqrt{1-c_2^2}ds \tag{B.3.39}$$

即

$$-\frac{dx}{\sqrt{1-x^2}}=\sqrt{1-c_2^2}ds \tag{B.3.40}$$

积分后得

$$x=\cos(\sqrt{1-c_2^2}s+c_3) \tag{B.3.41}$$

同时得

$$y=\sin(\sqrt{1-c_2^2}s+c_3) \tag{B.3.42}$$

$$z=c_2 s+c_4 \tag{B.3.43}$$

常数 c_2，c_3，c_4 可由两点坐标确定。该曲线是圆柱面 $y=\sqrt{1-x^2}$ 上的螺旋线。
将 $z=c_2s+c_4$ 代入以上两个式子，消去 s 可得

$$x=\sin(C_1z+C_2) \tag{B.3.44}$$

$$y=\cos(C_1z+C_2) \tag{B.3.45}$$

其形式和第一种途径的结果是一样的。

对于球曲面，用球坐标（θ，ϕ，r）描述的曲面方程为

$$r(\theta,\phi)=R \tag{B.3.46}$$

连接其上两点 $A(r_A,\theta_A,\phi_A)$ 和 $B(r_B,\theta_B,\phi_B)$ 的弧长为

$$l(y,z,y',z')=l(\theta,\phi,\phi')=\int_{\theta_A}^{\theta_B}R\sqrt{1+\sin^2\theta\phi'^2}\mathrm{d}\theta \tag{B.3.47}$$

其拉格朗日函数为

$$L(\theta,\phi,\phi')=R\sqrt{1+\sin^2\theta\phi'^2} \tag{B.3.48}$$

将其代入欧拉－拉格朗日方程，得

$$\frac{\partial L}{\partial\phi}-\frac{\mathrm{d}}{\mathrm{d}\theta}\left(\frac{\partial L}{\partial\phi'}\right)=-R\frac{\mathrm{d}}{\mathrm{d}\theta}\left[\frac{\sin^2\theta\phi'}{\sqrt{1+(\sin\theta\phi')^2}}\right]=0 \tag{B.3.49}$$

即

$$\frac{\sin^2\theta\phi'}{\sqrt{1+(\sin\theta\phi')^2}}=C \tag{B.3.50}$$

基于对称性考虑，不失一般性，可设点 A 的坐标为 $A(R,0,0)$，点 B 的坐标为 $B(R,\theta_B,\phi_B)$，则有 $C=0$，从而有 $\phi=D$（D 为常数）。由 B 的坐标 $B(R,\theta_B,\phi_B)$ 得

$$\phi=\phi_B \tag{B.3.51}$$

即球面上两点的最短连线是两点在球面上的大圆弧线段。

B.4　等周问题

等周问题指的是，平面内长度一定的闭合曲线，以什么样的形状围能围成最大的面积，即在长度一定的封闭曲线中，什么曲线所围成的面积最大。若用弧长作参数，封闭曲线的方程可描述成弧长 s 参数的方程：

$$x=x(s) \tag{B.4.1}$$

$$y=y(s) \tag{B.4.2}$$

由于是封闭的曲线，所以有 $x(0)=x(s_1)$，$y(0)=y(s_1)$。曲线的长度为

$$l=\int_0^{s_1}\sqrt{\left(\frac{\mathrm{d}x}{\mathrm{d}s}\right)^2+\left(\frac{\mathrm{d}y}{\mathrm{d}s}\right)^2}\mathrm{d}s \tag{B.4.3}$$

所围的面积为

$$A(x,y)=\iint_A\mathrm{d}x\mathrm{d}y=\frac{1}{2}\oint_l(x\mathrm{d}y-y\mathrm{d}x)=\frac{1}{2}\int_0^{s_1}\left(x\frac{\mathrm{d}y}{\mathrm{d}s}-y\frac{\mathrm{d}x}{\mathrm{d}s}\right)\mathrm{d}s \tag{B.4.4}$$

这样一来，等周问题就可以描述为求约束条件 $l=\int_0^{s_1}\sqrt{\left(\frac{\mathrm{d}x}{\mathrm{d}s}\right)^2+\left(\frac{\mathrm{d}y}{\mathrm{d}s}\right)^2}\mathrm{d}s$ 下泛函 $A(s,x,y)=\frac{1}{2}\int_0^{s_1}\left(x\frac{\mathrm{d}y}{\mathrm{d}s}-y\frac{\mathrm{d}x}{\mathrm{d}s}\right)\mathrm{d}s$ 的极值问题。

为此，采用拉格朗日乘子方法进行求解。先构造一个涵盖约束条件的新泛函：

$$\begin{aligned}A^*(s,x,y)&=\frac{1}{2}\int_0^{s_1}\left(x\frac{\mathrm{d}y}{\mathrm{d}s}-y\frac{\mathrm{d}x}{\mathrm{d}s}\right)\mathrm{d}s+\lambda(s)\left[\int_0^{s_1}\sqrt{\left(\frac{\mathrm{d}x}{\mathrm{d}s}\right)^2+\left(\frac{\mathrm{d}y}{\mathrm{d}s}\right)^2}\mathrm{d}s-l\right]\\&=\int_0^{s_1}L^*(s,x,y,x',y',\lambda)\mathrm{d}s-\lambda(s)l\end{aligned}\tag{B.4.5}$$

其中，拉格朗日函数为

$$L^*(s,x,y,x',y',\lambda)=\frac{1}{2}(xy'-yx')+\lambda(s)\sqrt{x'^2+y'^2}\tag{B.4.6}$$

利用欧拉－拉格朗日方程 $\frac{\partial L^*}{\partial x}-\frac{\mathrm{d}}{\mathrm{d}s}\left(\frac{\partial L^*}{\partial x'}\right)=0$，$\frac{\partial L^*}{\partial y}-\frac{\mathrm{d}}{\mathrm{d}s}\left(\frac{\partial L^*}{\partial y'}\right)=0$，得

$$y'-\frac{\mathrm{d}}{\mathrm{d}s}\left[-y+\frac{\lambda x'}{\sqrt{x'^2+y'^2}}\right]=0\tag{B.4.7}$$

$$-x'-\frac{\mathrm{d}}{\mathrm{d}s}\left[x+\frac{\lambda y'}{\sqrt{x'^2+y'^2}}\right]=0\tag{B.4.8}$$

此外，约束条件方程为

$$\int_0^{s_1}\sqrt{\left(\frac{\mathrm{d}x}{\mathrm{d}s}\right)^2+\left(\frac{\mathrm{d}y}{\mathrm{d}s}\right)^2}\mathrm{d}s-l=0\tag{B.4.9}$$

积分一次后得

$$y-\frac{\lambda x'}{2\sqrt{x'^2+y'^2}}=C_1\tag{B.4.10}$$

$$x+\frac{\lambda y'}{2\sqrt{x'^2+y'^2}}=C_2\tag{B.4.11}$$

即

$$y-C_1=\frac{\lambda x'}{2\sqrt{x'^2+y'^2}}\tag{B.4.12}$$

$$x-C_2=-\frac{\lambda y'}{2\sqrt{x'^2+y'^2}}\tag{B.4.13}$$

将两式平方相加得

$$(x-C_2)^2+(y-C_1)^2=\frac{1}{4}\lambda^2\tag{B.4.14}$$

这是一个圆的方程，写成参数形式为

$$x-C_2=\frac{\lambda}{2}\cos\theta\tag{B.4.15}$$

$$y-C_1=\frac{\lambda}{2}\sin\theta\tag{B.4.16}$$

将其代入约束条件得

$$\int_0^{s_1}\sqrt{\left(\frac{\mathrm{d}x}{\mathrm{d}s}\right)^2+\left(\frac{\mathrm{d}y}{\mathrm{d}s}\right)^2}\mathrm{d}s-l=\int_0^{2\pi}\sqrt{\left(\frac{\mathrm{d}x}{\mathrm{d}\theta}\right)^2+\left(\frac{\mathrm{d}y}{\mathrm{d}\theta}\right)^2}\mathrm{d}\theta-l=\pi\lambda-l=0 \quad (\text{B.4.17})$$

解得 $\lambda=\frac{l}{\pi}$，则该圆的方程可写为

$$(x-C_2)^2+(y-C_1)^2=\left(\frac{l}{2\pi}\right)^2 \quad (\text{B.4.18})$$

围成的面积为$\frac{l^2}{4\pi}$。

上述古典变分问题的实例提供了一些变分问题的类型。在变分问题的泛函中，其宗量的个数可以是一个，也可以是多个。宗量的导数可以是一阶，也可以是多阶。泛函的变分可以是无约束条件的无条件泛函变分，也可以是有约束条件的条件泛函变分。有条件的泛函变分可以采用“将约束条件中的显函数形式的宗量代入泛函消除一些宗量”的手段将有条件的泛函变分问题化为无条件的变分问题，也可以利用“拉格朗日乘子方法，将约束条件通过拉格朗日乘子加入扩展的新的泛函”的手段，将原来有条件的泛函变分问题化为新的泛函的无条件的变分问题。

参考文献

[1] 钱伟长. 穿甲力学 [M]. 北京：国防工业出版社，1984.

[2] 钱伟长. 变分法及有限元（上册）[M]. 北京：科学出版社，1980.

[3] 钱伟长. 广义变分原理 [M]. 北京：知识出版社，1985.

[4] 杜珣. 连续介质力学引论 [M]. 北京：清华大学出版社，1985.

[5] MARC A M. Dynamic behavior of materials [M]. NY：A Wiley – Interscience Publication, John – Wiley & Sons, Inc., 1994.

[6] 钱伟长. 应用数学 [M]. 合肥：安徽科学技术出版社，1993.

[7] 黄克智，薛明德，陆明万. 张量分析 [M]. 2 版. 北京：清华大学出版社，2003.

[8] GAO S Q, LIU H P, JIN L. A fuzzy model of the penetration resistance of concrete targets [J]. International Journal of Impact Engineering, 2009, 36: 644 – 649.

[9] GAO S Q, JIN L, LIU H P, et al. A normal cavity – expansion (NCE) model based on the normal curve surface (NCS) coordinate system [J]. International Journal of Applied Mathematics, 2007, 36.

[10] GAO S Q, JIN L, LIU H P, et al. The principle of crater – formation of a concrete target plate penetrated by a projectile [J]. WIT Transaction on the Built Environment. Vol. 87, Structures under Shock and Impact IX 2006: 313 – 322.

[11] GAO S Q, LIU H P, LI K J, et al. Normal expansion theory for penetration of a projectile against concrete target [J]. Applied Mathematics and Mechanics, 2006, 27 (4): 485 – 492.

[12] GAO S Q, JIN L, LIU H P. Dynamic response of a projectile perforating multi – plate concrete targets [J]. International Journal of Solids and Structures, 2004, 41: 4927 – 4938.

[13] 韩丽，高世桥，李明辉，等. 基于侵深公式的弹冲击混凝土目标的计算方法 [J]. 北京理工大学学报. 2006，26（5）：393 – 396.

[14] 韩丽，高世桥，李明辉，等. 侵彻半无限混凝土靶解析计算方法 [J]. 弹箭与制导学报，2006，26（2）：1138 – 1139.

[15] 李兆霞. 损伤力学及其应用 [M]. 北京：科学出版社，2002.

[16] MASE G E. Theory and problems of contimuum machanics [M]. McGRAW – HILL BOOK COMPANY, 1975.

[17] COURANT R. Supersonic Flow and Shock Waves [M]. Interscience Publishers, Inc., 1956.

[18] CHOU P C, HOPKINS A K. Dynamic Response of Materials to Intense Impulsive Loading [M]. [s. n.], 1972.

[19] 冯乃谦. 新实用混凝土大全 [M]. 北京：科学出版社，2005.

［20］马晓青，韩峰. 高速碰撞动力学［M］. 北京：国防工业出版社，1998.
［21］MIKKOLA M J，SINISALO H S. Nonlinear dynamic analysis of reinforced concrete structures［C］. Proceedings，Interassociation Symposium on Concrete under Impact of an Impulsive Loading，Berlin，1982.
［22］DLIGER W H，KOCH R，KOWALEZYK R. Ductility of plain and confined concrete under different strain rates［J］. ACI，Journal Proceeding，1984，81（11）.
［23］MARTIN S W. Modeling of local impact effects on plain and reinforced concrete［J］. ACI Structural Journal，1994，91（2）.
［24］PARVIZ S，et al. Dynamic constitutive behavior of concrete［J］. ACI Journal，Proceeding，1986，83（26）.
［25］TANG T X，LAWRENCE E M，DACID A J. Rate effects in uniaxial dynamic compression of concrete［J］. Journal of Engineering Mechanics，1992，118（1）.
［26］余天庆，钱济成. 损伤理论及其应用［M］. 北京：国防工业出版社. 1993.
［27］胡时胜，王道荣. 冲击载荷下混凝土材料的动态本构关系［J］. 爆炸与冲击，2002，22（3）：242－246.
［28］CORBETT G G，REID S R，JOHNSON W. Impact loading of plates and shells by free－flying projectiles［J］. Int J Impact Engng，1996，18：144－230.
［29］HEUZE F E. An overview of projectile penetration into geological material，with emphasis on rocks［J］. In：Schwer L E，SLMON N J，LIU W K，editors. Computational Techniques for Contact，Impact，Penetration and Perforation of Solids［M］. New York：ASME，1989：275－308.
［30］BULSON P S. Explosive Loading of Engineering Structures［M］. London：Chapman &Hall，1977：64－141.
［31］BACKMAN ME，GOLDSMITH W. The mechanics of penetration of projectiles into targets［J］. Int J Engng Sci，1978，16：1－99.
［32］Office of Scientific Research and Development，National Defense Research Committee，Division 2. Summary Tech Rpt of Division 2，NDRC，Vo1. 1［M］. New York：Columbia Press，1946.
［33］YOUNG C W. Navy ballistic missile technology［C］. Conference Proceedings of the American Institute for Aeronautics and Astronautics，Vol. 10，AD－A204866，1988.
［34］JOHNSON W. Impact Strength of Materials［M］. London：Edward Arnold，1972.
［35］FORRESTAL M J，NORWOOD F R，LONGCOPE D B. Penetration into targets described by locked hydrostats and shear strength［J］. Int. J. Solids Structures，1981，17：915－924.
［36］MICHAEL J F. Penetration into dry porous rock［J］. Int. J. Solids Structures，1985，22（12）：1485－1500.
［37］LUK V K，FORRESTAL M J. Penetration into semi－infinite reinforced concrete targets

with spherical and ogival nose projectiles [J]. Int. J. Impact Engng, 1987, 6 (4): 291 -301.

[38] FORRESTAL M J, LUK V K. Dynamic spherical cavity expansion in a compressible elastic - plastic solid [J]. J. App. Mech, 1988, 55: 275 -279.

[39] FORRESTAL M J, LUK V K. Penetration into soil targets [J]. Int. J. Impact Engng, 1992, 12 (3): 427 -444.

[40] FORRESTAL M J, FREW D J, HANCHAK S J, et al. Penetration of grout and concrete targets with ogive - nose steel projectiles [J]. Int. J. Impact Engng, 1996, 18 (5): 465 -476.

[41] FREW D J, HANCHAK S J, GREEN M L, et al. Penetration of concrete targets with ogive - nose steel rods [J]. Int. J. Impact Engng, 1998, 21 (6): 489 -497.

[42] BROWN S J. Energy release protection for pressurized system. Part Ⅱ: Review of studies into impact/terminal ballistics [J]. Applied Mechanics Review, 1986, 39 (2).

[43] 王儒，赵国志，杨绍卿. 弹药工程 [M]. 北京：北京理工大学出版社，2002.

[44] 美国陆军部. 常规武器防护设计原理. 方秦，等译. 南京：工程兵工程学院，1997.

[45] YOUNG C W. Equations for Predieting Earth Penetrating by Projeetiles: an Update, SAND88 -0013 [M]. New Mexico: Sand National Laboratories, 1988.

[46] 文鹤鸣. 混凝土靶板冲击响应的经验公式 [J]. 爆炸与冲击，2003，23 (3): 267 -274.

[47] 尹放林，严少华，钱七虎，等. 弹体侵彻深度计算公式对比研究 [J]. 爆炸与冲击，2000，20 (1): 79 -85.

[48] 冯元桢. 连续介质力学 [M]. 北京：科学出版社，1984.

[49] 吴望一. 流体力学 [M]. 北京：北京大学出版社，1982.

[50] 王礼立. 应力波基础 [M]. 北京：国防工业出版社，2005.

[51] GOMEZ J T, SHUKLA A. Multiple impact penetration of semi - infinite concrete [J]. Int J Impact Eng, 2001, 25: 965 -976.

[52] ROHWER T A. Miniature, single channel, memory - based, high - G acceleration recorder (MilliPen) [J]. Sandia National Laboratories, Albuquerque, 1999, NM 87185: SAND99 -1392C.

[53] American Concrete Institute. ACI manual of concrete inspection [J]. Publication SP - 2 (92), 1992, 2: 8 -22.

[54] FARMER I. Engineering Behavior of Rocks [M]. New York: Chapman & Hall, 1983.

[55] FREW D J, FORRESTAL M J, CHEN W. A split hopkinson pressure bar technique to determine compressive stress - strain data for rock materials [J]. Exp Mech, 2001, 41 -46.

[56] FOSSUM A F, SENSENY P E, PFEIFLE T W, et al. Experimental determination of probability distributions for parameters of a salem limestone cap plasticity model [J]. Mech

Mater , 1995, 21: 119 -137.

[57] ADLEY M D, MOXLEG R E. PENCURV/ABAQUS: A simply coupled penetration trajectory/structural dynamics model for deformable projectiles impacting complex curvilinear targets [R]. Technical Report SL -96 -6, US Corps of Engineers Waterways Experiment Station, Vicksburg, MS 1996.

[58] YOUNG C W. Simplified Analytical Model of Penetration with Lateral Loading - User's Guide, SAND98 -0978 [M]. New Mexico: Sandia National Laboratory, 1998.

[59] RICHARD W M, THOMAS A D. Finite cavity expansion method for near - surface effects and layering during earth penetration [J]. Int J Impact Engng, 2000, 24: 239 -258.

[60] WASLEY R J. Stress Wave Propagation in Solids [M]. New York: M. Dekker, 1973.

[61] FUNG Y C. Continuum Mechanics [M]. New Jersey: Prentice - Hall Englewood Cliffs, 1977.

[62] 高世桥，刘明杰，谭惠民. 侵彻弹倾斜侵彻半无限混凝土目标时的动力分析 [J]. 兵工学报，1995，16 (4): 46 -50.

[63] LIU H P, GAO S Q, LI KJ. Measurement technologies and result analysis on experiment of penetration of steel projectile into thick concrete target. In: WEN Ting - dun Ed. Proc. of 5th International Symposium of Test and Measurement [M]. Beijing: World Publishing Corporation, 2003, 4: 3339 -3342.

[64] FORRESTAL M J, FREW D J, HICHERSON J P. Penetration of concrete targets with deceleration time measurement [J]. Int J Impact Engng , 2003, 28: 479 -497.

[65] LI, Q M, CHEN X W. Dimensionless formulae for penetration depth of concrete target impacted by a non - deformable projectile [J]. International Journal of Impact Engineering, 2003, 28: 93 -116.

[66] CHEN X W, LI Q M. Transition from non - deformable projectile penetration to semi - hydrodynamic penetration [J]. ASCE J Mech Eng, 2004, 130 (1): 123 -127.

[67] GAO S Q, LIU H P, JIN L. Fuzzy dynamic characteristic of concrete material under impact loads [J]. WSEAS Trasactions on Flui Mechanics, 2006, 1 (10): 907 -912.

[68] HOLMQUIST T J, JOHNSON G R. Computational constitutive mode for concrete subjected to large strains, high strain rate, and high pressures [C]. Proc. of 14th International Symposium on Ballistics Quebec, Canada, Sept. 1993.

[69] YANKELEVSKY D Z. Local response of concrete slabs to low velocity missile velocity of the projectile varies from the initial strike velocity to impact [J]. International Journal of Impact Engineering, 1997, 19: 331 -43.

[70] LUK V K, FORRESTAL M J, AMOS D E. Dynamic spherical cavity expansion of strain - hardening material [J]. ASME Journal of Applied Mechanics, 1991, 58: 1 -6.

[71] BACCKMANN M E, GOLDSMITH W. The mechanics of projectiles into target [J]. Int J Engng Sci, 1978, 16: 1 -99.

[72] KENNEDY R P. A review of procedures for the analysis and design of concrete structures to resist missile impact effect [J]. Nuclear Engineering and Design, 1976, 37: 183 - 203.
[73] 高世桥，石庚辰，谭惠民，等. 弹引系统以小着角碰击半无限混凝土目标时的动力分析 [J]. 北京理工大学学报，1994，14 (4): 359 - 365.
[74] BANGUSH M Y H. Formula for non - deformable missiles impacting on concrete targets. In: Impact and Explosion [M]. Boca Raton: CRC Press, 1993.
[75] HEUZE F E. An overview of projectile penetration into geological material, with emphasis on rocks. In: Computational Techniques for Contact, Impact, Penetration and Perforation of Solids [M]. New York: ASME, 1989.
[76] RICHARD W M, THOMAS A D. Finite cavity expansion method for near - surface effects and layering during earth penetration [J]. Int. J. Impact Engng, 2000, 24: 239 - 258.
[77] YOUNG C N. Simplified Analytical Model of Penetration with Lateral, Loading - user's Guide, SAND98 - 0978 [M]. New Mexico: Sandia National Laboratory, 1998.
[78] 徐芝纶. 弹性力学 [M]. 3 版. 北京：高等教育出版社，1990.
[79] 蒋玉川，张建海，李章政. 弹性力学与有限单元法 [M]. 北京：科学出版社，2006.
[80] 宋顺成，才鸿年. 弹丸侵彻混凝土的 SPH 算法 [J]. 爆炸与冲击，2003，23 (1): 56 - 60.
[81] 吕中杰，徐钰巍，黄风雷，等. 带弱连接结构弹体斜侵彻混凝土试验研究 [C]. 第四届全国计算爆炸力学会议论文集，2008: 488 - 493.
[82] 高世桥，刘海鹏，金磊，等. 混凝土侵彻力学 [M]. 北京：中国科学技术出版社，2013.
[83] HE F, GAO S Q, JIN L, et al. Research on the acceleration phenomenon of projectile leaving the target when penetrating thick concrete target [J]. International Journal of Impact Engineering, 2022, 164 (104191): 1 - 9.
[84] YAN H, GAO S Q, JIN L. Scaled experiment of the detonation control system for the high - speed penetration on concrete [J]. Appl. Sci. 2021, 11, 11556: 1 - 18.
[85] YAN H, JIN L, GAO S Q, et al. Dynamics analysis of penetration against pebble - concrete target [J]. Materials, 2022, 15 (1675): 1 - 16.
[86] 高世桥，金磊. 工程科学近似方法 [M]. 北京：科学出版社，2023.